推薦序

　　由諏訪恭一、門馬綱一、西本昌司及宮脇律郎合作的寶石礦物圖鑑中文版終於問世了。本人有幸率先拜讀並在此將書中內容整理歸納出以下幾大特色。

　　本書是先以寶石硬度由高至低的方式編排（10～1），最後再介紹有機寶石。寶石礦物種類幾乎囊括其中，尤其是在收錄稀有罕見寶石礦物方面，是我所見過的寶石圖鑑中最齊備的。每一種寶石礦物的命名與由來都介紹的非常詳盡，地質成因與產狀也是我看過最專業的介紹。大量精美照片，得力於日本國立科學博物館、東京國立博物館、國立西洋美術館、日本彩珠寶石研究所等公家與私人博物館提供原石、珠寶飾品、標本，以及中村淳等人的專業攝影，讓本書圖片得以精美的呈現在各位眼前。另外國立西洋美術館橋本貫志收藏品見證寶石切磨演進歷史；有川一三先生的骨董珠寶藝術品收藏，讓本書彷彿進入歷史時光隧道，一一細說珠寶近幾百年的演化。

　　2022年日本國立科學博物館用365顆寶石依照紅、橘、黃、綠、藍、藍紫、紫等色彩深淺排列出大色相環，以讓讀者更能認識相近寶石的差異。每一種寶石針對顏色深淺與大小、產地、有無處理、稀有與美麗程度等條件定出一個指標，消費者可以依照分數清楚的對比出寶石的價值。每一種寶石的相似寶石、有無處理方式、仿冒品都以照片呈現，而寶石在不同國家產地的顏色對比資料更是本書一大亮點。此外，有感於許多讀者對寶石礦物相關的地質專有名詞摸不著頭緒，因此在本書最後附有用語解說，省去讀者上網查詢資料的麻煩；中、英文檢索則可以讓讀者快速搜尋到寶石介紹的相關頁面。

　　這本書的出版對於珠寶初學者與專業寶石礦物愛好者來說是個福音，其不僅詳盡介紹世界各地不同產地的寶石礦物，由於有博物館館藏的加持，更讓讀者可以涉略了解相同礦物不同的結晶型態與母岩及伴生礦物的差異。相信透過日本珠寶地質界四大專家學者帶領，大家一定能再一次深入珠寶礦物的奇幻世界，有如入寶山滿載而歸。

湯惠民

《行家這樣買寶石》作者 於臺北

推薦序

本書是由四位寶石學和礦物學專家共同編寫的權威著作。它難得地結合寶石界、學界與博物館的知識，詳述從礦床產地到寶石切割形狀的各個層面。不僅是寶石愛好者必備指南，更是專業人士和學術研究者重要的參考資料。

諏訪恭一是日本寶石學界的泰斗，擁有豐富的寶石鑑定經驗和深厚的實務背景。他是日本首位取得 GIA GG 學位的寶石鑑定師，撰寫了多本寶石專書。諏訪恭一家族在珠寶業界有著百年的傳承，業務遍及全球各地的珠寶重鎮。

門馬綱一是日本著名的礦物學家，專門研究礦物學和結晶學，於日本國立科學博物館地學研究部擔任礦物科學研究組研究主管。他的研究主要集中在礦物的成因、結晶結構和結晶成長的歷史，對讀者理解寶石的形成和特性有重要貢獻。

西本昌司教授的研究主要集中在地質學、岩石學和博物館教育，目前在愛知大學擔任教授。他的研究涵蓋了礦物、岩石及礦床的成因，在博物館教育方面的經驗使他能夠將寶石學知識傳遞給更廣泛的受眾，特別是通過展覽和教育活動。

宮脇律郎是日本著名礦物學家，專長是礦物學和結晶學。他擔任日本國立科學博物館地學研究部部長，並兼任日本礦物學學會會長。他於礦物命名和分類方面的專業知識，以及對寶石的鑑定具有深厚基礎。宮脇律郎曾策劃寶石展覽，例如「珠寶：地球的奇蹟」特展，展示共約 200 種的珍貴寶石。

這本書匯集四位專家的智慧和經驗，全方位介紹寶石的形成機制、礦床產地、回流歷史、加工技術、人工合成石和仿冒品辨識。書中不僅有豐富的理論知識，還有大量的收藏實例和圖片，讓讀者能夠更直觀地了解寶石的美麗和奧祕。此書不僅適合專業人士和學術研究者，也適合對寶石有興趣的廣大讀者群。

蔣正興

起源がわかる宝石大全

寶石礦物
圖鑑

晨星出版

前言

　　寶石是從地球這顆巨大的星球上發現的微小「碎片」。在超過46億年的地球歷史當中，經過了無數次的自然創作。這些大自然創造物所隱藏的色彩、光輝及閃耀，自古至今在人們的智慧之下經過琢磨，流傳至今日。而寶石的光彩，更是訴說著其亮麗無比的「成因」。

　　本書從大家熟悉的鑽石、紅寶石、藍寶石、祖母綠，到人稱收藏級的「稀有寶石」，以及像磷葉石這種從意想不到的領域中知名度逐漸攀升的寶石都會逐一介紹。就連照片也是從日本國內收藏的寶石及礦物中，精選出優秀的裸石和原石大量拍攝，好讓讀者感受到寶石的魅力。此外，為了讓讀者能夠從科學角度深入理解每種寶石的特徵，書中還提供了相關的數據與解說。

　　誠摯希望本書能成為您親近寶石的契機，並且幫助您深入了解，欣賞寶石的樂趣。

諏訪恭一、門馬綱一、西本昌司、宮脇律郎

目次

前言 …………………… 2
寶石的世界 …………… 8

關於硬度
第2章的寶石基本上是按照硬度的順序來介紹，
但在分類上有些寶石的硬度順序會前後異動。

第1章　寶石的基本知識 ………… 13

何謂寶石 ……………………………… 14
寶石的生成 …………………………… 16
璀璨耀眼的寶石色彩 ………………… 24
寶石的耐久性 ………………………… 30
寶石的顆粒大小 ……………………… 32
寶石的切工方式與拋光 ……………… 34
橋本收藏品介紹 ……………………… 37
代代傳承的寶石 ……………………… 38

第2章　礦物質的寶石 ………… 39

如何參考本書 ………………………… 40
寶石的處理 …………………………… 43
大色相環～Gem Color Circle 365～ … 44

有 質量量表 標示的寶石會刊載出價值指數（P.42）。

硬度10
鑽石 質量量表 ………………………… 48
　粉紅色鑽石 質量量表 ……………… 60
　彩鑽 ………………………………… 60
　鑽石的多樣性～國立科學博物館收藏鑽石的研究～ … 64

硬度9
紅寶石 ………………………………… 70
　莫谷紅寶石 無處理 質量量表 ……… 71
　孟蘇紅寶石 加熱 質量量表 ………… 72
　泰國紅寶石 加熱 質量量表 ………… 72
　莫三比克紅寶石 …………………… 73
　斯里蘭卡紅寶石 …………………… 73
　其他產地的紅寶石 ………………… 73
　星光紅寶 質量量表 ………………… 76
藍寶石 ………………………………… 78
　斯里蘭卡藍寶石 無處理 質量量表 … 79
　斯里蘭卡藍寶石 加熱 質量量表 …… 79
　緬甸藍寶石 ………………………… 80
　喀什米爾藍寶石 …………………… 80
　馬達加斯加藍寶石 ………………… 81
　其他產地的藍寶石 ………………… 81
　星光藍寶 質量量表 ………………… 84
　雙色藍寶石 ………………………… 84
　蓮花剛玉 …………………………… 86
　紫色藍寶石 ………………………… 86
　黃色藍寶石 ………………………… 87
　彩色藍寶石 ………………………… 87
　藍寶石：不同產地帶來不同的美 … 89

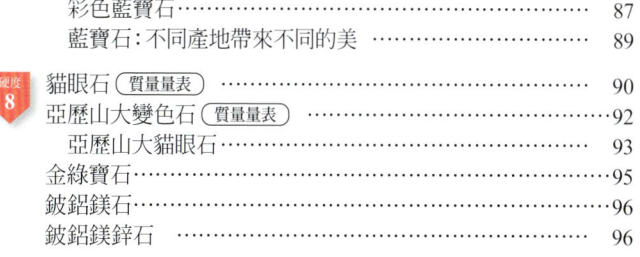

硬度8
貓眼石 質量量表 ……………………… 90
亞歷山大變色石 質量量表 …………… 92
　亞歷山大貓眼石 …………………… 93
金綠寶石 ……………………………… 95
鈹鋁鎂石 ……………………………… 96
鈹鋁鎂鋅石 …………………………… 96

莫谷紅寶石
（鴿血紅寶石）
P.71

雙色藍寶石
P.84

亞歷山大變色石 P.92

項目	頁碼
黃玉（托帕石）	97
帝王托帕石 無處理/加熱 質量量表	98
粉紅托帕石 質量量表	100
藍色托帕石	102
無色托帕石	102
尖晶石	103
紅色尖晶石 質量量表	104
藍色尖晶石	104

硬度 7

項目	頁碼
綠柱石（祖母綠）	106
各個產地的內含物特色	107
哥倫比亞祖母綠 質量量表	108
巴西祖母綠	109
祖母綠的主要產地	110
尚比亞祖母綠 質量量表	110
其他產地的祖母綠	111
海藍寶 質量量表	114
乳藍寶石	115
摩根石	117
紅色綠柱石	117
金綠柱石	118
金色綠柱石/黃色綠柱石	118
綠色綠柱石	119
透綠柱石	119
草莓紅綠柱石	120
矽鈹石	120
藍柱石	121
藍石英	121
鋯石	122
石榴石	124
鎂鋁榴石	125
馬拉雅石榴石	126
玫瑰榴石 質量量表	126
鐵鋁榴石	128
錳鋁榴石	128
鈣鐵榴石	129
翠榴石	129
鈣鋁榴石	130
沙弗萊 質量量表	130
彩虹石榴石	132
鈣鉻榴石	132
碧璽	133
綠碧璽 質量量表	134
碧璽貓眼	134
紅寶碧璽/粉紅碧璽	136
雙色碧璽 質量量表	136
帕拉伊巴碧璽 質量量表	138
金絲雀黃碧璽	140
靛藍碧璽	140

綠柱石（祖母綠）
P.106

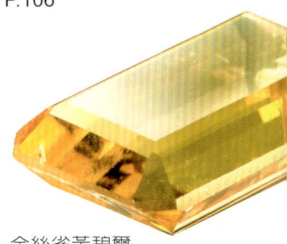

金絲雀黃碧璽
P.140

貴橄欖石（質量量表）………………………	141
石英……………………………………………	144
白水晶…………………………………………	145
紫水晶（質量量表）…………………………	146
紫黃晶…………………………………………	146
黃水晶（質量量表）…………………………	148
粉晶……………………………………………	150
煙水晶…………………………………………	150
其他石英（虎眼石、東菱石、石英貓眼石、鈦晶）	151
玉髓……………………………………………	152
紅玉髓………………………………………	152
縞瑪瑙………………………………………	153
纏絲瑪瑙……………………………………	153
綠玉髓………………………………………	153
瑪瑙…………………………………………	154
紅斑綠玉髓…………………………………	155
碧玉……………………………………………	156
十字石…………………………………………	157
賽黃晶…………………………………………	157
紫鋰輝石………………………………………	158
翠綠鋰輝石……………………………………	160
透輝石…………………………………………	160
頑火輝石（古銅輝石、紫蘇輝石）…………	161
輝玉（翡翠、硬玉）（質量量表）…………	162
日本產輝玉…………………………………	163
緬甸產輝玉…………………………………	164
紫羅蘭翡翠…………………………………	166

硬度 6

閃玉（軟玉）…………………………………	168
透閃石…………………………………………	170
陽起石…………………………………………	170
矽線石…………………………………………	171
紅柱石…………………………………………	171
柱晶石…………………………………………	172
硼鋁鎂石………………………………………	172
金紅石…………………………………………	173
錫石……………………………………………	173
矽硼鎂鋁石……………………………………	174
硼鋁石…………………………………………	174
堇青石…………………………………………	175
藍線石…………………………………………	175
藍錐礦…………………………………………	176
柱星葉石………………………………………	176
水鋁石…………………………………………	177
綠簾石…………………………………………	177
丹泉石（坦桑石）（質量量表）……………	178
符山石…………………………………………	180
斧石……………………………………………	180
黑曜石…………………………………………	181

鈦晶
p.151

紫水晶
（巨大紫水晶洞）
P.146

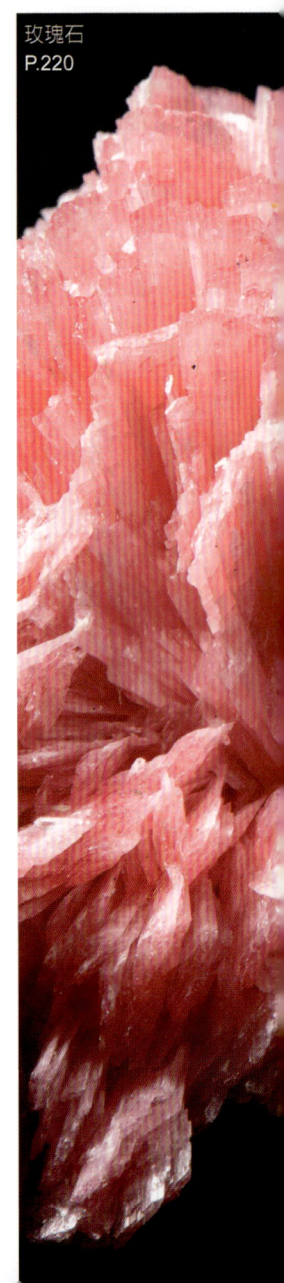

莫爾道玻隕石	181
透鋰長石	184
鉇沸石	184
長石家族的寶石	185
月長石（月光石）〔質量量表〕	186
拉長石	188
天河石	188
日長石（太陽石）	189

硬度 5

赤鐵礦	190
黃鐵礦/白鐵礦	191
青金石〔質量量表〕	192
藍方石	194
方鈉石（蘇打石）	194
蛋白石（歐珀）	195
白蛋白石/黑蛋白石〔質量量表〕	196
墨西哥火蛋白石〔質量量表〕	197
礫背蛋白石〔質量量表〕	197
土耳其石（綠松石）	200
波斯土耳其石〔質量量表〕	200
美國亞利桑那土耳其石	202
其他產地的土耳其石	204
磷鋁石	206
矽孔雀石	206
紫矽鹼鈣石（紫龍晶）	207
舒俱徠石	207
天藍石	210
鋰磷鋁石/水磷鋁鋰石	210
方柱石	211
葡萄石	211
透視石	212
藍晶石	212
榍石	213
磷鋁鈉石（巴西石）	213
磷灰石	214
拉利瑪石	215
矽硼鈣石	215

硬度 4

菱鋅礦	216
異極礦	216
蛇紋石	217
白紋石	217
白鎢礦	218
矽鋅礦	218
螢石	219

硬度 3

玫瑰石	220
紅紋石	221
孔雀石	222
藍銅礦	223
閃鋅礦	224

螢石
P.219

玫瑰石
P.220

赤銅礦	……………………………	224
磷葉石	……………………………	225
朱砂	………………………………	225
重晶石	……………………………	226
天青石	……………………………	226
鉛礬	………………………………	227
白鉛礦	……………………………	227
霰石	………………………………	228
方解石	……………………………	229

硬度 2
海泡石	……………………………	230
鈉硼解石	…………………………	230
透石膏/雪花石膏	…………	231

硬度 1
塊滑石	……………………………	232

磷葉石
P.225

第3章　源自生物的有機寶石 ………… 233

珍珠	………………………………	234
珊瑚 (質量量表)	………………	238
貝殼	………………………………	241
海螺珍珠（孔眞珠）	……………	241
象牙	………………………………	242
玳瑁	………………………………	242
斑彩菊石	…………………………	243
矽化木化石	………………………	244
煤玉	………………………………	245
無煙煤	……………………………	245
琥珀	………………………………	246
柯巴脂	……………………………	247

斑彩菊石
P. 243

中文索引	…………………………	248
英文索引	…………………………	250
參考文獻	…………………………	251
用語解說	…………………………	252
謝辭/製作協助	……………………	254
結語	………………………………	255

Column

紫水晶洞	………18		宇宙中有寶石嗎？	………19

未經研磨的美麗鑽石原礦 ………59
最高品質的紅寶石「鴿血紅」………71
莫谷紅寶石的原石品質等級表 ……… 76
美的過火的人造合成橘色藍寶石 …… 88
輻射處理　將無色的托帕石變成藍色 ………102
結構宛如齒輪的達碧茲祖母綠 ………109
關於「祖母綠切工法」 ………111
濃藍色的馬克西克塞綠柱石 ………115
鋯石與立方氧化鋯 ………123
看起來像青蔥的碧璽 ………134
發現彩寶的知名寶石學家 ………159
四處旅行的寶石 ………164
色彩變化豐富的輝玉 ………166
硬玉與輝石（翡翠） ………167
岩石也可以變成首飾？美麗的岩石（石灰岩、大理岩、花崗岩、砂岩）………182
因國而異的生日石 ………208
養殖珍珠（阿古屋蚌貝、白蝶珍珠蛤、黑蝶珍珠蛤、墨西哥鶯蛤、池蝶蚌）………236
人類日常生活帶給珊瑚的損害 ………239
不透明蜂蜜色的乳白琥珀（蜜蠟）………247

馬克西克塞綠柱石
P.115

寶石的世界

莫谷紅寶石，梨形，刻面為星形／階梯形 3.09ct 以及橢圓形，刻面為星形／階梯形，2.06ct。私人收藏。
協助：莫理斯。皆為鴿血紅寶石，品質極佳。

巴西帕拉伊巴碧璽，梨形，刻面為階梯形 0.54ct。諏訪貿易收藏。傳統寶石中從未有過的獨特霓虹藍。

藍銅礦，美國亞利桑那州產。國立科學博物館收藏。
自古便是天然礦物顏料的原料，用來呈現藍色的珍貴材料。

來自巴基斯坦產，被偉晶岩（pegmatite）包裹的海藍寶柱狀結晶。
茨城縣自然博物館收藏。
表面銳利的溝紋讓人感受到大自然力量。

「卡羅琳・波拿巴（拿破崙一世之妹）舊藏。莫瑞里（Giovanni Morelli）作，巴克斯浮雕。」1810 年左右，義大利條紋瑪瑙。私人收藏。協助：Albion Art Jewellery Institute。

第 1 章
寶石的基本知識

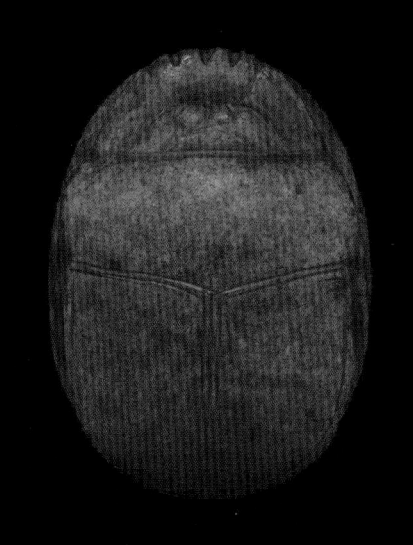

古埃及的聖甲蟲,紀元前 1550 ～ 1069 年左右,埃及,蛇紋岩。
Albion Art Collection

何謂寶石？

長久以來讓人動心不已的「寶石」。雖然學術界對於寶石尚未給予明確的定義，不過重要的構成條件有「美麗」、「耐久性」和「適當大小」。

| 宛如「寶」物的「石」頭之所以珍貴 |

人與石頭的關係始於石器時代。起初作為工具的原料，而從青銅器時代開始，到後來的鐵器時代，甚至是今日的半導體時代，石頭一直是機器及相關零件的原料。另一方面，除了作為實用工具外，石頭還傳承了其他用途，例如裝飾身體或獻給某人。這個具有象徵性的石頭是「寶石」，不僅美麗閃耀，還具有不朽的力量，超越時光，吸引眾人。

日本語中的「寶石」一詞意義廣泛（含糊），通常包括了相當於英語的gem（寶石）以及jewelry=jewellery（珠寶首飾）。不過，有的珠寶是沒有寶石的貴金屬，裝飾品與首飾之間也沒有明確的區別。像「玉」的定義就相當接近「寶石」。而用來表示貴重物品或珍貴財物的「寶」字，就是用來象徵屋頂下的玉，也就是收藏在室內的玉。在「玉不琢，不成器」或「玉石混淆」等成語中，玉（寶石）通常會與石頭區別開來，但在石頭中，「原石」卻又是與寶石有著深厚關係的材料。世界珠寶聯合會CIBJO的規定，原礦（gemstone）是用於珠寶及藝術作品的天然材料，經過切工（切割、整形、研磨）和其他「處理」之後才能成為「寶石」，並且用來製作珠寶。

就學術的立場而言，「寶石」尚未有明確的定義，但一般認為「寶石」必需符合以下三個條件。

1. 美麗
2. 耐久性
3. 適當大小

第一個提及的「美麗」雖然是必備條件，但不管有多美麗，若是無法恆久保存，那就不能稱為「寶石」。此外，就算擁有永恆的美，若是顆粒偏小，或者大到無法佩戴裝飾，同樣也不能當作「寶石」來使用。

這三個要件的尺度和標準或許有些模糊地帶，但是每個要件都有基本的科學要素，只要掌握這些知識，就能理解寶石的真正價值。

「國寶勾玉」東京國立博物館收藏。人們往往為充滿神祕光輝的寶石賦予像「願望」或「祈福」之類的宗教意義，並將寶石作為驅邪或護身符來隨身攜帶或佩戴。

3

「聖甲蟲」。聖甲蟲雕刻背面刻有古埃及象形文字。約西元前 1539～西元前 1069 年期間，埃及新王國時代。國立西洋美術館，橋本收藏品（OA.2012-0005）。

帝王托帕石的原石。國立科學博物館收藏。只有那些美觀、耐用、大小恰當的石頭才能琢磨成「寶石」，展現出無窮魅力。

耐久性高的物質大多是固體。而自然界的固體包括地質作用生成的礦物與其集合體的岩石，以及代表生物硬組織的骨頭和貝殼。

這些固體（岩石、礦物、來自生物的骨頭和貝殼等）在地球上數量龐大，但並非所有石頭都符合寶石的要件。事實上，自然生成的礦石很難完美符合所有寶石的要求。

「寶石」是從我們的行星，也就是地球所形成的眾多小塊「礦物」中奇蹟般被發現的物品。進一步來講，在充分運用知識、挑戰技術，以及無數次的失敗之後，才得以讓石頭的魅力毫不保留地展現出來。追尋者愈多，價值也會隨之提高。而在自然和人類智慧結合之下，

1. 稀有（珍貴的物品）
2. 有價值（重要的財物）

宛如「寶」物的「石」頭，也就是「寶石」最大的特點就能彰顯出來了。

9

「與涅墨亞獅子搏鬥的海格力士」（Hercules Fighting the Nemean Lion）。橢圓形，凸面雕刻面。主刻面的紅石榴石上刻著海格力士與獅子搏鬥的場景。
西元前 2 至西元前 1 世紀。
國立西洋美術館，橋本收藏品
（OA. 2012-0035）。

寶石的生成

可以成為寶石的天然素材有礦物、岩石以及來自生物的材料。而在地球上形成的原石，是經過各種作用而生成、被帶到地表附近之後才來到人類手上的。

| 天然的固體 |

大多數美麗而且耐久的「寶石」其天然材料如同字面所示，與「石頭」同類。而因為地質作用渾然天成的固體物質，在學術上則是稱為「礦物（mineral）」。

礦物是以構成成分（元素）及原子排列（結晶結構）來進行分類，目前學術上認可的礦物已超過 5700 種。大部分的礦物都是原子排列具有規則的「結晶」，並以每種礦物特有的大小和形狀的固體「顆粒」存在。將礦物顆粒聚集在一起的物質稱為「岩石」，而這些岩石還進一步構成固體地球。

一般來說，礦物和岩石通常會總稱為「石頭」，但像結石這種不受地質作用影響、只在生物體內形成的固體也常被稱為「石頭」。源自生物的「石頭」包括骨頭、牙齒、貝殼、外殼、甲殼、指甲、蹄等硬組織，以及樹脂和種子。這些物質在生物死後其遺骸有時會受到地質作用而成為化石，但有時也會不受地質作用影響而成為與礦物同質的物質，例如磷灰石（Apatite）形成的骨頭，以及霰石（Aragonite）形成的貝殼。

換句話說，可以成為寶石的原料（原石：rough），有①因為地質作用而形成的大顆結晶（礦物）、②由地質作用緊密結合細小結晶顆粒聚集（岩石）、③生物起源的石頭。

在這當中，寶石的主體是由大顆結晶（礦物）所組成，例如**鑽石**、紅寶石、藍寶石和祖母綠等，這些透明的結晶內部皆散發著美麗的光彩。

寶石素材例子

大粒的礦物結晶（鑽石）

岩石（土耳其石）　　來自生物的有機石頭（琥珀）

而從礦物的集合體（岩石）變成寶石的，大多以**土耳其石**或輝玉（翡翠）等半透明至不透明的物質居多，而且這些礦物表面的色彩非常突出。

來自生物的有機寶石，包括了和**琥珀**一樣具有透明性的寶石、和玳瑁或珊瑚一樣呈半透明或不透明的寶石，以及和珍珠或斑彩菊石一樣因為生物組織結構所帶來的光彩干涉，進而產生獨特光澤的寶石。

| 原石的誕生 |

寶石原石多數是在地下深處生成的礦物。那裡是一個高溫高壓的環境，並在板塊運動等影響之下長年累月慢慢移動，因此不斷地進行各種化學反應、熔融及結晶化，最後生成擁有多樣化學結構的礦物。

那麼被視為寶石的礦物是如何形成的呢？了解這一點的線索，就在包含寶石原石在內的岩石（母岩）上。只要檢查母岩時，就可以推測寶石形成的大致過程（起源）。在這裡，我們將母岩分為四種類型（火成岩、熱液礦床、偉晶岩和變質岩）。

火成岩

鑽石

岩漿冷卻凝固而成的岩石。岩漿急速冷卻後所產生的物質稱為「火山岩」，慢慢冷卻的物質是「深成岩」。

貴橄欖石

① 從火成岩中發現的寶石

火成岩是岩漿冷卻凝固而成的岩石。換句話說，從火成岩中發現的寶石，是地下高溫（800～1200℃）的岩漿在冷卻凝固過程中結晶化的礦物。岩漿的成分以及結晶形成的深度（溫度和壓力）不同，進而產生各式各樣的寶石。像**鑽石**和**貴橄欖石**就是形成於岩漿的典型寶石。

② 從熱液礦床中發現的寶石

熱液礦床（又或熱水礦脈）是指存在於地下深處，溫度超過100℃的高溫水（熱水），通過岩盤裂縫等途徑上升的痕跡。隨著溫度和壓力的降低，溶於熱水中的物質無法完全溶解，因而在裂隙等空隙中沉澱和填充，形成各種礦物。例如**紫水晶**與**白水晶**（水晶）就是從熱液礦床中發現的典型寶石。

熱液礦床（石英脈）的模型
名古屋市科學館展示（母岩為造作之物）

紫水晶　　　白水晶

17

③從偉晶岩中發現的寶石

偉晶岩是一種特殊的火成岩（通常為花崗岩質），含有許多揮發性成分（水或氣體），是由冷卻凝固的岩漿形成。在地底深處的岩漿深坑慢慢冷卻過程中，未能完全凝固的「岩漿殘餘物」（500～800℃）聚集了濃度相當高的揮發性成分，使得岩漿的黏性降低，或者從岩漿中分離出氣泡，讓元素變得容易移動（擴散），使得大塊結晶有機會得以成長。舉例來講，岩漿裡如果含有豐富的氟或硼作為揮發性成分，就會生成以這些元素為必要成分的寶石，如**托帕石**和**碧璽**。

偉晶岩

茨城縣自然博物館收藏

帝王托帕石

綠碧璽

④從變質岩中發現的寶石

變質岩是指受到熱和壓力的作用之後，原有的岩石未熔化而重新結晶形成的岩石。這種岩石不是經過板塊運動被運送到地下深處，就是接觸高溫的岩漿而產生。地底深處的岩石結晶化速度非常緩慢，但因受到壓力時沒有間隙，元素很難移動（擴散），所以很少形成大塊結晶。構成鮮豔色彩的成分是由熱和壓力共同產生的，像**紅寶石**和**祖母綠**這樣色彩濃烈的寶石，就是從變質岩中找到的典型寶石。

變質岩

變質岩一例。含有石榴石的片麻岩（尼泊爾產）。

紅寶石

祖母綠

Column

紫水晶洞

紫水晶是溶解於熱水的二氧化矽在地底析出形成的結晶。像這樣覆蓋在岩盤內部空隙裡側表面的礦物結晶就稱為「晶洞」。環繞在紫水晶洞周圍的是鐵含量相當豐富的玄武岩。原本無色的水晶因為結晶結構含有微量的鐵，紫水晶才會顯現紫色。

地球這個熔爐

隨著礦物學、晶體學等與寶石學有關的地球行星科學發展，讓人們能更加深入了解地球以外的天體以及地球本身。只要根據這些知識所提供的訊息，未來說不定會在地球外找到寶石，但也不能太過期待。原因如前所述，礦物在生成過程中通常與水（分子）有關。

根據目前說法，大約在46億年前，地球在太陽系微小行星的集合與碰撞之中形成，最初處於熔融狀態，隨後因冷卻並受自身重力影響，形成了由鐵和鎳所構成的地核、以鎂矽酸鹽為主體的地函，以及因為其他成分而相對較輕的地殼。

冷卻持續進行時，地球表面開始出現大氣和海水。另一方面，地球內部則並非完全固態，而是具有一定的流動性，並因熱和壓力不均勻的影響產生類似地函對流的運動（動態）。

這種物質的移動在水的影響下，所產生的並不是讓地球內部均質化，而是非均質化。這種地球內部的變化是非常緩慢的，以人類的時間感來看，似乎是靜止不動的固體，但這卻讓地球充滿了多種礦物。

特別是地殼由多種岩石組成，物質循環也相當複雜。不管是與大氣及地表一起進入地殼內部的水分子，還是存在於大氣之中游離氧，地球上皆出現了其他天體所沒有的特殊現象。

例如因為熱水作用而形成的礦物沉澱，以及因為生命活動而在海底形成的碳酸鹽沉澱，皆可說是地球獨有的現象。板塊的隱沒將水分子帶入地底深處，讓岩石的熔點降低，從而形成岩漿。當形成的岩漿聚集並上升時，周圍的岩石就會加熱，並使岩漿本身固化（結晶化），促成地殼內部物質的多樣化。

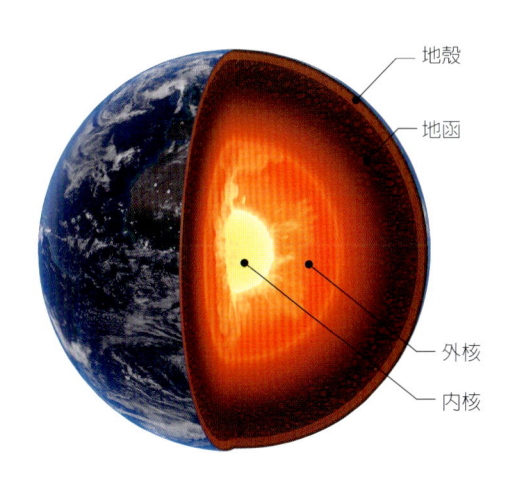

地球內部構造

- 地殼
- 地函
- 外核
- 內核

Column

宇宙中有寶石嗎？

地球以外的天體是否存在著可以稱為寶石的石頭呢？人們曾經在隕石中發現了美麗的貴橄欖石，叫做寄生隕石（橄欖隕石）。這顆隕石被認為是太陽系形成時在一顆熔融的小行星內部形成的。換句話說，隕石中包含的貴橄欖石，其實是一顆熔融過後又再破碎的小行星。同樣地，地球、火星和金星內部的地函主要也是由貴橄欖石所組成。

另外，隕石中亦曾發現鑽石，但卻是幾乎不到 0.1mm 的細微結晶，所以無法當作寶石來利用。

岩石露出於地表時，會因為與水及大氣接觸而風化，接著被水（雨水或河流）侵蝕、運送，最後沉積在水底。沉積物因為板塊運動被帶到地底深處之後，會因為高溫高壓的影響再次結晶，或者再次熔化，產生岩漿。

　如此一來，地殼內部就會不斷發生以「水」為媒介，將舊石頭變成新石頭的現象，進而產生各種多樣的石頭。例如只有鋁分離出矽等其他元素的話就會生成剛玉。偶然混入少量鉻的話會生成紅色的剛玉，如果碰巧只與鐵和鈦混合的話，就會生成藍色的剛玉。這些著色的剛玉若是出現奇蹟般的巧合，成長為透明且大粒的結晶，就會生成品質優良的**紅寶石**及**藍寶石**。

藍寶石

紅寶石

剛玉原石。品質相當優良，紅色系歸類為紅寶石，藍色系歸類為藍寶石。

海藍寶

祖母綠

綠柱石原石。品質相當優良，綠色的會變成祖母綠，水藍色的會變成海藍寶。

　綠柱石是**祖母綠**和**海藍寶**的原石，是由鈹和鋁組成的矽酸鹽。地球中，鋁和矽的組合相當普遍，因此長石和雲母等多種含鋁的矽酸鹽礦物類型才會如此突出。在這種情況之下，成分沒有矽的礦物，例如前述的紅寶石和藍寶石的生成反而更加罕見。祖母綠和海藍寶的生成需要鈹，不過這個元素在地殼中的濃度非常低，因此這些寶石的生成條件一應俱全的情況相當罕見。綠色的祖母綠產量之所以比水藍色的海藍寶少得多，原因在於綠色的致色因素鉻的量比水藍色的致色因素鐵更加稀薄。因此我們不得不說，祖母綠和海藍寶變成大顆透明結晶的機率真的非常低。

　不過只要形成的礦石豐富多樣，人們就能從中找到可以觸動心靈的美麗石頭，並且當作寶石來使用了。

20

結晶的形態

寶石的要件中有「大小」這一項，不過最重要的還是面積。寶石在切割的過程中，原石的形狀是一個重要限制。另外，對於擁有多色性（P.26）和星光效應（P.29）的寶石來說，切割的方位也很重要。而這個方位（結晶排列方向）與原石形狀的關係也密不可分。

在沒有空間限制的情況下（即沒有被放入模具中），結晶通常會反映其結晶結構（原子排列）的規則性而成長。如果原子排列具有正方形或正三角形的規則性，那麼結晶的形狀（型態）也會被正方形或正三角形的平面（結晶面）所包圍。

根據這種原子排列形成的結晶就稱為自形晶（Euhedral）。另一方面，如果是在受限的空間（如模具內），那麼就只能成長到將這個空間填滿，而不能按照原本的原子排列來呈現應有的形狀，這種情況下就叫做他形晶（Anhedral）。若是局部是自形晶，那麼這塊結晶體就會稱為半自形晶（subhedral crystal）。

結晶的形態豐富多樣，從細長的到扁平的應有盡有，有時會標示為纖維狀、針狀、柱狀、粒狀、板狀或者是雙錐狀。但無論是哪種結晶形態，小、細、薄的結晶通常都不適合當作寶石來切割的原石。

結晶的形態是由結晶的排列方式（方位）來決定，因此方位不同的結晶會具有解理、折射率及多色性等不同特性，在處理（特別是切割）結晶時，這些特性往往是重要的指南。

如果是相同的寶石，照理說既然是同一種礦物，原子排列理應相同，但是自形晶的形態就未必會一樣（相似型態）。因為結晶的成長環境不同，產生的結晶面也會出現差異。即使是以柱狀結晶為人所知的礦物，只要生成的環境不同，有時候就會將細長的針狀或極端短小的柱狀描述為薄板狀。

螢石的結晶。立方體和正八面體的結晶結合在一起。

此外，結晶面的組合（晶相）若是不同，型態上也會出現差異。像螢石雖然是典型的等軸晶系結構，卻常出現被六個正方形結晶面包圍的立方體，以及被八個正三角形結晶面包圍的正八面體結晶。

我們都知道，紫水晶和水晶原石（石英）常見的結晶形態，是由和鉛筆一樣粗的六角柱和六角錐組合而成的自形晶。但是正確來講，這種結晶的剖面並不是正六角形，而是正三角形整個被削落的形狀。六角柱的部分是由六個側面所構成，但是六角錐的部分卻是每三個兩種錐面的結晶交替排列而成的。石英的自形晶有時會展現出特殊的形態，例如六個側面中會有兩個平行的側面突出，形成一個大型的板狀結晶，再不然就是只有一個錐面發達形成柱狀結晶。即使晶相相同，只要晶面不同，依舊會發展出不同的特徵，這種現象稱為晶形。晶相和晶形等結晶形態的特徵，不僅是顯示原石成長條件的重要學術資訊，更是影響寶石切工方針的關鍵點。

石英的結晶。六角柱和六角錐組合在一起。

原石的移動

人類所挖掘的地下洞穴最深紀錄大約為 10 公里。也就是說，人類已經無法從更深的地方取得礦產資源或礦物標本。礦業通常只能在地表或靠近地表處進行**露天開採**或坑道採礦。

大部分的寶石原石是在地下數公里深處生成的，但只有在它們被運送到「較淺」的地方時原石才有辦法開採。這個「運送公司」其實就是地球內部發生的地質作用。從地球內部往表層「運動」的地函對流、岩漿上升，會將地球深處的物質帶到地球表面。

地函以含有鎂的矽酸鹽為主體，不過深至地下 400 公里的上部地函卻幾乎由**橄欖岩**（peridotite）所構成。正如其英文名所示，橄欖岩主要的造岩礦物是富含鎂的橄欖石（鎂橄欖石、**貴橄欖石**原石）。

在上部地函生成的橄欖岩若是含有橄欖石，不是因為地殼擠壓而讓地函物質浮至地表，就是因為岩漿等物質上升而被當作捕虜岩（又稱捕獲岩或擄獲岩）運送而來。橄欖石在上部地函中是一種豐富的礦

因大規模露天開採而枯竭的慶伯利岩礦管道。附近有一個因為礦業而興起的城鎮。

物，但易與水反應，生成蛇紋石，因此難以保持原狀運送至地表附近。

可以成為寶石的**鑽石**據說也是來自地下 150 公里深的上部地函。名為**慶伯利岩**的特殊火山岩會從更深之處猛烈升上地表，在上升的過程當中，會把鑽石捲進來帶到地表或附近。慶伯利岩上升或噴發時會在地表附近留下痕跡，這叫做慶伯利岩管道，人們通常會在這些地方開闢鑽石礦場。地質年代的測定結果顯示，鑽石是在 30 億到 16 億年前生成的，而慶伯利岩的噴發則是在 20 億到 2000 萬年前。鑽石生成之後因為慶伯利岩的噴發而被帶到地表，這個時間順序是一致的。大多數的慶伯利岩在恐龍滅絕的 6600 萬年以前就已經噴發。也就是說，恐龍說不定曾經見過鑽石被運到地表的情景呢。

翡翠是在地下約 20 公里深的板塊邊界生成，而且是在蛇紋岩沿著斷層等裂縫向上推擠，並被運送到地表或地表附近而來。由此可見在地底深處生成的寶石原石一定

貴橄欖石

含有橄欖石的橄欖岩

被包裹在慶伯利岩之中的鑽石。鑽石工業協會收藏。

要透過抬升的岩石搬運才能到達人類可以觸及的地表。

　　只有寶石的礦床非常罕見。寶石原石通常會在生成的時候附著在岩石上，不然就是被岩石包裹之後再運送至地表上。像這樣環繞著原石的岩石稱為母岩。

　　母岩通常不像原石那樣堅固，會因風化而變質、破碎，並與原石分離。密度低的母岩會隨著空氣（風）及水（河川或海洋）的流動而被移動，只有密度高的原石才會堆積在河床等處。這樣的富集稱為砂積礦床（次生礦床）。砂積礦床是自然篩選原石（選礦）形成的。從**砂積礦床**中採礦效率雖然高，但是礦床規模往往非常有限。

　　美麗又堅韌的地球雖然夠孕育出碩大的寶石原石，但是這樣的機會非但不多，反而還相當稀少。不僅如此，它還會自行將這些原石帶到地表。這兩種情況的結合，更是宛如奇蹟般的罕見。

在砂積礦床中進行剛玉選礦。先將砂礫放在篩網裡，然後在水面上搖動以收集剛玉。圖片：日本彩珠寶石研究所。

正八面體的橄欖綠鑽石。美麗的鑽石能夠到達人類手中，是地球奇蹟的累積。

璀璨耀眼的寶石色彩

寶石特有的色彩和璀璨的光芒可以利用科學方式來分析。這一節將要探討光的反射和折射，以及原石與元素之間的關係。

|創造美麗的要素|

寶石最重要的構成條件是視覺上的美感，取決於其所擁有的色彩、光彩及閃耀。這些都是寶石與光線相互發揮作用而來的，也就是光的透射、反射及發光。

能讓光線穿過的寶石是透明的。當所有波長的可見光穿透寶石時，透過這顆寶石看到的白色光源就會是透明無色；但是透過的光源如果是紅色的，那麼寶石就會變成紅色濾鏡，呈現紅色。因此透明寶石的色彩，主要取決於透過的光線顏色。

但如果是不透明寶石，其所散發的顏色就會由反射的光來決定。在白色光線下，所有波長的可見光如果反射，物體就會看起來是白色的；但完全不反射光的物體會變成漆黑色，而只反射紅光的物體則看起來會是紅色。

最高品質的紅寶石「鴿血紅寶石」（P.71）。紅寶石是一種透明的寶石，以濃郁深沉的紅色為特徵。

在紫外線的照射之下有些寶石會散發出光彩。故在帶有紫外線的陽光照射下，光的色調就會隨之改變。寶石所透過的可見光是什麼顏色（波長）、是反射還是發光，都取決於寶石中原子的電子作用。而電子作用，則取決於原子的種類（元素）及化學鍵的形式。

對於**透明寶石**來說，顏色的深淺受透射和內部反射的影響較大，這不僅與顏色相關成分的含量有關，寶石的大小（尤其是正面的深度），也就是光線穿透寶石的長度影響也相當大。顏色對於透明寶石相當重要，如果製成厚實的寶石，顏色就會變得更深更濃；但如果製成輕薄的寶石，顏色就會變得淺淡。

不透明寶石的顏色來源是石頭表面的反射光，因此顏色深淺幾乎不受石頭厚度

未經研磨的正八面體鑽石。即使沒有經過切磨，光的分散在鑽石上照樣十分出色，能夠看到稜鏡效應所產生的火彩。

透明的寶石 最具代表性的透明寶石有鑽石、紅寶石、藍寶石和祖母綠。為了充分利用寶石因為吸收光線而產生的顏色,通常會採用帶有切面(主刻面)的切磨方式。

土耳其石

緬甸孟蘇產,加熱紅寶石

土耳其石、翡翠、青金石等不透明的石頭切磨成凸圓面或板材之後,可以展現漫反射的效果。

不透明的寶石

的影響。不過寶石表面的反射並非像主刻面那樣來自平面的鏡面反射,而是透過宛如積雪的漫反射來展現色彩。最具代表性的例子就是由非常細小的結晶群組成的**土耳其石**。由深淺綠色構成美麗條紋圖案的**孔雀石**也是屬於不透明的範疇,但這綠色的深淺變化卻不是來自銅的含量差異,而是由微小結晶顆粒的大小不同所造成。顆粒越粗,綠色就越深;顆粒越細,顏色就越淡。換句話說,致色的原因與透明寶石相同。

　　光的速度(光速)在真空中每秒約 30 萬公里,但在不同物質中速度也會有所差異(在水中約 23 萬公里、水晶內約 19 萬公里、鑽石內約 12 萬公里)。另外,光的波長也會造成些許差異。

　　光速的差異在物質的邊界上會導致光速的變化,而且可以從光的折射來觀察。光的折射程度(折射率)會影響光在物質界面上的反射,特別是在透明寶石中會控制光在進入寶石內部之後的光線路線,這對寶石的視覺效果(顏色深淺、閃亮程度等)會產生極大的影響。

　　另外,光的波長所造成的折射率差異也會直接影響到光的分散程度,這就是所謂的稜鏡效應,因此對於像**鑽石**這種高色散的寶石所呈現的「**火彩**」影響也會非常明顯。

孔雀石

| 色彩 |

　　寶石的魅力在於鮮豔的色彩。寶石本身的固有顏色稱為「自色」。例如,孔雀石的自色是綠色,是必要成分的銅原子受到電子作用影響而產生的。寶石是細微結晶的集合體,因此少量存於晶粒縫隙之間的外來物質就會成為致色因素,這叫做「假色」。例如,**碧玉**的紅磚色不是來自主要成分的細微石英結晶,而是裡頭的夾雜物氧化鐵(赤鐵礦)造成的。

碧玉

25

微量元素或結晶結構的缺陷也會影響發色，這稱為「**他色**」。

微量的成分通常會讓寶石呈現豐富的色彩。例如，純粹的**剛玉**（氧化鋁）是無色的，像**無色藍寶石**就是相當於此的寶石。但是當部分鋁原子被特定的過渡金屬元素取代時，就會根據其類型產生不同的顏色，例如鉻會呈現紅色，鐵和鈦的組合會呈現藍色，單獨的鐵則會呈現黃色。然後，人們就會為其賦予不同的寶石名稱，如**紅寶石**或**藍寶石**。

同樣地，純淨的**綠柱石**也是無色的，但當其中的一部分鋁原子被鉻取代時就會變成綠色，這樣的寶石就會稱為**祖母綠**。若是以鐵代替鉻，那就會變成水藍色的**海藍寶**；若以錳代替，則會變成**紅色綠柱石**。寶石致色所需的重要過渡金屬元素有：鉻、鐵、鈦、以及錳、銅、釩等等。

鉻會在紅寶石中顯現紅色，在祖母綠中顯現綠色，表明同一種元素可以成為不同顏色的致色因素。

假色（他色）範例

剛玉
紅寶石　　無色藍寶石　　藍寶石

綠柱石
祖母綠　　海藍寶　　紅色綠柱石

色心範例

加熱前　　加熱後 
紫水晶

變色範例

日光　　白熾燈
亞歷山大變色石

另一方面，致色因素受到結晶結構缺陷（原子規則排列扭曲）影響的典型例子是紫水晶。只要**紫水晶**經過加熱處理以緩解其結晶結構的混亂，就會由紫色變為黃色。像這樣會引起發色的結晶結構缺陷就稱為「**色心**」。

不過這樣的致色情況未必會均勻分布在單個結晶中。例如有些寶石就是從顏色各異的結晶中切磨成**雙色**，甚至是三色寶石（西瓜碧璽，P.136）。

影響彩色的現象不僅如此。以**亞歷山大變色石**為例，光源不同（如日光及白熾燈），顏色也會不同，即**顏色變化**（變色）。而藍寶石、紅寶石、紫鋰輝石、**碧璽**、**紅柱石**等寶石，則是具有「**多色性**」，只要觀賞的角度不同，顏色就會跟著變化。而像紅寶石那樣只要一照射到紫外線就會發光的現象稱為「**螢光性**」。唯有充分利用這些與寶石顏色有關的光學特性，寶石的色彩才會更加燦爛耀眼。

多色性的例子

紅柱石
人稱多色性之王的紅柱石。只要觀賞的角度不同，就會呈現紅色或綠色，色彩變化相當豐富。

菫青石
菫青石也有相當卓越的多色性。右圖是經過研磨處理的八角階梯形菫青石。從各個角度拍攝的照片可以看出這顆寶石顏色並不均勻。

雙色、三色的例子

碧璽
呈現多樣色彩的雙色及三色碧璽相當普遍。這應該是結晶在形成時致色因素中的鉻、鐵、釩等元素吸收時間不同所造成的。

螢光性的範例

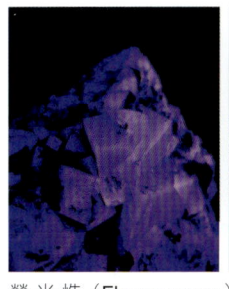

螢光性（Fluorescence）一詞的來源，螢石（Fluorite）。只要照射在紫外線下，就會發出藍色或紫色等霓虹色。

鑽石
進入鑽石內部的光線會不斷地反射和折射，產生強烈的閃爍光芒。

榍石
色散比鑽石還要強烈。

光的分散（色散）

　　白色光穿透稜鏡時會分散成彩虹色，這種現象稱為色散（亦稱火彩或火頭）。即使是相同物質，光的折射率也會因為受到光的波長影響而略有不同。具有不同波長的白光在物質界面會因為各種顏色折射的角度不同而產生色散。這種分散程度因寶石而異。例如分散度較高的**鑽石**會顯現出鮮明的彩虹色（參見 P.24、P.57 的照片），但是水晶的話就不會那麼明顯。出現在鑽石上的清晰分散稱為「火彩」，是賦予無色透明寶石色彩及閃耀的重要特性。深色寶石的話因為石頭本身的顏色已經相當濃郁，相形之下「火彩」就會變得較不顯眼。

27

| 光彩 |

　　寶石的光彩是經由光的反射和折射而產生的。反射率與以反射面為界的物質（例如水面上的水和空氣）折射率有關，因此折射率的大小對光的反射有極大的影響。同時，反射面的性質也很重要。光在平滑的表面上會銳利地反射，但在粗糙的表面上卻會產生亂反射，失去銳度。

　　透明物質會隨著光澤從明亮到黯淡的變化，以鑽石光澤、玻璃光澤、樹脂光澤、脂肪光澤、土狀、無光澤等方式來表現。如果是不透明的物質，就會用金屬光澤、珍珠光澤、絲絹光澤來描述。炫目的光澤需要平滑的表面及高反射率才能呈現，因此寶石的研磨工序極為重要。

　　經過主刻面（在研磨過程中形成的平面）的寶石所散發的光彩不僅依賴表面的反射，寶石內部的光線反射也同樣重要。反射率與折射率呈正相關，兩者都會隨著物質密度的增加而增加。換句話說，鑽石和藍寶石等透明且密度高的寶石能散發出鋒利的光芒絕非偶然。為了達到最佳光輝效果，在決定主刻面時透明寶石通常都會先考量到反射和折射，而且還要按照配置精準完工才行。

　　不管光線從哪個方位投射，鑽石與玻璃的折射率都不會有所改變（光等向性），

公主方形切割的鑽石。為達到最佳效果，主刻面曾經過一番精密計算，好讓鑽石散發出銳利的光芒。

但有些寶石卻會因為結晶方向的不同而讓折射率有所差異（光異向性）。即使方位相同，如果結晶擁有多個折射率（雙折射），透過結晶看到的影像就會分成兩個。

　　若要製作出具有這種光學特性的結晶，就需要注意結晶的方位，否則無法獲得最佳光澤。

| 閃耀 |

　　透明結晶和內含物的折射率差異若是明顯，內含物表面就會產生顯著的反射，影響結晶的透明度。這在透明寶石中通常會產生負面影響。但是，內含物有時反而會增添幾分獨特的美感。例如從無色寶石裡可以觀賞到和彩虹一樣七彩繽紛的光芒，或者從凸圓面切工的寶石中欣賞一道或三道的光彩。這些都是寶石內部的光線反射、分散、繞射、干涉、散射等現象所產生的結果。

內含物所帶來的特殊效應：變彩／星彩

　　在金綠寶石、紅寶石和藍寶石等寶石中，當結晶內部有平行排列的針狀內含物時，若是按照其排列方向在特定的角度上

寶石的折射率

鑽石	2.42
鋯石	1.92 - 2.02
紅寶石／藍寶石	1.76 - 1.78
鎂鋁榴石	1.72 - 1.76
尖晶石	1.71 - 1.74
托帕石	1.61 - 1.64
碧璽	1.61 - 1.67
翡翠	1.57 - 1.66
紫水晶	1.54 - 1.55

打磨成凸圓面，寶石表面就會出現光帶。光帶只有出現一條時，就會被比喻成貓的眼睛，稱為**貓眼效果**（貓眼效應）。若是出現三條光帶，就稱為**星光效應**（星彩）。

東菱石（P.151）若是含有赤鐵礦等細微片狀內含物而且方向隨機，那麼這些內含物就會反射出燦爛無比的光芒。這樣的閃爍光芒稱為灑金效應。

暈彩

結晶內部若有折射率不同的透明礦物薄膜交替堆疊，薄膜上下所反射的光就會產生干涉，呈現類似肥皂泡泡或油膜的彩虹色，這種現象叫做暈彩。在觀察**月長石**（月光石）時，通常會看到帶著淡藍的乳白色暈彩，稱為青光白彩（或閃光效應）。

另外，在拉長石中觀察到的鮮豔暈彩叫做光譜光彩（P.188）。可以看到暈彩的寶石往往會琢磨成凸圓面，以突顯出其所擁有的色彩及光澤變化，但如果是拉長石的話，也常用平面來琢磨。但不管是採用哪一種切工方式，都要考慮到琢磨的角度，這樣才能讓暈彩展現出來。

珍珠的獨特顏色和柔和光澤（珍珠光澤）也是來自暈彩，又稱為暈彩效應（珍珠光澤 P.234）。

遊彩效應

有些寶石和一邊散發出暈彩光芒一邊閃爍的 CD 光碟片，或者和孔雀的羽毛及蝴蝶的翅膀一樣，會透過光的折射展現出各種色彩。**蛋白石**是由規則堆積的二氧化矽微粒子所組成。當光線在微粒子表面折射時，不同波長的光會產生干擾，導致光線朝不同方向移動，因此寶石的角度（觀賞的角度）若是不同，呈現的色彩就會跟著改變，這種現象就叫做**遊彩效應**。

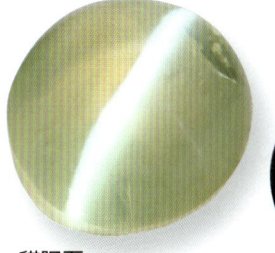

貓眼石
內部平行排列的內含物因反射出光線，進而產生貓眼效應。

星光藍寶
未經處理而且星光效應強烈明顯的寶石非常少見。

No.7399

月長石
奶油白色閃光柔和獨特、美麗無比的月長石。

黑蛋白石
除了蛋白石，其他寶石通常不易看到遊彩效應。

特寫超級放大的蛋白石。二氧化矽微粒子規則堆疊在一起（美國礦物學會提供）

|展現美麗的技術，切工|

礦物收藏家喜愛的礦物標本中，有許多美麗不亞於寶石的結晶。這渾然天成的美，就是寶石的原點。寶石的切工方式是一項要理解礦物結晶美麗的原理、切磨原石、塑造形狀、細心琢磨，為了將這份潛在的美毫不保留地展現出來而開發累積的技術（P.34）。

寶石的耐久性

先不論鑽石的硬度,既然是要配戴在身上的寶石,耐久性當然重要。接下來就讓我們從硬度、靈活性和穩定性這三方面來看吧。

|寶石的硬度|

寶石重要構成條件之一的耐久性,包括了硬度、韌性、穩定性這三個要素。「硬度」與化學鍵的強度有關,但也有不同的物理含義,例如抗刮(磨損)的「硬」、難以變形的「硬」,以及可抗打擊等衝擊的「硬」。

摩氏硬度是以十種硬度不同的礦物為指標,並利用與這些指標礦物比較的方法來衡量寶石的「硬度」。自從德國礦物學家弗里德希・莫斯(Friedrich Mohs)提出以來,指標礦物經過了一番修訂,目前下列礦物種(寶石)已被指定為摩氏硬度的十個等級指標,不僅適用於礦物學,在寶石學中也能派上用場。

例如,金綠寶石(貓眼石)可以刮傷托帕石,但卻無法刮傷剛玉(藍寶石)。因此,金綠寶石的摩氏硬度被界定在 8 和 9 中間,也就是 8½。而幾種重要寶石的摩氏硬度通常都在 7 以上。

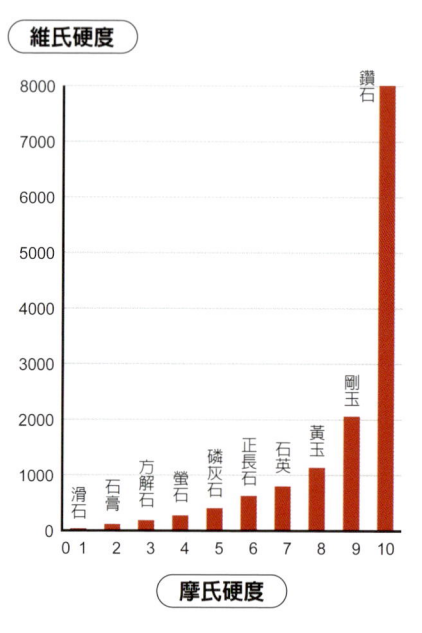

維氏硬度

(柱狀圖：滑石、石膏、方解石、螢石、磷灰石、正長石、石英、黃玉、剛玉、鑽石,對應摩氏硬度 1–10,縱軸最高約 8000)

摩氏硬度

上圖是結合摩氏硬度和維氏硬度的表格。維氏硬度是對檢測物體施加過重之後,從形成的凹陷及荷重量來表示絕對值的一種方式。從表格中可以明顯看出摩氏硬度在 9 和 10 之間會出現極大的差距。

[摩氏硬度] 十種標準礦物(寶石)

硬度	1	2	3	4	5	6	7	8	9	10
	滑石(凍石)	石膏	方解石	螢石	磷灰石	正長石	石英	黃玉(托帕石)	剛玉	鑽石(金剛石)

寶石的韌性

韌性指的是不易破裂、不易缺角，也就是承受破損的耐性。這與具有規則性的化學鍵反覆形成的結晶，也就是特有的弱點 ——「解理」性質關係密切。有解理的結晶會彷彿事先切割好般沿著平面漂亮斷裂或剝落。解理的方向通常會與化學鍵較弱或較少的方向對應。摩氏硬度高達 10 的鑽石雖然有解理性，但是紫水晶（摩氏硬度 7）和莫爾道玻隕石（摩氏硬度 5½）卻沒有，因此我們無法斷言硬度較高的鑽石不易破裂。故當寶石在加工及佩戴時，解理是一項需要特別注意的重要特性。

翡翠是由細長的輝玉（硬玉）結晶交織而成的岩石（硬玉岩、輝玉岩）寶石。輝玉（硬玉）的摩氏硬度為 6～7，與水晶相當，較不耐磨。不過細長的結晶可以發揮出如同強化纖維的作用，讓翡翠成為具有高韌性的寶石。珍珠的摩氏硬度雖然只有 2½～4½，但是韌性卻意外卓越。這應該是像珍珠層這樣的生物組織結構為了生存演化而來的吧。

方解石具有完整的三向解理，可以切磨成菱形六面體。

翡翠韌性高，耐久性相當出色，若能切磨成凸圓面，就能展現極佳效果。

寶石的穩定性

穩定性，也就是對劣化的抵抗力也是寶石構造的重要因素。含水穩定的蛋白石若是因為乾燥而失去水分，就會收縮產生裂紋。此外，為了防止珍珠等碳酸鈣和蛋白質等材質的寶石受到酸及酒精侵蝕，在喝飲料或噴灑香水時一定要及時清潔，以免這些物質殘留。至於土耳其石之類的多孔質寶石若是遭到皮脂或汗水滲透，極有可能因此變色。紫鋰輝石和紫水晶等寶石在陽光等強光照射之下會褪色，遇到急遽的溫度變化也會引發熱衝擊。除了蛋白石和黑曜石等非晶質寶石，許多寶石都會因為熱衝擊而出現破損，這些都要多加留意。只要了解這些寶石的特性，可以讓它們長久陪伴在旁。

蛋白石對乾燥相當敏感，因此要妥善保管，盡量避免陽光直射。對於熱及衝擊也要多加留意。

最好不要直接接觸到皮膚的土耳其石。

珍珠類的首飾配戴過後一定要用乾布將汗水擦拭乾淨。一旦變黃，就不會恢復原狀。

31

寶石的顆粒大小

| 寶石的顆粒大小 |

　　顆粒大小對寶石來說相當重要。長久以來，寶石的尺寸標示與交易都是用重量（克拉 1ct=0.2g）來進行。由於寶石的特性，想要精確測量尺寸並不容易，所以才會用「ct」來確認寶石的同一性。

　　ct 並不等同於顆粒大小，但一般來說，人們經常將 ct 視為顆粒大小（克拉尺寸：P.33）。這裡需要注意的是形狀上的個體差異。每顆寶石的厚度差異甚大，即使是正面看起來大小相同（ct 尺寸相同）的彩寶，厚的有可能是 8ct，而薄的則有可能是 4ct。

　　下圖展示的是研磨成各種形狀、實物大小的寶石照片。只要手指靠近圖片，就能看出哪種尺寸的寶石適合當作鑽戒的主石。

　　寶石的產出因種類而異，有些只能產出小顆的，有些則可採收大顆的。然而寶石美麗的關鍵在紅寶石和藍寶石等有彩寶（色石）和無色鑽石之間是不同的。

　　彩寶的重點是色彩和透明度，鑽石的

〔實際尺寸〕

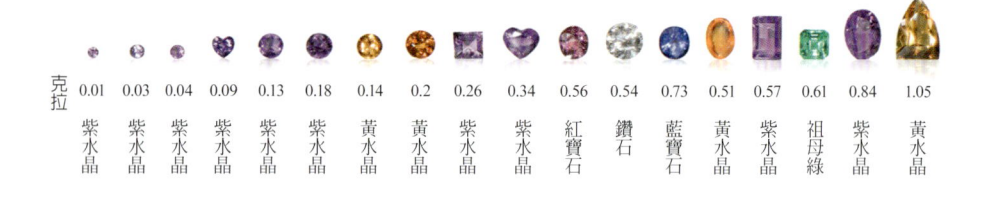

克拉	0.01	0.03	0.04	0.09	0.13	0.18	0.14	0.2	0.26	0.34	0.56	0.54	0.73	0.51	0.57	0.61	0.84	1.05
	紫水晶	紫水晶	紫水晶	紫水晶	紫水晶	紫水晶	黃水晶	黃水晶	紫水晶	紫水晶	紅寶石	鑽石	藍寶石	黃水晶	紫水晶	祖母綠	紫水晶	黃水晶

克拉	7.32	11.87	21.36	40.1	29.58	54.73
	黃水晶	黃水晶	黃水晶	紫水晶	紫水晶	黃水晶

32

重點則是在於強烈的閃光及色散。有趣的是，每種寶石在不同產地所產出大小通常會在某一個固定範圍內。

寶石的顆粒大小在評鑑品質時相當重要。例如，3、5、10ct 的彩寶，以及 1～2ct 的圓明亮形鑽石最適合做成戒指，而且也最閃耀美麗。小顆的紅寶石和藍寶石顏色稍淡（明亮度約 4）較能顯現出美麗的色彩（大顆的話明亮度則約 5～7）。由此可見，寶石的大小並不是判斷品質的唯一標準。話雖如此，在判斷品質時，顆粒大小確實是相當重要的一個條件。

〔克拉尺寸〕

克拉是指寶石正上方的大小。標準比例的克拉（重量）是以有亭部（底部）的切工為指標。深度相對於直徑或寬度比率較高的寶石正上方通常會變小。

＊明亮度是根據質量量表所表達的深淺（P.42）。

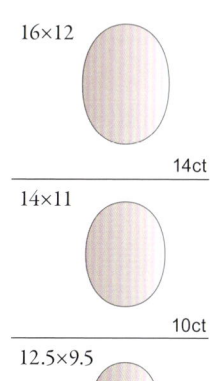

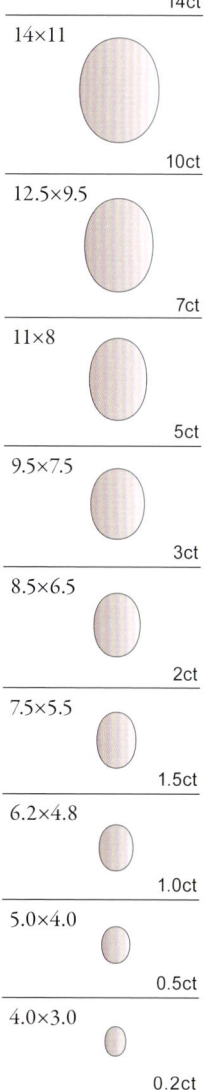

紅寶石
（密度：4.00）
實際克拉尺寸

尺寸	克拉
16×12	14ct
14×11	10ct
12.5×9.5	7ct
11×8	5ct
9.5×7.5	3ct
8.5×6.5	2ct
7.5×5.5	1.5ct
6.2×4.8	1.0ct
5.0×4.0	0.5ct
4.0×3.0	0.2ct

1.44 紫水晶　1.48 黃水晶　2.22 黃水晶　3.2 紫水晶　5.5 紫水晶　8.77 海藍寶　8.79 海藍寶

69.26 紫水晶　62.95 粉晶

有關鑽石的顆粒大小亦可參閱 P.68。

寶石的切工方式與拋光

寶石要如何切磨，通常取決於其硬度、耐久性、透明度、價值之有無與優劣，以及設計。寶石切割師通常會根據寶石稀有性、原石的大小和形狀來決定切工風格，最後再來決定形狀（輪廓、外形）。一般來說，寶石的切工通常會按照「形狀、切割風格、刻面琢磨」的順序來標記。

例如，一顆擁有圓形輪廓、冠部和亭部以及 58 個切面的鑽石，通常會以「（形狀）圓形、（切工方式）亭部切工、（刻面琢磨方式）明亮形切工切磨」的方式來標示（由於大多數的寶石都是採用亭部切工，所以「亭部切工」標記通常都會省略）。在本書中則是以「圓明亮形切工切磨」來標示。

形狀（輪廓）		切工方式	刻面琢磨方式	【冠部】【亭部】
直邊（Straight Edge）	八角形	亭部切工（擁有冠部和亭部）※ 標示通常會省略	明亮形	（星形/星形）
	矩形		星形	（星形/星形）（星形/階梯形）
	方形		階梯形	（階梯形/階梯形）（階梯形/星形）
	三角形		公主方形	
			花式 凹雕	
			其他（麵包形、棋盤格形 等）	
圓邊（Round Edge）	圓形	凸圓面	浮雕 凹雕	
	橢圓形	厚板形	浮雕 凹雕	
	梨形	串珠	※ 有些會有主刻面	
	馬眼形	滿天星形		
	三角形	隨形		
	心形	玫瑰形切工		
	枕墊形	雕刻		
		點式 平頂式	※ 歷史上曾經出現過，但現在幾乎已經沒有。	
		雷射孔	利用雷射在鑽石上鑽孔 ※ 鑽孔時鑽石會使用雷射，其他彩寶則是使用超音波	
不規則形				
未切割		保持原狀的寶石（未加工）		

1. 形狀（輪廓）

　　形狀是指從上面（正上方）看到的寶石形狀。

　　寶石的形狀可以分類為圓潤的圓邊和直線的直邊，但也有不屬於這兩者的不規則形狀。圓邊的代表形狀有圓形切工、橢圓形切工及船形的馬眼形切工。感覺銳利的直邊有八角形切工和三角形切工，但缺點就是容易缺角。

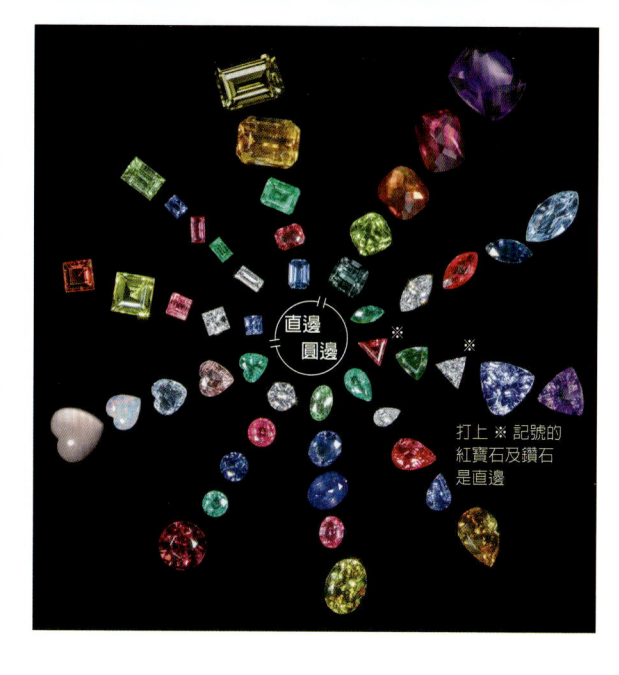

打上 ※ 記號的紅寶石及鑽石是直邊

2. 切工方式

　　寶石在切磨的時候，通常都要綜合考量到種類、透明度以及有無內含物再來決定。現代的寶石切割在處理鑽石等硬度和透明度較高的寶石時，主要採用能夠充分利用內部反射和色散的「主刻面切工」為主流。寶石的背面（下部）之所以設有亭部，原因就在於此。另一方面，當我們在回顧寶石研磨歷史時，會發現大多數的寶石所採用的研磨方式不外乎是善用原有形狀加以打磨的隨形，或者是不需要精確平面的曲面磨光方式，也就是凸圓面。除此之外還有厚板以及串珠等切磨方式。

A 隨形

tumble 意指滾動。外型和在河邊看到的小石頭一樣邊角圓潤的切磨風格。本為不經人手加工、渾然天成的切磨方式。現在通常會讓原石與切磨材料一起滾動，將邊角磨圓，以便增加光澤。

B 凸圓面

將寶石切磨成圓頂山形的切工方式。通常用來切磨硬度較低的半透明或不透明的石材上。有時還會加上浮雕（cameo）裝飾。

C 厚板（slab）

琢磨成平面的切磨方式。通常出現在施以傳統凹雕（intaglio）的寶石上。

D 串珠

寶石大致切割成立體形之後再用機械或手工方式磨圓。通常會在中間鑿洞，將其串連在一起。

E 玫瑰形切工

將刻面琢磨成宛如玫瑰花瓣層層疊合的切工方式。平坦的背面是中世紀歐洲流行的款式。

F 滿天星形（鳳梨形）

將淚滴形原石以面積較小的刻面環繞琢磨之切工方式。比起其他切工方式還要耗時。

G 亭部切工

具有冠部和亭部的切工方式。又稱為明亮形切工。只要擁有亭部，就能將透明度較高的寶石內部反射及色散整個散發出來。

3. 刻面琢磨方式

在「亭部切工」中，冠部與亭部可以透過各種不同的刻面琢磨方式來呈現。至於要採取什麼樣的刻面，取決於寶石的特性。因此琢磨之前必需要考量到原石的形狀和顏色，設計時盡量擴大桌面，確保可以呈現出最佳色彩的厚度，並且考量亭部和冠部的配置，利用內部反射讓光彩整個散發出來，同時讓寶石看起來更大，將其所擁有的美毫不保留地展現出來。

明亮形

擁有 32 面冠部、24 面亭部，連同桌面與尖底共有 58 面經過琢磨的突破性切磨方式。

星形（明亮形）

桌面周圍有八個三角形的刻面。

階梯形

宛如樓梯的刻面。擁有正方形的桌面，刻面不是正方形就是長方形。而且還平行連接在鑽腰上。

花式切磨

頂部磨平，亭部琢磨刻面的切磨方式。古時人們通常會在上面雕刻。

拱面形（Puff Top）

頂部為圓頂狀的凸圓面手法，下部琢磨刻面。

棋盤格形

名稱取自西洋棋盤。切面通常呈正方形的棋盤圖紋。

公主方形

在 20 世紀後半發明的切磨方式。外型為四角形，但是刻面卻與明亮形切工相近。

國立西洋美術館 橋本收藏品介紹

戒指訴說的 4000 年寶石史

　　古藝術品收藏家橋本貫志（1924～2018）的「橋本收藏品」是他在 1989 年至 2004 年間於世界拍賣會所收集的珍藏品，約 870 件作品，內容以戒指為主，後來捐贈給國立西洋美術館。他發揮了收藏家所擁有的豐富經驗與知識，網羅了所有年代及地區的極品，每一項都是世界上獨一無二的珍藏品。

　　為了規劃在 2022 年舉辦的國立科學博物館特別展「寶石」，主辦單位特地以寶石為主題，挑選了 201 件收藏品進行拍攝。在按照年代順序排列時，發現 1500 年左右的戒指大多為施有雕刻的凸圓面或厚板切工，而鑽石和紅寶石等明亮形切工手法則是要到 1700 年代才首次出現。

　　寶石以裸石形式存在時，雖然無法確定其使用的年代，但只要透過戒指的挖掘地點、材質及設計，還是可以推測時代和背景，可見橋本收藏品無疑是一個講述寶石史的戒指珍藏品。

從「橋本收藏品」中觀察切工方式變遷

1 「聖甲蟲」中王國時代，第 12～13 王朝，西元前 1991 年至西元 1650 年左右　國立西洋美術館 橋本收藏品（OA.2012-0002）

15 「金戒指」1～2 世紀 國立西洋美術館 橋本收藏品（OA. 2012-0062）

53 「教宗權戒」15 世紀 國立西洋美術館 橋本收藏品（OA. 2012-0141）

70 「海中仙女 涅瑞伊得斯」1660 年左右 國立西洋美術館 橋本收藏品（OA. 2012-0201）

89 「波蘭國王奧古斯特三世」18 世紀中期 國立西洋美術館 橋本收藏品（OA.2012-0260）

102 「情意戒」1830 年左右 國立西洋美術館 橋本收藏品（OA. 2012-0400）

158 「六角形鑽石裝飾藝術時期戒指」1925 年左右 國立西洋美術館 橋本收藏品（OA. 2012-0491）

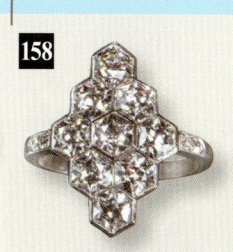

173 「Jean Schlumberger 設計的蒂芙尼戒指」1960 年代 國立西洋美術館 橋本收藏品（OA. 2012-0512）

代代傳承的寶石

追求寶石的人絡繹不絕。讓我們來探討寶石跨越時代魅力依舊不滅的原因，以及能夠代代傳承的「條件」。

|回流——寶石是地球賦予的禮物|

作為動產的寶石有著確實的「價值」。其所擁有的價值不會減少，而且攜帶方便，更不像土地那樣需要繁瑣的登記手續。佩戴的時候不僅賞心悅目，用不著或者是必要的時候還可以轉讓。因此，寶石能夠跨越時代，代代傳承下去——這就是寶石的「回流」。

值得回流的寶石有三個條件。

①透明度高而且美麗的寶石。在未經處理的狀態下，透明清澈如水晶般的石頭本身就散發著美。

②摩氏硬度超過7的寶石。硬度比砂塵中常見的石英（摩氏硬度7）還要差的石頭劣化度會更嚴重。

③顆粒恰當的寶石。寶石是用來佩戴享受的，因此不宜過大或過小。

只要寶石符合這三個條件，就能保有價值。正因如此，它們才能在人們手上不斷地傳遞，持續回流下去。

然而新開採的礦石切割成寶石進入市場之後，使得寶石的總量每年都在增加。

2019年於拍賣會中得標的白金祖母綠鑽戒。祖母綠原產自哥倫比亞，無處理。只要檢查戒指內部，便可得知裡頭的印記中斷，同時也說明這只戒指曾經更改過尺寸。

如果繼續像20世紀那樣進行大規模礦山開發的話，總有一天整個寶石市場說不定會供過於求。停止過度開發，避免引發紛爭，適當評估真正有價值的寶石並讓其回流。在目前注重「共享」、「回收」和「環境保護」的當下，寶石市場轉向「回流」將會是一個重要的方向。

寶石是地球賦予的禮物，擁有無可替代的價值和美麗。正因如此，能夠將其傳承下去應該會是一種喜悅。

寶石回流在拍賣會上相當熱門。不僅有價值高昂的物品，而且還有許多介於10萬～30萬日圓之間的寶石拍賣品，一般大眾也可以輕鬆參觀及參加。拍賣會的優點，在於競價的同時也能以接近實際價值的價格進行交易。雖然會有仲介費用，卻不會遭到不良業者抬價，也不必擔心買到值不相當的寶石。

圖片：每日拍賣

第 2 章
礦物質的寶石

「美好時代（Belle Époque）卡洛・拉吉奧伯爵舊藏 花環風格 鑽石皇冠」
1909 年左右 義大利 鑽石、白金鉑金。私人藏品，協助：Albion Art Jewellery Institute

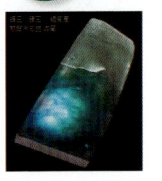

如何參考本書

本書第 2 章要介紹「礦物質的寶石」，第 3 章是「源自生物的有機寶石」。主要的寶石除了基本解說，還介紹了品質與價值。

寶石頁

「礦物質的寶石」頁中刊登了寶石的礦物學性質，以及琢磨前的美麗礦物（結晶）與經過琢磨的寶石。具有歷史價值的珠寶也會一併介紹。

【礦物質的寶石】第 2 章

❶ 礦物名／Jadeite（鈉輝石）
❷ 主要化學成分／矽酸鈉鋁
❸ 化學式／Na(Al,Cr,Fe,Ti)Si₂O₆
❹ 光澤／玻璃光澤～油脂光澤
❺ 晶系／單斜晶系
❻ 密度／3.2-3.4
❼ 折射率／1.64-1.69
❽ 解理／良好（雙向）
❾ 硬度／6.5-7
❿ 色散／不明

寶石名稱
琢磨前的原石（礦物）

寶石名稱的由來與產出狀況解說

收藏編號 No.0000
1000 號系列／2000 號系列 國立科學博物館
3000 號系列／4000 號系列 瑞浪礦物展示館
7000 號系列／8000 號系列 日本彩珠寶石研究所
9000 號系列／0000 其他

※ 未記載的寶石為諏訪貿易以及 Shutterstock 所有

❶ 礦物名
刊登寶石所屬礦物名及別名。有些寶石名與礦物名相同，有些則相異。

❷ 主要化學成分
以化合物的名稱記載礦物的主要成分。

❸ 化學式
物質成分以元素符號表示，其比例以數字表示。例如鑽石是 C，紅寶石和藍寶石的礦物剛玉則是 Al_2O_3。

❹ 光澤
寶石表面反射光線所產生的質感。主要的光澤有鑽石光澤、玻璃光澤、樹脂光澤、油脂光澤、土狀、無光澤、金屬光澤、珍珠光澤、絲絹光澤等等。

❺ 晶系
根據晶軸的長度與晶軸相交的角度將礦物分成七種晶系（等軸〔立方〕、正方〔四方〕、六方、三方、斜方、單斜、三斜）。

❻ 密度
與標準物質（大氣壓下 4°C 純水）的密度比例。

❼ 折射率
光線在物質中及真空中的傳播速度之比率。在速度不同的物質邊界上，光的進行方向會改變，看起來像是光路被彎曲（折射）。折射率與折射角有關，也與反射有關，因此對寶石的光彩有很大影響。

❽ 解理
解理是指在平坦表面裂開的現象。見於特定的結晶方向，以「完全」、「明顯」、「良好」、「不明顯」、「無」來表示程度。寶石的耐久性與其關係密切。

❾ 硬度
可抵抗尖銳物刻劃的硬度。與訂定的十種指標礦物比較時，通常會使用摩氏硬度。（請參照 P.30）

❿ 色散
當折射率因為波長不同而有所差異時，射入的光線會因各自波長而分離的現象。通常會以阿貝數（逆分散率）這個指標來表示。數值越大，虹彩光芒就會更強烈。

{ 主要的元素符號 }

Ag	銀	N	氮
Al	鋁	Na	鈉
Au	金	Ni	鎳
B	硼	O	氧
Ba	鋇	Os	鋨
Be	鈹	P	磷
C	碳	Pb	鉛
Ca	鈣	Pd	鈀
Cl	氯	Pt	鉑
Co	鈷	Rh	銠
Cr	鉻	Ru	釕
Cu	銅	S	硫
F	氟	Si	矽
Fe	鐵	Sn	錫
H	氫	Sr	鍶
Hg	汞	Ti	鈦
Ir	銥	V	釩
K	鉀	W	鎢
Li	鋰	Zn	鋅
Mg	鎂	Zr	鋯
Mn	錳		

※ 關於礦物資料，如果多種礦物皆被視為同一種寶石，在這種情況之下會僅列出代表性的礦物。

普及時期的參考指標

▎ 西元前～1500年

▎ 1950年～現在

在西元前到 1500 年這段期間普及的傳統寶石會標示成紫色。1950 年以後發現並普及的寶石會以灰色來標示。以上皆非者則無記號。

寶石名

日本產輝玉　Jadeite, Japan

硬度的參考標準

每頁都刊載了寶石的硬度。本書原則上是按照摩氏硬度從高排到低，但在分類上部分寶石的硬度順序有時會前後顛倒，因此書中列出的硬度可能會與寶石的硬度不同。

琢磨的寶石
切工方式
輪廓和刻面切磨方式

本書標示的切工方式會比一般的寶石書籍還要詳細及專業。另外，經由諏訪判斷的切工方式、輪廓及刻面切磨方式也會一併刊載。

更加詳細的
寶石種類解說

橋本收藏品

1 ～ 201

橋本收藏品是古董收藏家橋本貴志（1924 ～ 2018）珍藏的 800 多件珠寶收藏品，內容以戒指為主，於 2012 年捐贈給國立西洋美術館。本書從包含寶石及鑲嵌寶石的 201 件戒指中，精選了約 60 件作品。標示編號是國立科學博物館特別展「寶石」中的展示號碼。

⓫ 化學名

生物起源的寶石不是來自礦物，因此沒有礦物名。會以「主要化學成分」當作化學名來標示。

【源自生物的有機寶石】第3章

41

品質價值頁

本書刊載了「質量量表」、「價值比較表」、「品質辨識方法」及「處理之有無」，藉以判定主要寶石的品質。這樣就能為寶石賦予價值。

品質參考標準

寶石的三種等級。GQ 是非常美麗而且稀少的寶石。JQ 等級的寶石可廣泛應用在首飾上。AQ 等級的寶石雖然美麗不足，但還是可以做成配飾。每種寶石各不相同。

- GQ（藍色區域）
- JQ（灰色區域）
- AQ（黃色區域）

質量量表

質量量表是一個用來區分品質的標準。為了確認品質，橫軸上有五個美麗的等級（外表和光彩），縱軸則是七個顏色深淺的階段，總計 35 格。基本上照片中皆為實品。寶石的美麗和顏色深淺程度是以 GQ、JQ、AQ 這三個「品質參考標準」來判斷。若有其他特色，會以產地、處理・未處理來標示。

美麗之處

① 切石馬賽克圖案均衡協調

② 凸圓面注重形狀、透明度及顏色飽和度。

價值比較表

為了比較同種寶石的價值彙整而成的表格，指數是以一克拉大小的圓明亮形鑽石的中等品質 JQ 為標準，標示為「100」，並非價格表。本書中刊載的資料以 2012 年及 2018 年的調查結果為指標。目前有些寶石價值波動較大，但標榜傳統的寶石價值波動需要從長期的角度來考量。

品質辨識方法

介紹辨別品質的重點。特別是每種寶石的產地以及是否經過處理都是判斷品質的關鍵。主要的三種彩寶（紅寶石、藍寶石、祖母綠）產地若是不同，價值通常會相差甚大，因此有產地別的質量量表。

相似的寶石

外表看起來相似，但屬於不同種類的寶石。

人造合成石

均質大量生產，而且成分、晶體結構與寶石相同的物質。有合成結晶和人工培育結晶。

仿冒品

以塑膠、玻璃或貼合方式製造成類似寶石的物質。

處理（市場上不認可其寶石價值的處理方式）

本書介紹的寶石以無處理為前提。市場可的某些程度處理（如加熱、含浸）會明確標示，並將其視為寶石，刊載在質量量表中。市場不承認其寶石價值的處理方式，只針對鑽石、紅寶石、藍寶石、祖母綠和翡翠來介紹。對於市場認定價值的一些處理方式亦會記載（詳見 P.43），包括：
① 低溫加熱處理（海藍寶、丹泉石、粉紅碧璽等大部分經過處理的寶石）
② 高溫加熱處理（紅寶石、藍寶石等）
③ 輕度的油脂、樹脂含浸（祖母綠等，需要注意處理的程度）

42

寶石的處理

寶石的處理方式分兩種，一種是除了研磨，其他部分完全未經人工處理的 A.「未處理」，另外一種是 B.「市場認可寶石價值的處理」。這些處理方法旨在激發潛在的美感，因此完成品仍會深受自然因素影響，外觀各不相同。這種類型的原石數量有限，市場亦承認其作為寶石的價值。

相對地，市面上也有 C.「市場不認可其寶石價值的處理」。這種處理可以大量進行，因此市場上幾乎不認可其作為寶石的價值。

就目前的處理技術來看，除了加熱處理（低溫）及彩寶有無經過輻射處理較難判斷之外，其他的處理方式幾乎都看得出來。

本書介紹了與寶石價值有關的處理方法。亦刊載輻射處理，以及加熱處理的組合方式單純為輻射等主要的處理方式。另外，不管是哪一種寶石，都會經過暫時性的浸油、浸蠟、塗層，這些處理方式則未提及。

A. 無處理

除了研磨之外其他部分完全未經人工處理

B. 市場認可寶石價值的處理

目的	種類	方法和內容	例
改善寶石的顏色和透明度等光學特性	輕度的油脂或樹脂含浸	使用無色油脂以滲透，讓裂痕不容易被看見，並且顯示出顏色、透明度、光彩（石頭本身的裂縫較少）	祖母綠
	加熱	加熱處理至300℃至1800℃以改善顏色。低溫加熱處理時內含物不會產生變化，因此難以判斷是否需要加熱處理。高溫加熱處理的話內含物會出現變化，故可與無處理加以區別（在加熱處理過程中，當作催化劑來使用的物質〔硼砂〕可能會留在縫隙中。輕微的殘留物質〔residue〕在市場上是認可的）	[低溫加熱] 海藍寶、丹泉石 [高溫加熱] 紅寶石、藍寶石

C. 市場不認可其寶石價值的處理方式

目的	種類	方法和內容	例
寶石利用人工方式著色、變色及隱藏不透明的因素	重度的油脂或樹脂含浸	在真空或高壓環境中將油脂含浸在寶石內部的縫隙中，好讓裂縫處的漫反射不會太明顯	祖母綠
	著色含浸	將有色油脂含浸在寶石內以提高透明度並上色	祖母綠
	鉛玻璃填充	鉛玻璃溶解後填充，以提高透明度	紅寶石
	過度的浸蠟處理	以蠟浸透，展現光澤	橘翡
	整體樹脂含浸	將樹脂浸透以增加透明度，提高耐久性	翡翠（又稱B貨）、紅珊瑚、土耳其玉
	擴散加熱處理	添加微量元素，加熱處理以著色	藍寶石
	輻射處理	輻射處理以添加色彩	藍色托帕石
	染色	使用合成染料上色	瑪瑙
	塗層	將色素蒸鍍在表面上	鑽石
	雷射鑽孔	以雷射鑽孔，除去內部暗色的內含物（鑽孔會留下洞，故需與鉛玻璃填充等方法並用）	鑽石
	高溫高壓（HPHT）	利用高溫高壓改變顏色	鑽石
	拼接（填充材）	與樹脂和玻璃拼接	夾層黑蛋白石、馬氏貝珍珠

註1：所有產品皆符合製造成本和流通成本的價值。註2：有些養殖珍珠會經過前處理、漂白、加熱處理、染色及輻射處理。

大色相環
~ Gem Color Circle 365 ~

這是 2022 年在國立科學博物館舉辦的特別展「寶石」所製作的「大色相環」。共有 365 顆寶石按照色彩及深淺排列，可以一覽寶石的多樣性和相似性。整個圖像就如同右側，是一個直徑約 48cm 的圓環。接下來會分成 4 頁介紹。

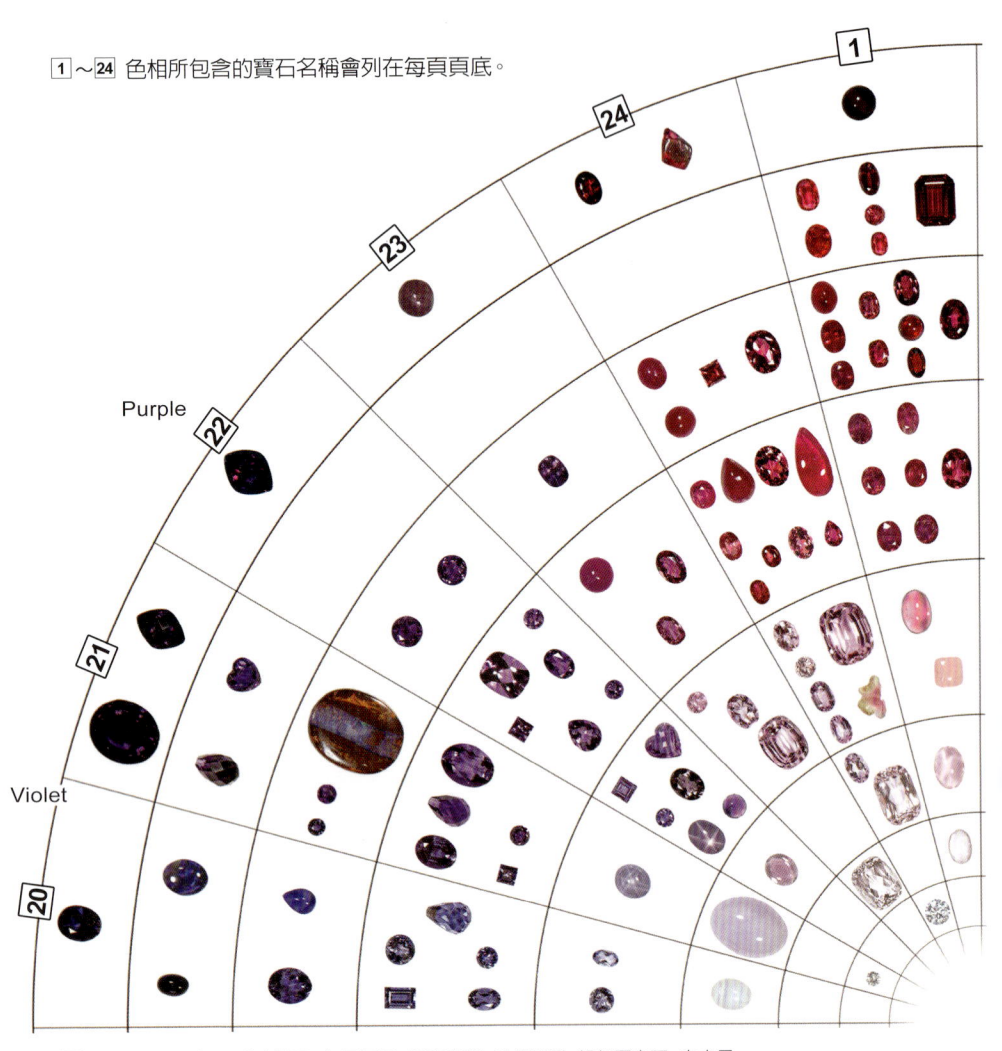

1～24 色相所包含的寶石名稱會列在每頁頁底。

Purple

Violet

1	鐵鋁榴石、紅寶石、玫瑰榴石、紅電氣石、紅寶碧璽、粉紅碧璽、粉紅蛋白石、白水晶
24	紅寶石、鐵鋁榴石、星形紅寶石、玫瑰榴石、粉紅碧璽、粉紅藍寶石、粉紅色彩鑽、粉紅托帕石、紫鋰輝石、西瓜碧璽、鋯石
23	印度星光紅寶、紫色藍寶石、紅寶石、玫瑰榴石、粉紅藍寶石、粉紅托帕石、紫鋰輝石
22	紫水晶、紫色藍寶石、紫色碧璽、紫色星光藍寶石、紫色尖晶石
21	紫水晶、紫色藍寶石、礫背蛋白石、紫色螢石、紫色星光藍寶石、紫玉、白水晶
20	堇青石、黑蛋白石、丹泉石、藍紋瑪瑙

44

大色相環整體圖像

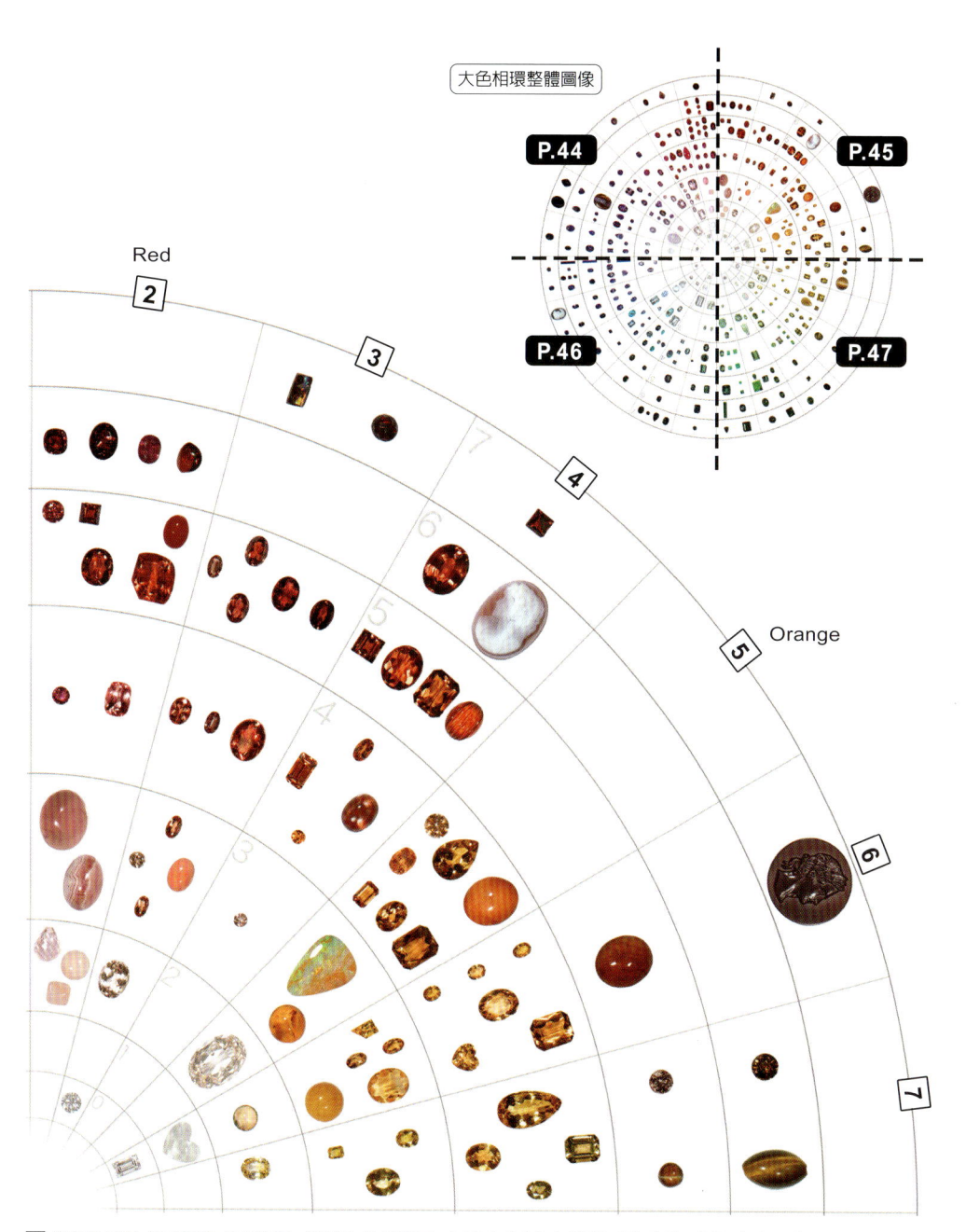

P.44　P.45
P.46　P.47

Red

Orange

2 紅色尖晶石、紅寶碧璽、火蛋白石、紅寶石、玫瑰榴石、中長石、紅紋石、珊瑚、印加玫瑰、粉晶、粉紅蛋白石
3 礫背蛋白石、琥珀、石榴石、玫瑰榴石、紅寶碧璽、黃水晶、粉紅藍寶石、紅紋石、珊瑚、帝王托帕石、鑽石
4 黃水晶、瑪瑙、石榴石、琥珀、橙色藍寶石、錳鋁榴石（芬達石）、日長石、拉長石
5 橙色藍寶石、鈣鋁榴石、橙色碧璽、碧璽、黃水晶、橘翡、礫背蛋白石、琥珀、托帕石
6 玉髓、橘翡、黃色藍寶石、帝王托帕石、黃水晶、鈣鋁榴石、琥珀、墨西哥蛋白石、珍珠貝母、鑽石
7 金綠寶石、虎眼石、金綠貓眼石、黃色綠柱石、碧璽、黃水晶、鋯石、黃色藍寶石

Blue

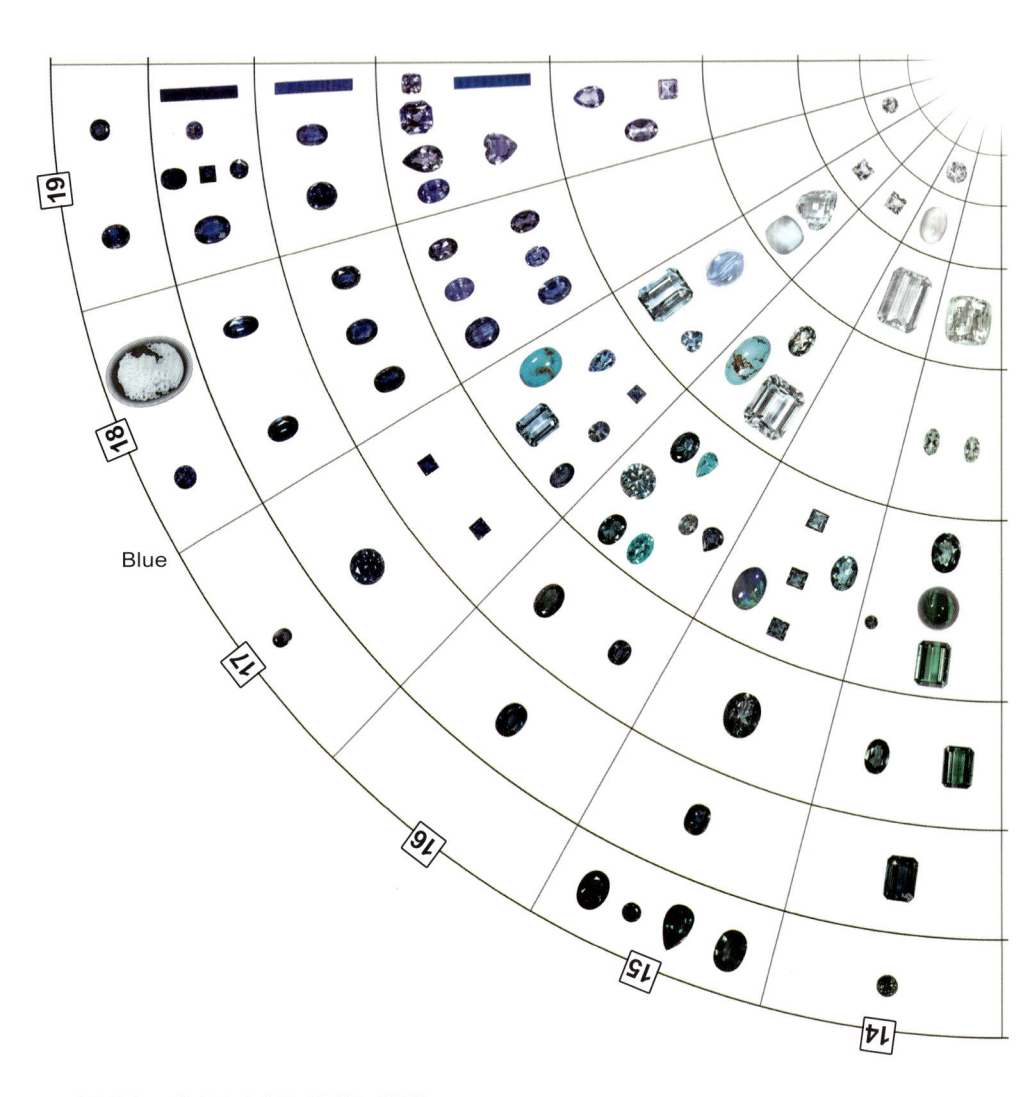

19 藍寶石、菫青石、青金石、丹泉石、藍錐礦
18 藍寶石、瑪瑙、菫青石、透綠柱石
17 藍寶石、海藍寶、帕拉伊巴碧璽、土耳其石
16 藍寶石、藍色尖晶石、亞歷山大變色石、帕拉伊巴碧璽、藍碧璽、藍鋯石、藍色托帕石、海藍寶、土耳其石
15 藍寶石、靛藍碧璽、藍色尖晶石、藍碧璽、黑蛋白石、海藍寶、無色托帕石
14 綠色藍寶石、綠碧璽、綠碧璽貓眼石、拉長石、綠色海藍寶

大色相環
～ **Gem Color Circle 365** ～

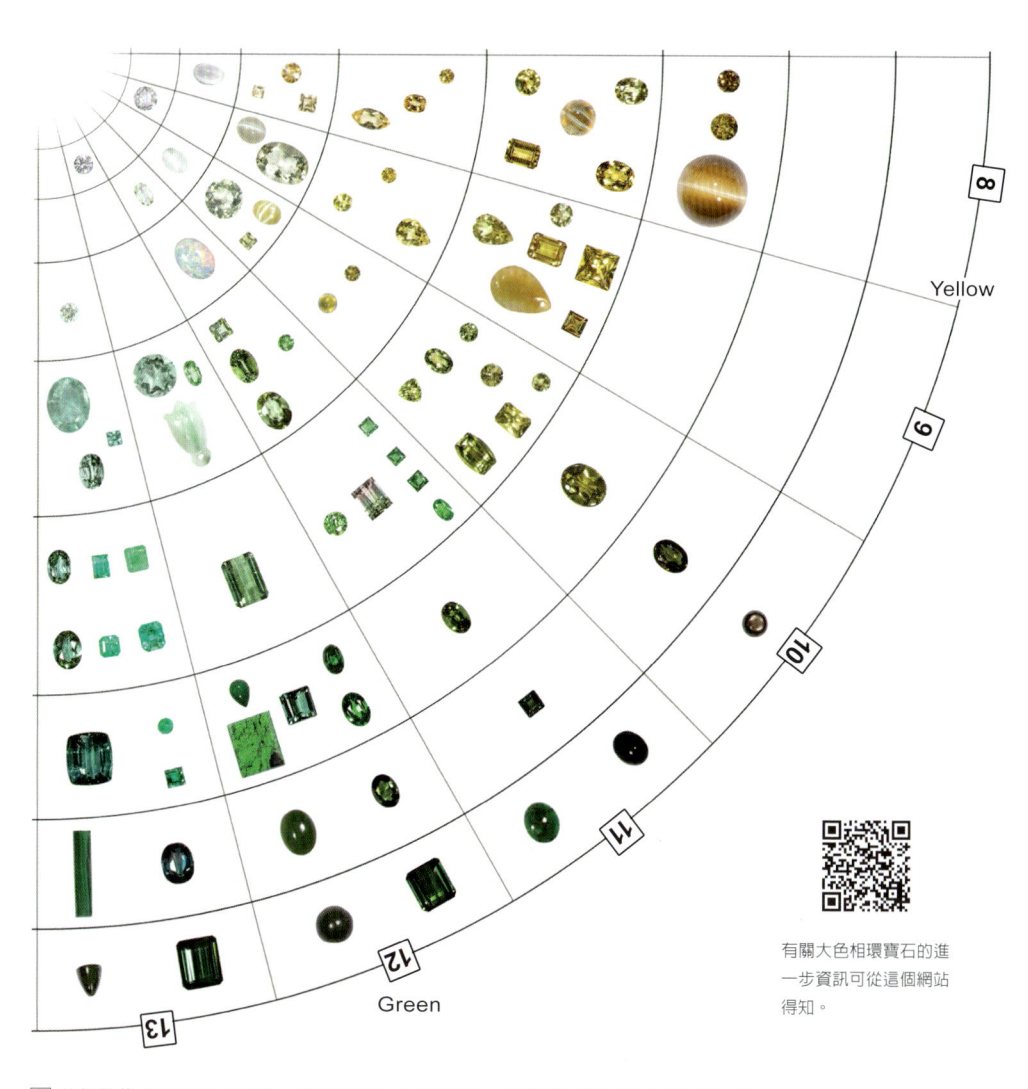

Yellow

Green

8	黃色彩鑽、黃綠柱石、虎眼石、黃色藍寶石、金綠貓眼石、金絲雀黃碧璽、黃色綠柱石、月長石
9	黃色藍寶石、金絲雀黃碧璽、碧璽、黃翡翠、金綠貓眼石、黃色正長石、鑽石
10	黑色星光藍寶石、綠碧璽、貴橄欖石、綠色藍寶石、金綠寶石、金絲雀黃碧璽、金綠貓眼石、綠色水晶、碧璽
11	綠碧璽、翡翠、沙弗萊、雙色碧璽、翠榴石、白蛋白石、鈣鋁榴石
12	綠碧璽、閃玉、沙弗萊、摩西西石、翡翠、螢石、白色藍寶石
13	綠碧璽、綠色藍寶石、孔雀石、祖母綠、綠螢石、綠鈣鋁榴石

有關大色相環寶石的進一步資訊可從這個網站得知。

47

鑽石　　　　Diamond

礦物名／diamond（鑽石、金剛石）
主要化學成分／碳
化學式／C
光澤／鑽石光澤
晶系／等軸晶系
密度／3.4-3.5
折射率／2.42
解理／完全（四向）
硬度／10
色散／0.044

美麗強大的終極寶石

　　鑽石是珠寶的終極之美，結合了「美麗」和「堅強」這兩個元素。其耀眼的光芒和閃爍的火彩即使在色彩上略顯單調，也無損鑽石那高貴無比的美麗，為這個在化學上十分穩定、質地最堅硬的礦物賦予無與倫比的耐久性。這個擁有奇妙特性的石頭，歷史可以追溯到西元前800年左右，最初的產地是印度。當時人們只讚譽鑽石的堅硬度，並將其視為極為「珍貴」的護身符，卻不了解這個透明的正八面體自形晶所散發的卓越光芒「火彩」才是鑽石真正的價值。雖然鑽石「真正價值」是經由打磨不規則的原石而來，但當時人們卻認

馬眼形　明亮形鑽石。將鑽石光彩毫不保留地散發出來的明亮形切工方式始於14世紀，堪稱鑽石切割技術的巔峰之一。

為觸摸這塊石頭會破壞其所擁有的神祕力量，因此被視為禁忌。

　　羅馬時代的博物學家老普林尼（Gaius Plinius Secundus）在其著作《博物誌》（Naturalis Historia）第37卷第15章中，有一個項目叫做「ἀδάμας（adamas）」（希臘語，意為「不可征服」或「不可馴服」）。當中記載的內容雖未完全符合鑽石的特性，甚至有人認為部分內容的描述反而比較符合白金，但就關於鑽石的完整記載來看，這在西方算是最早的紀錄。整段描述完全沒有與美有關的表達，只是反覆出現異常堅硬這個詞語。文中還提到這種異常堅硬的石頭有時會被打碎，用來製作雕刻寶石的工具，輕鬆地穿透任何一種堅硬的物質，對珠寶雕刻家來說非常珍貴。從《博物誌》的記載中，我們可以得知鑽石是從印度經由中東傳入西方，因為異常堅硬，故被珍視為是一種具有特殊魔力的石頭。然而，直到14世紀後半，鑽石的研磨技術才得以發展。在這之前超過千年的漫長時間裡，有關鑽石當作寶石來使用的描述幾乎不存在。文獻上所能找到的就只有略帶神祕力

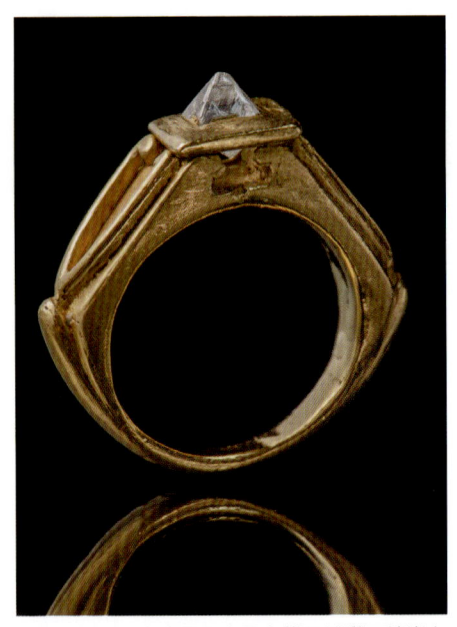

西元1世紀左右的羅馬官員會將天然鑽石鑲嵌在黃金戒指上再佩戴。照片中的戒指是大英博物館羅馬帝國展覽室展出的複製品。私人收藏

量、藥粉功效等傳說，或者是類似《辛巴達的冒險》所描述的鑽石產地冒險故事。這段期間將鑽石製作成首飾的例子真的非常稀少。古羅馬人身上配戴的未切割鑽石戒指目前在大英博物館展出了數件。從英國國王亨利四世的 14 世紀肖像畫（收藏於倫敦的國家肖像館中），也可以看出他的左右袖子上各有一顆被認為是正八面體的鑽石。

13 世紀的法國國王路易九世規定鑽石只能屬於國王，禁止女性佩戴鑽石。到了 15 世紀，這種風潮蔓延到王室。傳聞 1477 年西班牙哈布斯堡王朝（Habsburgos españoles）的皇帝馬克西米利安（Maximilian）就曾經贈送一枚鑽石婚戒給勃艮第公國的女公爵（Marie de Bourgougne）。

英國蘭開斯特王朝（House of Lancaster）的第一任國王「亨利四世」（1413 年去世）。兩袖上的石頭看似正八面體的鑽石。（照片提供　國家肖像館／UNIPHOTO PRESS）

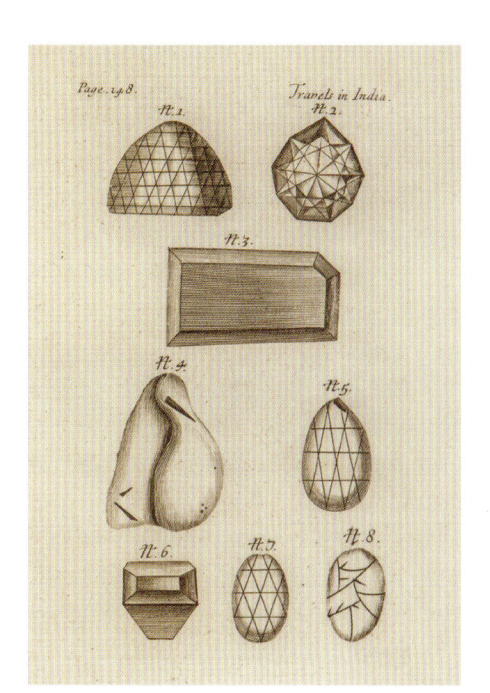

圖片取自珠寶商塔維尼埃的著作《六個航海記》。1676～1679 年間出版，至今依舊是大家熱衷的讀物。

鑽石切割始於 14 世紀開始

鑽石的切割大約從 14 世紀開始。切割與拋光（研磨，P.34）需要硬度至少與材料相同，可以的話最好比材料還要硬的裁切工具及研磨劑。換句話說，就只有鑽石能琢磨世上最堅硬的鑽石。

法國冒險家兼珠寶商塔維尼埃（Jean-Baptiste Tavernier）在 17 世紀曾至波斯和印度旅行六次，拜訪印度的鑽石礦山，而且還為法國國王路易十四帶回一些品質不錯的鑽石。他在其著作《六個航海記》（Les six voyages de Jean Baptiste Tavernier）中提及：「印度人不會只靠在研磨板上輕輕琢磨就想要塑造出一顆漂亮的鑽石。裂痕若太多，就會利用切割刻面的方式來去除；裂痕如果少，就會將其隱藏在刻面的交接處，盡量不讓重量損失太多。」從這段描述，可以看出鑽石的切割源於印度，並在歐洲流傳開來。而鑽石的切割技術和其發

展，也一直是寶石切割的核心。

佛羅倫斯（Firenze）的統治者麥地奇家族（Medici）將正八面體的鑽石鑲嵌在簡約莨苕葉片（Acanthus Leaves）造型的戒指上。這個戒指是用來在玻璃窗上刻寫訊息，故又稱為書寫石戒指（Writing Stone Ring）。據說自 15 世紀以來，法國和英國的王室成員都是用點式切工的鑽石在玻璃窗留下訊息。

鑽石堅硬無比的原因

鑽石的成分只有碳原子，從透明到半透明都有，有時甚至不透明。除了無色，還有黃色及褐色，色彩相當豐富，是最堅硬的礦物。這非凡的硬度是碳原子經由強力的化學鍵，以高密度、規則又立體的方式排列而成的。這種排列（晶體結構）通常會呈現整齊的鑽石結晶（自形晶），只要結晶透明又大顆，就會切割成寶石。

68

「點式切工鑽戒」鑲有金字塔形點式切工鑽石的金戒指。16 世紀前期至 17 世紀
國立西洋美術館 橋本收藏品（OA. 2012-0157）

鑽石原石的自形晶是典型的正八面體，偶爾會接近立方體，還有正三角形的板狀雙晶。正八面體的鑽石原石從側面投影出來的形狀是菱形，像撲克牌上方塊圖案參考的標準就不是圓明亮切工的鑽石，而是自然晶的輪廓。棒球所謂的「鑽石一周」，就是將壘包的配置比喻為鑽石的正八面體自形晶，日語的菱形若翻譯成英文，則是 diamond shape。

鑽石是摩氏硬度最高的礦物，是硬度 10 的指標礦物。由於晶體內的原子結合力通常會受方位影響，因此鑽石的硬度也會因結晶方位不同而略有差異。像鑽石可以刮傷或琢磨鑽石，就是這個硬度差造成的。鑽石中，正八面體自形晶的結晶面（正三角形的面）方向最硬。而原子結合力的方位差也會出現在易碎性上。

未經研磨的鑽石。像這樣整齊排列的正八面體結晶非常罕見。

50

許多寶石具有沿著特定方向的平面裂開性質（解理），鑽石也不例外，有時受到衝擊就會破裂。因為這個特性，人們才得以沿著正八面體的結晶面（正三角形的面）進行劈開，並且應用在鑽石切割的初步工序中。

鑽石在本質上雖然是絕緣體，不導電，但是對熱及振動的傳導性卻非比尋常。會立即奪取體溫，自我加熱，因此在佩戴大顆鑽石時會感覺和冰一樣冷。這個特性也可用來鑑別鑽石真偽，而且人們還開發出了用於測量熱傳導及振動傳播以進行判斷的特殊設備。

硬度 10

鑽石原石的自形晶。上面是正三角形板狀的雙晶。下面的形狀接近八面體。

鑽石另一個值得記住的特徵是防水性。玻璃和水晶能夠與水融合，表面會變溼，而鑽石則能排出水分，讓水珠像顆半圓形的水珠附著在上面。

高密度的碳結合不僅提高了鑽石本身的密度，還增加了光的折射率和色散（稜鏡效應，即火彩），帶來了強烈的光芒（鑽石光澤、亮光及閃爍）。

散發天然鮮豔色彩的彩色鑽石

鑽石給人的印象以無色居多，但其大多數都帶有輕微的黃色。完全無色的鑽石評價固然高，但世上也有其他色彩繽紛的迷人鑽石，如：藍色、黃色、綠色、紫色，偶爾還會有紅色。這些天然色彩被稱為「亮彩」（fancy color），頗為珍貴。在結晶內部替換碳原子的氮（主要是黃色）和硼（藍色）等微量元素的分布模式，以及晶體缺陷（原子缺失）是原子等級的致色因素。寶石呈現的色彩可透過輻射處理或加熱等

紫　粉紅　藍　橙　綠　黃　萊姆綠

51

人工處理方式來改變，但為了區別，經過處理而發出的色彩會特地用「幻彩」這個詞來稱呼。

有些鑽石在紫外線的照射下會發出螢光。而可以發出強烈藍色螢光的無色結晶在像太陽光這種含有紫外線的光源之下，有時也會略帶藍色。

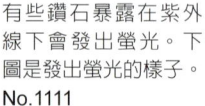

有些鑽石暴露在紫外線下會發出螢光。下圖是發出螢光的樣子。
No.1111

鑽石是從地下深處帶出來的

鑽石與同為碳原子所組成，但是質地柔軟、不透明，而且還能導電的黑色石墨性質截然不同。這些以碳為成分的礦物在特性上之差異，是因為碳原子之間的化學鍵不同而引起。不過鑽石和石墨也有共同點，那就是它們在化學上相當穩定，對藥品有強烈的抵抗力，與氧氣產生反應時會燃燒生成二氧化碳。

地表或地表附近的鑽石，可分為由慶伯利岩（Kimberlite，角礫雲母橄欖岩）等特殊火山岩從地下深處的地函帶到地表的鑽石、超高壓變質岩產出的鑽石，以及因為隕石撞擊或隕石中所含的鑽石。

足以成為寶石的大顆鑽石通常來自地函。相對地，其他來源的鑽石因為非常微小，適合做成寶石的幾乎找不到。可以成為寶石原石的鑽石絕大部分來自太古宙（比25億年前還要古老）的大陸，偶爾也會在元古宙初期（25億～16億年前）的大陸開採。

將原子排列的規則性呈現在外觀上的結晶（自形晶），證明了它們是在無法受到干擾的液體中自由成長的。純碳所組成的鑽石在地下150公里以上的高溫高壓環

慶伯利岩中的鑽石原石

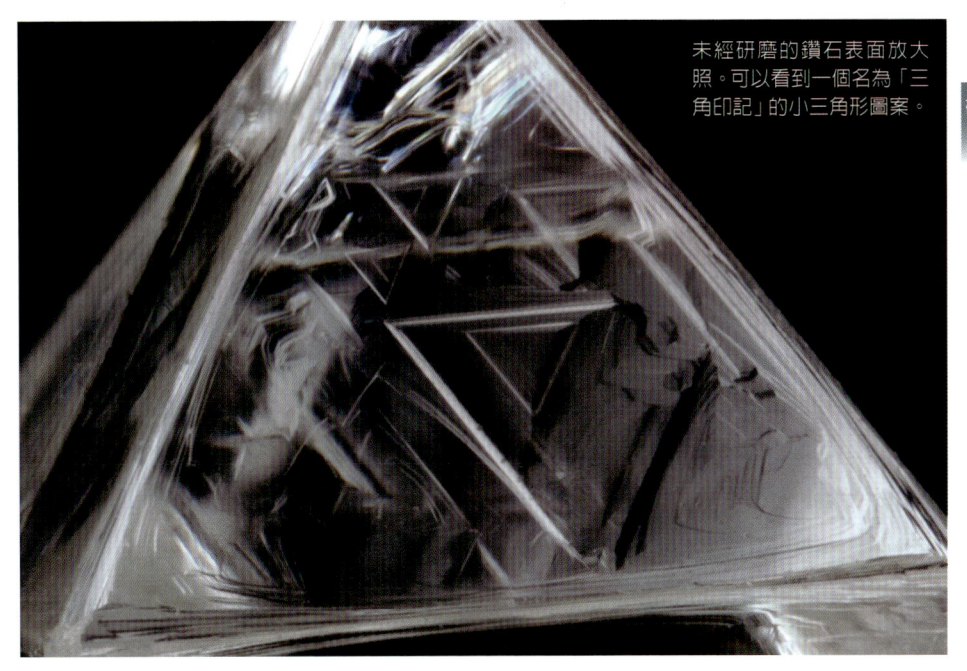

未經研磨的鑽石表面放大照。可以看到一個名為「三角印記」的小三角形圖案。

硬度
10

境下相當穩定，因此人們認為鑽石的自形晶應該是在比地下 150 公里還要深的液體中形成。到目前為止，還沒有人成功到達地下 150 公里處，但是透過地震波的分析，可以推測部分熔化層應該存於深度 150 至 200 公里處，而這有可能是鑽石原石的誕生地。至於存於地下深處的原料碳是如何富集成為鑽石，這在思考地球的形成過程時會是一個相當有趣的問題。近年經過碳同位素的分析，發現了有些鑽石的形成只能理解為來自生物起源的碳，在當時甚至還曾經引起話題。換句話說，這暗示著地球上生物的遺骸可能會沉降到地下 150 公里處。

既然如此，在地下 150 公里處這個高溫高壓環境下生成的鑽石在現實生活中為何會存於地表或地表附近呢？這是因為地球的活動將鑽石從地下深處搬運至地表附近。而負責搬運的，就是在短時間內從地下 200～300 公里處噴出地表，日後形成慶伯利岩等特殊火山岩的岩漿。岩漿在噴發過程中偶然捲入鑽石等物質，並將其運至地表。據估計，岩漿上升的速度在地下深處每小時約 50 公里，而噴發到地表時恐會超過音速。在如此短暫的時間內，鑽石還沒變成石墨就被運送到地表，而且只在冷卻固化的火山岩中保存下來。

慶伯利岩的「火山」在這三千萬年間雖未曾爆發，不過古時在爆發時，卻形成了一條人稱「管道」的慶伯利岩體，形狀就像是一把細細長長、向地表垂直開口的喇叭（漏斗）。噴出地表的慶伯利岩風化之後，鑽石因耐風化而留在地表，最後在水流等作用力之下於特定地點富集。只有碰巧遇到這種自然偶然結果重疊的人，才能獲得稀少的鑽石。

鑽石通常會在慶伯利岩或砂積礦床中發現，但並不是在慶伯利岩中生成。鑽石只不過是被慶伯利岩從地下帶到地面罷了。

鑽石的發現和稀有性

鑽石這種物質在過去是今日難以想像地稀少。鑽石生產的歷史可以清楚地分為三個階段。第一階段是在古代到 1725 年左右於巴西發現鑽石礦山前的這段期間。當時鑽石只能在混入河砂中的礫石發現，產地僅限於印度和婆羅洲附近，整體的年產量推測約為一千克拉。

進入第二階段之後產量超過 10 倍。巴西的產量每年大約數萬克拉。但自從 1844 年發現新礦山之後於 1850 年代到達巔峰，每年生產 30 萬克拉的鑽石，但之後卻又減少到數十萬克拉。那個時代即便是英國皇室，也不會在每次國王加冕典禮時用新的鑽石來製作女王的皇冠，而是向御用的珠寶商借來鑽石，製作新的皇冠，典禮結束後再歸還，此作法在當時相當常見。

第三階段始於 1867 年，當時隸屬英國殖民地的南非在開普敦慶伯利地區的橘河（Orange River，奧蘭治河）砂礫中發現了鑽石。隨後的調查，發現有一條迄今為止尚未被發現，由岩石組成的漏斗狀岩漿通道中含有鑽石。這種火成岩被取名為慶伯利岩，並認為是鑽石的母岩。這個發現，為現代的鑽石產業奠定了基礎。1870 年的產量原本為 10 萬克拉，兩年後卻超過 100 萬克拉。到了 1880 年首次超過 300 萬克拉，自此之後一直到 1900 年，每年都有 200 萬～300 萬克拉的產量。1903 年，南非的普雷米爾礦（Premier Mine）開始運營，1908 年德屬西南非（現在的納米比亞）也開始生產鑽石，到了 1911 年，產量終於突破 500 萬克拉。

同一時期，歐洲發生工業革命，**鑽石的需求從貴族的權力象徵擴大到新興富裕階層的成功象徵**。在這種情況下生產的**鑽石經過切割之後，滿足了維多利亞女王末期歐洲市場對鑽石的需求，並且開始盛行將多數鑽石密集在一起製成單件珠寶**。無論是羽毛、噴泉樣式（Spray Type）、愛德華時代風格（Edwardian），還是美好年代風格（Belle Époque），都需要大量供應鑽

KIMBERLEY DIAMOND MINE IN 1872

1872 年的慶伯利礦山（圖片來源：德國礦物學家馬克斯・鮑爾〔Max Bauer〕於 1896 年所著的《寶石》〔Edelsteinkunde〕）。

石才能完成設計。與第一階段僅有印度生產鑽石的時代相比，此時可以獲得的鑽石數量驚人地增加了數千倍，顯示出爆炸性的成長。

自此之後，與慶伯利岩礦床相同起源的砂積礦床紛紛在獅子山共和國、賴索托、幾內亞、坦尚尼亞、迦納、安哥拉等非洲國家，以及俄羅斯（西伯利亞）、澳洲，甚至在加拿大、中國、美國都發現了礦源。此時全球的鑽石年產量已經達到5000萬克拉。到了20世紀後半，市場中心移到美國。

進入21世紀之後，俄羅斯崛起，成為世界最大的鑽石生產國，但之後卻被波札那超越。非洲不僅穩坐「鑽石大陸」的地位，產量更是占了世界生產量的一半。納米比亞擁有高品質的砂積礦床，產出的鑽石大多具有寶石級品質。2000年，當時世界最大鑽石生產國澳洲的礦山正式投入運營，讓鑽石生產量最終突破了一億克拉大關。世界上流通的鑽石數量與羅馬時代相比，其實增長了好幾萬倍。

硬度 10

103

「永恆之戒」 戒環周圍鑲嵌了老式切工的明亮鑽石。19世紀前期。
國立西洋美術館 橋本收藏品（OA. 2012-0314）

研磨世上最堅硬的鑽石之技術發展，也見證了人類科技進步的歷程。

110

「戀人結」 符騰堡王朝（Haus Württemberg）的卡爾王子送給俄羅斯沙皇尼古拉一世之女的訂婚戒指。鑲座於1846年製作，戒環為現代。
國立西洋美術館 橋本收藏品（OA. 2012-0407）

「帝國風格 麥穗頭飾」
19 世紀前半 不詳 鑽石、金、銀 私人收藏,協助:Albion Art Jewellery Institute

18 世紀後期的長垂墜式鑽石耳環
18 世紀後期 不詳 鑽石、金、銀 私人收藏,協助:Albion Art Jewellery Institute

鑽石最大的特點之一就是「火彩」。透過光的分散，可以看到彩虹般的亮彩。是大自然中宛如奇蹟，代代相傳的產物。

鑽石的未來

　　古時人們賦予鑽石價值並不是因為它的美麗，而是因為它那神奇的硬度。然而隨著時間的流逝，人們學會了用切割這項技術來琢磨鑽石的表面。自此之後，鑽石的美憑藉其光學特性所帶來的強烈光芒（如火彩、閃爍、亮光等），無疑吸引了人類的目光。在鑽石生產歷史中，1840～1870年這段期間正好是鑽石珠寶的過渡期。當我們在看這段時間的鑽石珠寶時，會發現許多品質極低的石頭大量用來製作珠寶，就連切割技術也相當粗糙，然而這些石頭在今日根本就不足以當作鑽石來看待。從那個時候開始，不論其美醜或閃亮程度如何，只要是鑽石，都被視為是有價之物，進入光是鑽石這個身分就已充滿價值的時代。

　　之後南非、俄羅斯、澳洲等地的礦山陸續開發，讓鑽石的供應量急遽暴增。切割技術的提升，讓人們開始從質量與美麗來辨識鑽石，不再認為只要是鑽石什麼都好。鑽石數量的增加，也同時吸引了對其感興趣而且有能力購買的顧客爆發性地增加。在這種新的供需平衡之中，配飾在人們身上的鑽石迎來了一個全新的時代。

　　有些鑽石可能含有少量的雜質，也就是微量元素。這些成分會吸收特定波長的光並且發色。近年來，這些彩色鑽石亦備受矚目，每年都會公布新的切割方法，讓鑽石的多樣性達到了前所未有的崇高地位。

　　在這樣的環境之下，人們對於利用珠寶展示個性的需求日益增加。鑽石這個主要材料不再單純因其魔力、稀有、耀眼和價值等原因而備受青睞，而是作為一個真正美麗的大自然產物，更廣泛地被更多人所喜愛。

　　到了21世紀，歷經好幾個世紀積累而來的鑽石在保養及傳承上變得更加重要。鑽石的真正價值，將在與人相處的各方面得到考驗。

質量量表
圓明亮形鑽石（無處理）

GIA顏色等級	濃淡度	美麗等級	S	A	B	C	D
黃色彩鑽	3+						
	3						
Z~S 淺黃色	2+						
R~N 輕淺黃	2						
M~K 微黃	1+						
J~G 近乎無色	1						
F~D 無色	0						

質量量表的品質三區域

黃色彩鑽		S	A	B	C	D
	3+					
	3					
Z~S	2+					
R~N	2					
M~K	1+					
J~G	1					
F~D	0					

〈價值比較表〉

ct size	GQ	JQ	AQ
10	18,000	2,000	1,000
3	1,800	500	200
1	200	100	40
0.5	70	30	15

質量量表
配鑽（無處理）

GIA顏色等級	濃淡度	美麗等級	S	A	B	C	D
黃色彩鑽	3+						
	3						
Z~S 淺黃色	2+						
R~N 輕淺黃	2						
M~K 微黃	1+						
J~G 近乎無色	1						
F~D 無色	0						

質量量表的品質三區域

黃色彩鑽		S	A	B	C	D
	3+					
	3					
Z~S	2+					
R~N	2					
M~K	1+					
J~G	1					
F~D	0					

〈價值比較表〉

ct size		GQ	JQ	AQ
Φ3.5	0.16	7	3	1.3
Φ3.0	0.1	3	1.5	0.5
Φ2.0	0.03	0.9	0.45	0.15
Φ1.5	0.01	0.3	0.15	0.05

硬度 10

〈品質辨識方法〉

採用明亮形切工方式的鑽石品質決定關鍵在於其所散發出來的光輝。透明的原石會切割出亭部和冠部，琢磨出小小的平面，以展現出均衡的馬賽克圖案。鑽石的光輝、散發七彩的色散，以及移動時的閃爍都是判定品質的重點。

只要比較美麗等級的 S 和 A、C 和 D，就能看出美感的差異。黃色的顯色程度會從濃淡度的 0 到 3⁺ 慢慢增加，但是 S 和 A 的 0 到 1 是 GQ 等級的無色鑽石，3 和 3+ 是 GQ 等級的黃色彩鑽。

1ct 中等品質的 GQ 等級和中等品質的 AQ 等級差價約 5 倍。10ctGQ 等級的鑽石價值約 1ct 的 100 倍。高品質的鑽石價值通常與其大小的平方成正比。因為高品質的大粒鑽石有限，往往會需求多過於供給。

相似的寶石

→ P.102 無色托帕石	No.7370g → P.103 無色尖晶石	→ P.103 灰色尖晶石	→ P.121 藍柱石
No.3032 → P.122 無色鋯石	No.7149 → P.145 白水晶	No.7106 → P.157 賽黃晶	→ P.171 矽線石
No.7147 → P.184 鮑沸石	No.7392 → P.185 鈣鈉長石	No.7283 → P.215 矽硼鈣石	No.7043 → P.218 白鎢礦

Column

未經研磨的美麗鑽石原礦

鑽石挖掘之後會根據狀態分為「寶石用」和「工業用」這兩種。可以當作寶石來使用的鑽石本來就少。而在這當中，偶爾還會出現不需琢磨形狀就已經相當完整，彷彿已經經過一番精心打磨，但其實從未經過任何加工的美麗鑽石（見右圖）。這樣的鑽石通常會保留天然狀態之下的各種特徵，每一顆個性都相當獨特。這就是「未加工鑽石」的無窮魅力。

粉紅色鑽石
Pink diamond

純粹的粉紅色美麗出衆

具有天然粉紅色（非處理過的發色）鑽石稱爲粉紅色鑽石。致色的原因應該是構成鑽石的碳原子晶體有所缺陷（色心）或碳原子排列的稍微變形所致。

澳洲阿蓋爾（Argyle）曾經盛產，但在 2020 年已經宣布關礦。不過印度、巴西和南非亦有生產。無處理的粉紅色彩鑽供應稀少，而且價格昂貴。

沒有參雜褐色，顏色相當純正的粉紅色是這款鑽石的最大特徵。若帶有褐色，則會歸納爲價格較爲低廉的褐色鑽石。

粉紅色彩鑽
圓形明亮切工
1.01ct No.1003

彩鑽
Fancy color diamond

色彩具有一定濃度的鑽石

有些天然鑽石色彩相當稀有，偶爾會存在粉紅色、橘色、黃色、綠色、藍色和紫色。

在這當中粉紅色和藍色非常罕見，因此價格極爲昂貴。像右側照片那樣具有一定濃度的天然顏色鑽石稱爲「彩鑽」，例如「粉紅色彩鑽」或「藍色彩鑽」。致色的原因包括晶體缺陷（色心）及結晶變形。

另外，鑽石也有黑色的黑鑽石。至於黑色成因，則是來自於石墨及鐵礦物的內含物。

粉紅
0.08ct

橘色
0.09ct

紫色
0.18ct

藍色
0.09ct

黃色
0.18ct

綠色
0.15ct

黑色
黑鑽石
圓形 星形主刻面
No.1108

質量量表
粉紅色鑽石（無處理）

濃淡度＼美麗等級	S	A	B	C	D
4					
3⁺					
3					
2⁺					
2					
1⁺					
1					

質量量表的品質三區域

	S	A	B	C	D
4					
3⁺					
3					
2⁺					
2					
1⁺					
1					

〈價值比較表〉

ct size	GQ	JQ	AQ
3	15,000	3,000	700
1	1,500	800	150
0.5	400	200	80

硬度 **10**

〈品質辨識方法〉

　　大顆傳統的粉紅色彩鑽顏色通常是偏淡的櫻花色。小顆的粉紅色彩鑽主要產自澳洲的阿蓋爾礦山，以紫紅色為主流。由於供應非常有限，因此價格相當高昂。另外，大顆的粉紅色彩鑽石大多都是回流品。因此顏色是否單純、是否帶有褐色這個條件通常會比粉紅色的深淺色調還要來的重要。裂痕方面只要不明顯損害美感，就不需太過在意。

相似的寶石

No.7305 ➡ P.86 蓮花剛玉	➡ P.87 粉紅藍寶石	No.7488 ➡ P.100 粉紅托帕石	No.7370c ➡ P.103 粉紅尖晶石
No.7004 ➡ P.117 摩根石	➡ P.122 粉紅鋯石	No.7657 ➡ P.126 馬拉雅石榴石	No.7482 ➡ P.136 粉紅碧璽
➡ P.158 紫鋰輝石	No.7660 ➡ P.219 螢石	➡ P.221 紅紋石	No.7257 ➡ P.229 方解石

61

豐富多樣的鑽石原石　這些是未經琢磨的天然鑽石。下面這兩排是比利時安特衛普（Antwerpen）的原石交易商，丹尼爾·德·貝爾德將其在 2010 年以前花了 25 年時間收集的獨特鑽石珍藏品的一部分。

市場不認可其寶石價值的處理方式

輻射處理或高溫高壓

經由輻射或高溫高壓等人工方式處理過後,可以讓褐色變成無色,或者改成粉紅色或藍色。這麼做是為了讓低品質鑽石變得更美麗,因此作為寶石的價值較低。

泡油處理
用折射率與鑽石相近的鉛玻璃來填充表面可見瑕疵的鑽石,這樣裂痕就會幾乎看不見。

雷射加工 利用雷射在鑽石上鑽孔,再用加熱處理的加工方式燒除內部的黑色內含物。

硬度 10

彩鑽的價值取決於其色彩的鮮豔程度,顏色越深,價值就越高。當中尤以紅色、紫色及藍色的最為昂貴。不過彩鑽的顏色未必是渾然天成。當今有許多技術可以為無色鑽石增添色彩。從 X 光照射,或者讓氣體擴散到礦石裡使其變色。另外還有去除內含物的雷射加工,以及填補裂縫的黏著劑含浸等處理方式。要證明鑽石未經處理,勢必要靠值得信賴的實驗室確認其天然色彩才行。

人造合成石

合成鑽石

利用高溫高壓法(High Pressure and High Temperature)合成的鑽石。這是奇異公司(General Electric Company)於 1970 年成功開發的製造方法,可以生產出寶石等級的合成鑽石。只要利用高壓和高溫,就可以將石墨轉化為鑽石。

HPHT

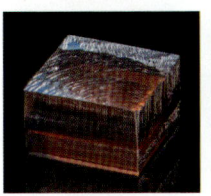

CVD  **Polished CVD**

利用化學氣相沉積法(Chemical Vapor Deposition)合成的鑽石。將烴等有機化合物在等離子狀態之下分解至原子層級,只讓碳原子堆積製成的鑽石。右邊照片中的鑽石是用 CVD 合成後琢磨而成的。

仿冒品

鈉鈦酸
(**Sodium titanate**)

立方氧化鋯

合成金紅石

玻璃

釔鋁石榴石
(**YAG**)

莫桑石
(**Moissanite**)

63

鑽石的多樣性
～國立科學博物館收藏鑽石的研究～

20世紀初琢磨的鑽石

　　國立科學博物館所收藏的鑽石裸石是在20世紀初（1942年之前）經過研磨之後才帶入日本的。

　　這些鑽石會隨著時代回流，當中有10％可能是在1800年代切磨的。在某個特定時代研磨的鑽石能夠成批保存，而且未經再切割，可說是舉世罕見。當22世紀的人們看到這批國立科學博物館所收藏的鑽石時，一定會明顯感受到這將近200年前的鑽石研磨技術與當前手法的不同，並且對材料耗損及最後處理這方面與現在截然不同的觀念產生濃厚興趣。

　　在2022年的特別展覽「寶石——地球孕育的奇蹟」展出時，博物館委託GIA（美國寶石研究所）重新確認這批鑽石的真偽，結果顯示這52顆鑽石全為天然鑽石。

博物館收藏了各種狀態的鑽石，其中還有一些尚未經過切磨的獨特鑽石。

| 色彩 |

　　20世紀初期的鑽石產出國以南非及巴西為主，安哥拉、納米比亞、剛果民主共和國等國家則是剛起步。現在的主要產地如波札那、俄羅斯和加拿大在當時則尚未開採。當時非洲生產的鑽石大多偏黃，因此這批收藏品也大多略顯黃色。在非洲開普地區開採的鑽石大多略顯黃色，故筆者之一（諏訪）開始從事鑽石事業時（約1965年），甚至會將這些偏黃的鑽石稱為開普鑽（在GIA顏色分級系統的D～Z這個等級未確定之前，鑽石的顏色通常以其主要產地名稱來稱呼）。

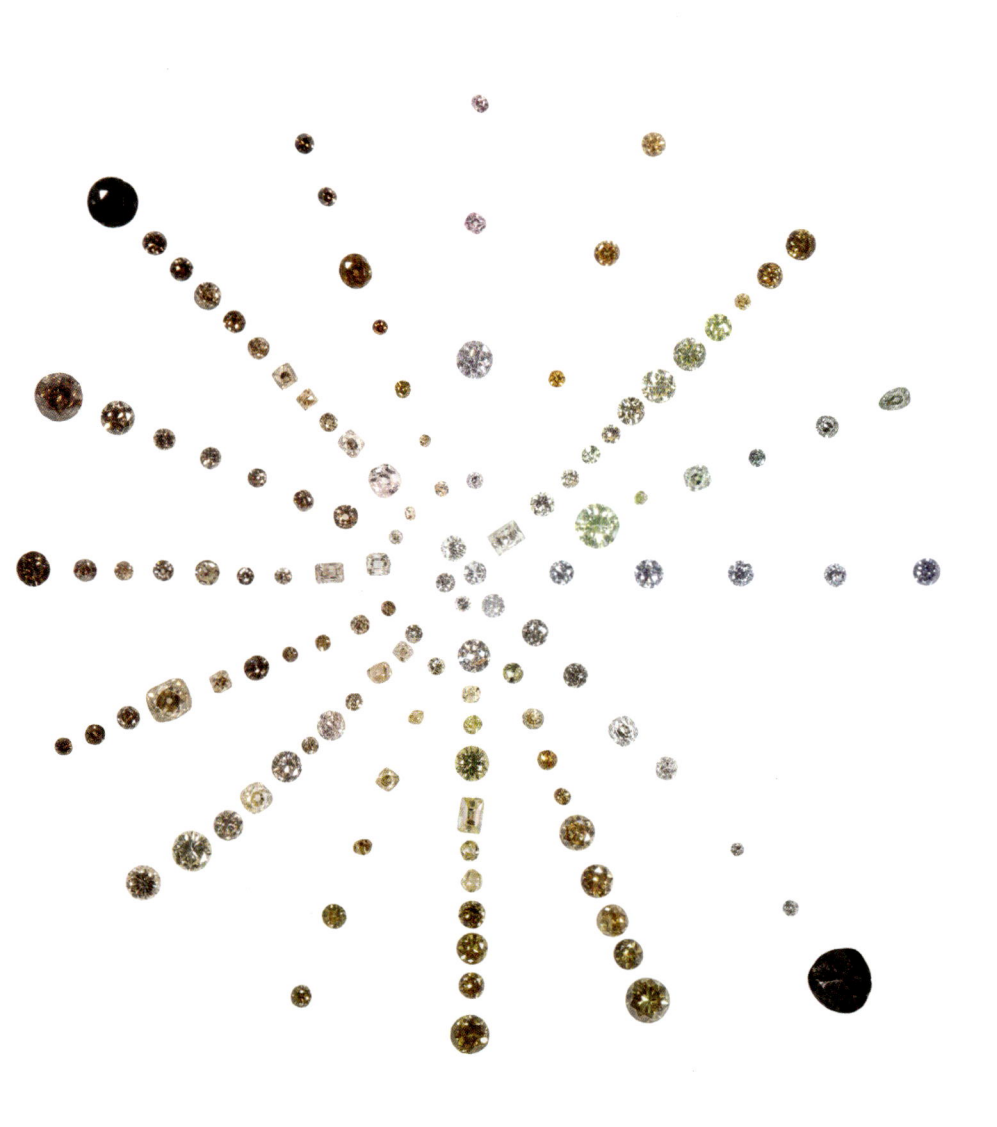

硬度
10

色彩繽紛的鑽石。有粉紅色、橘色、淺綠 淺藍、褐色及黑色。

65

| 切割方式與形狀 |

相較於其他被切割成凸圓面、厚板形、串珠等形狀的寶石，鑽石切磨的特點在於設置刻面，以突顯其所擁有的閃爍效果。

國立科學博物館的收藏品有不少顆粒較大的鑽石，接下來會根據切割風格和形狀（輪廓）來解說。

鑽石在 13 世紀以前雖然無法切割，但從 14 世紀開始卻逐漸出現了各種切割風格，並在 18 世紀發明了明亮形切工。這兩個階段的切割風格，都記錄在右頁。

明亮形切工之後慢慢進化。到了 1900 年左右，當動力從蒸汽轉為電力時，人們發明了鑽石鋸來切割鑽石。不久，人們開始採用將正八面體原石切成兩半的鋸切法，來取代順著解理切割鑽石這個傳統的方法，因為這麼做可以避免原石耗損。國立科學博物館的收藏品不僅有早期將整顆鑽石原石直接切磨成冠部較高的明亮形切工 A，也有為了有效降低損耗而降低冠部高度，同時桌面較為寬廣的明亮形切工 B。

這種讓 A、B 兩種切割方式同時出現在同一處展示的方式相當有趣。

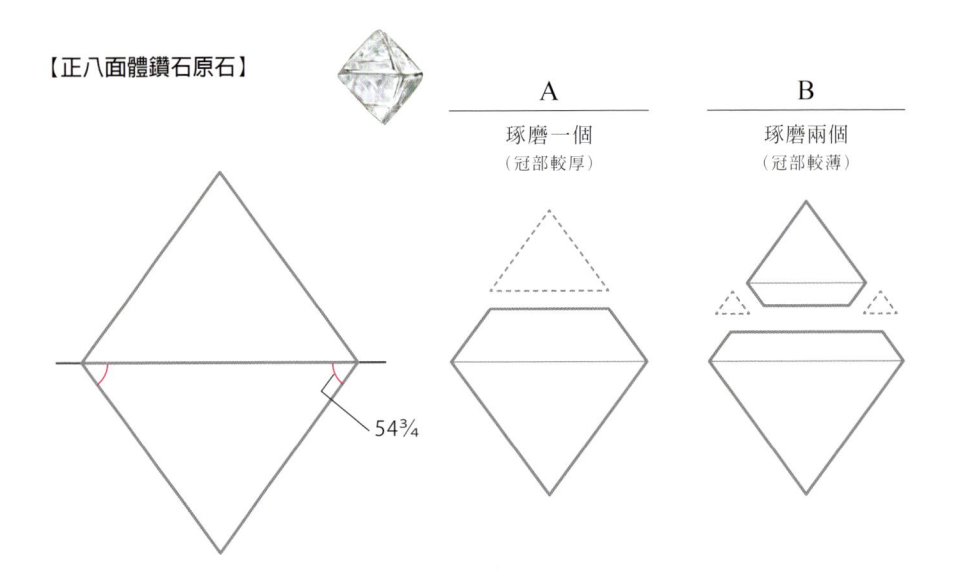

【正八面體鑽石原石】

A
琢磨一個
（冠部較厚）

B
琢磨兩個
（冠部較薄）

54¾

| 冠部的厚度 |

冠部和亭部的厚度會直接影響到切割品質的好壞。冠部的厚度如果不夠，光的分散效果就會減弱，有損寶石閃耀的光彩。因此冠部的厚度通常會影響到每顆寶石給人的整體印象。

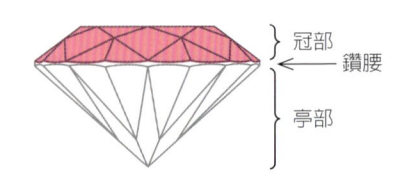

冠部
鑽腰
亭部

| 切工方式 |

硬度
10

1300年代逐漸興起的風格

〔玫瑰形切工〕　　〔滿天星形〕 　　〔不規則形〕 　　〔平頂式〕

1700年代之後發明的風格

〔明亮形切工〕　　　　　　　　　　　　　　〔階梯形切工〕

A　　　　　　A　　　　　　B

〔採用明亮形切工方式的冠部高度差異〕可以看出從左到右的冠部高度越來越低

A　　　A　　　A　　　B　　　B

67

| 形狀（輪廓）|

基本上來講，現在依舊可見各種形狀（輪廓）的寶石，不過去應該也有各種切割形狀。現代如果要嵌入小顆寶石，90%以上都會採用明亮形切工。如此說法並不為過，因為採用明亮形切工方式的寶石光澤十分亮麗，相當適合用來切割低品質原石，也非常適合用來量產首飾。

請看下圖圓環中的左下角。切割成圓形的鑽石並非標準的圓形。這顆鑽石只有琢磨一面，有可能是為了減少原石損耗而經過一番研磨而成的，可以感受到當時鑽石切割的獨特韻味。

20 世紀末電腦和雷射技術的應用不僅讓切割過程變得更加精確，還大幅減少寶石的耗損。

八角形　橢圓形
矩形
八角形　　　　　　　　馬眼形　〔特殊形狀〕
心形　　　　　　　三角形
　　　　　　　　　　梨形
圓形
　　　圓形　　馬眼形

| 鑽石的顆粒大小 |

鑽石的大小不是以尺寸，而是以重量：克拉（1ct = 0.2g）來表示。以下的照片幾乎貼近實際大小。透過對應的克拉數，可以大致了解市場上常見的鑽石大小。

0.01ct　0.51ct　1.01ct　2.00ct　3.21ct　4.09ct　4.96ct　6.15ct　8.39ct　7.99ct　10.83ct

瑕疵（不完整性）

　　鑽石是大自然的創造物，當然會「不完美」。特別是內部經常包含其他礦物或裂紋。如果這些內含物（包裹體）肉眼可見，那麼辛苦切磨之後恐怕會無法達到預期的璀璨效果，甚至會影響美觀。下方的五顆鑽石是從國立科學博物館多數夾雜內含物的鑽石中挑選，並經由 GIA 研究室鑑定的內含物。

硬度
10

| 貴橄欖石 | 黑色內含物（石墨） | 黑色內含物（石墨） | 負晶體（negative crystal） | 石榴石 |

GIA 報告指出這裡頭包含了鈣鋁榴石、鐵鋁榴石以及鎂鋁榴石。

紅寶石　　　　　　　　　Ruby

礦物名 / corundum（剛玉）
主要化學成分 / 氧化鋁
化學式 / $(Al,Cr)_2O_3$
光澤 / 鑽石光澤～玻璃光澤

晶系 / 三方晶系	解理 / 無
密度 / 4.0-4.1	硬度 / 9
折射率 / 1.76-1.78	色散 / 0.018

緬甸產 No.2087

含有鉻並顯現出紅色光澤的剛玉

在 18 世紀以化學和晶體學為基礎將礦物分類之前，所有的紅色石頭通通稱為紅寶石。而紅寶石的英文 Ruby，則是源自拉丁語的「Rubeus」。傳說中的紅寶石是龍的血凝固而成的。在古代緬甸，人們相信它能賦予不死之身；在中世紀的歐洲，人們相信紅寶石內部的「火焰」能保持身心健康，甚至還具有預知未來的魔力。

紅寶石是微量的鉻使其呈現紅色的氧化鋁礦物，也就是剛玉的結晶。若是鐵等其他微量元素比例增加，紅色以外的色調就會變深。因此，紅寶石的顏色從深邃的胭脂紅到鮮豔的玫瑰紅都有。有些紅寶石略帶紫色，不過最有價值的顏色是「鴿血紅」（Pigeon Blood Ruby）。紅寶石具有螢光性，因此顯現的顏色通常會出現螢光色調。雖然我們可以根據紅的深淺來區分紅寶石及粉紅藍寶石，但在判定的時候並不容易。紅寶石和藍寶石一樣具有多色性，只要觀察的角度不同，紅色色調就會出現變化（紫色及橘色），顏色深淺也會不同。古印度和緬甸的礦石開採者認為，無色或粉紅色的淡色藍寶石是尚未成熟的紅寶石。其礦物名「剛玉」的英文 Corundum 據說源自梵語中意指紅寶石的 Kuruvinda，或以此為語源的泰米爾語 Kuruntam。紅寶石的硬度（摩氏硬度9）僅次於鑽石，無解理，化學性質穩定，因此極為堅固。自形晶擁有六角形的剖面。質地重，耐風化，經常出現在砂積礦床中，像斯里蘭卡早在西元前 8 世紀就已經著手開採。紅寶石生成於結晶石灰岩與片麻岩等變質岩，以及玄武岩之類的火成岩中。而擁有多數寶石產地的莫三比克變質帶（又稱莫三比克帶〔Mozambique Belt〕，P.110）也有不少地方生產紅寶石。馬達加斯加、坦尚尼亞和莫三比克等地的砂積礦床及其來源的片麻岩和片岩中也都能找到紅寶石，是目前主要的紅寶石產地。

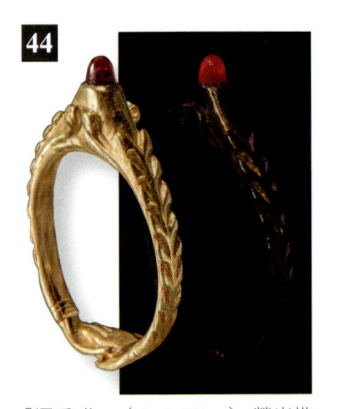

44

「握手戒」（Fede Ring）螢光性強，就內含物的狀態來看，上頭鑲嵌的應該是緬甸無處理的紅寶石。13 世紀
國立西洋美術館　橋本收藏品（OA. 2012-0149）

63

「箱型包鑲戒」（Gold Ring with a Box Bezel）可以推測緬甸紅寶石進入歐洲時代的金戒指。16 世紀後期
國立西洋美術館　橋本收藏品（OA. 2012-0162）

莫谷紅寶石 無處理
Ruby, Mogok, Untreated

透明度高，濃度恰到好處的紅

　　緬甸莫谷地方的礦山歷史相當悠久，早在 15 世紀就已經是紅寶石的主要產地，並於 16 世紀初傳入歐洲。莫谷紅寶石的特徵在於極高的透明度（即結晶內的內含物及裂縫少）以及濃度恰當的豔麗紅色。另外，在紫外線的照射之下，還會散發出一股強烈的紅色螢光。緬甸莫谷是擁有深邃紅色、別名「鴿血紅」的頂級紅寶石產地。不過有時人們會不管產地，只要品質達到「鴿血紅」的標準，就會將其稱為「緬甸紅寶石」。此處亦產出紅色色調十分黯淡或淺淡的紅寶石。除了紅寶石，莫谷的大理岩礦床還產出藍寶石，也有不少其他寶石，不過現在產量有限。

硬度
9

緬甸莫谷產 莫理斯收藏

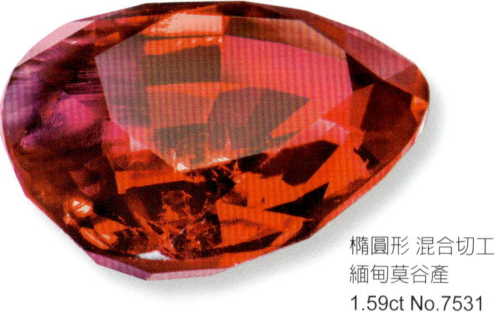

橢圓形 混合切工
緬甸莫谷產
1.59ct No.7531

Column

最高品質的紅寶石「鴿血紅」

　　右邊的這顆紅寶石重 6ct，產自緬甸莫谷，是採用枕墊形切工・星形主刻面的鴿血紅寶石。
　　鴿血紅（Pigeon Blood）是高品質紅寶石的代名詞，雖然廣為人知，實際上卻極為罕見。其特徵是偏黑（明亮度6）的深紅色，顆粒碩大，色調有深有淺的紅色交織出閃爍均勻的模樣。若是產地不同或尺寸較小，就不能稱為鴿血紅。
　　有些鑑定業者的報告經常出現標註為鴿血紅的紅寶石，但只有跟這張照片一樣紅的紅寶石，才是名副其實的鴿血紅。

枕墊形 星形切工 緬甸莫谷產
6.03ct 莫理斯收藏

孟蘇紅寶石 加熱
Ruby, Mong Hsu, Heated

品質不亞於莫谷的紅寶石

　　緬甸中部都市曼德勒（Mandalay）東邊的孟蘇地方於 20 世紀末開始在市場上發揮了競爭力，並取代泰國的紅寶石地位。孟蘇產的紅寶石原石會被運送至泰國的尖竹汶（Chanthaburi）進行切磨及加熱處理，處理成品質不亞於莫谷地區的加熱紅寶石。與泰國紅寶石相比，孟蘇紅寶石的內部裂縫較多，故在進行加熱處理時當作媒介使用的化學藥劑（硼砂）就會變成異物殘留在裂縫中。這種紅寶石顆粒碩大的不多，絕大多數都會切磨成小顆粒。不過目前產量正在減少，而且幾乎不見高品質的紅寶石。

橢圓形 星形切工
1.25ct

加熱前　　　　　加熱後

加熱處理後顏色會變得更加鮮豔，透明度也會改善。

泰國紅寶石 加熱
Ruby, Thailand, Heated

源自玄武岩、色調偏褐的紅色寶石

　　1940 年左右，泰國曼谷原本僅有 200 至 300 名寶石切割師（切磨工）在切磨鋯石，要到 1960 年左右才正式切磨泰國產出的紅寶石。不過當初絕大多數的紅寶石色調偏黑，並未受到重視。由於緬甸發生政變，使得莫谷產出的紅寶石數量銳減，再加上泰國利用加熱處理去除黑色中心的技術日益進步，因而讓泰國紅寶石的地位在市場上日益攀升。1970 年代，紅寶石的主要供應地轉移，變成泰國靠近柬埔寨邊境的波來地方一個以玄武岩為起源的砂積礦床。泰國紅寶石以獨特的暗色及偏棕的紅色為特徵，而且遇到紫外線（長波）時幾乎不會產生螢光。為了提高色調，通常會經過加熱處理。

　　泰國紅寶石的品質，重點在於它的黑色色調。從色調深淺均衡而且馬賽克圖案

八角形 階梯形

橢圓形 凸圓面等

輪廓清晰的 GQ 等級，以及透明度低而且紅色色調混濁不清的 AQ 等級，不難看出這兩者之間的品質差異。1970 年代至 80 年代製作的紅寶石首飾絕大多數都來自泰國。然而到了 1980 年代後期，泰國紅寶石已經不再切磨，因此現在流通於市面上的泰國紅寶石大多都是以往開採的回流品。

莫三比克紅寶石
Ruby, Mozambique

人氣上升中的新寵兒

雖然莫三比克紅寶石在葡萄牙殖民時代曾經產出一些低品質的紅寶石，但到了21世紀之後，隨著尼亞薩省（Niassa Province）蒙特普埃茲（Montepuez）附近的新礦山開發，大量的紅寶石原石便開始被運往切磨重鎮，也就是泰國曼谷的寶石市場。與緬甸紅寶石相比，莫三比克紅寶石略帶橘色，市場上也出現無處理的美麗紅寶石。

與至少擁有數百年傳統、世代流傳的莫谷紅寶石相比，莫三比克紅寶石出現在市場上的歷史差不多十幾年。傳統和美觀上的差異，讓GQ等級的莫三比克紅寶石在當時評價遠遠不及同為GQ等級的緬甸紅寶石，不過現在評價反而逐漸攀升。至於今後人們對其評價的走向端視後續的產出，以及市場對於這種色調的紅寶石有多喜愛了。

莫三比克紅寶石切磨之後，過半都是無處理，剩下的則會加熱處理。另外，品質較低的紅寶石則會加工成鉛玻璃填充紅寶石（Composite Stone）。

斯里蘭卡紅寶石
Ruby, Sri Lanka

硬度 9

歷史最為古老的紅寶石

馬可・波羅（Marco Polo）在13世紀的《東方見聞錄》（Le livre des merveilles）中曾經提到斯里蘭卡的紅寶石。斯里蘭卡拉特納普勒（Ratnapura。在僧伽羅語中意指「寶石之城」）附近的砂積礦床自佛陀時代（西元前624～544年）以前就開始開採紅寶石和藍寶石，是最古老的寶石產地。與緬甸紅寶石相比，當地產出的紅寶石色彩通常較淡。

橢圓形 星形切工
斯里蘭卡產
3.36ct

橢圓形 星形切工
莫三比克產
1.13ct

其他產地的紅寶石

- 肯亞產
- 印度產
- 阿富汗產
- 越南產

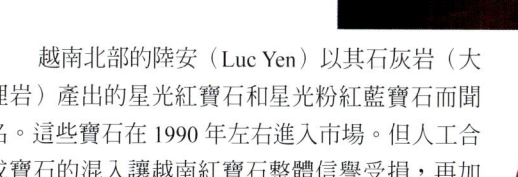

阿富汗 吉格達列克（Jegdalek）產
No.8421

越南產 No.8423

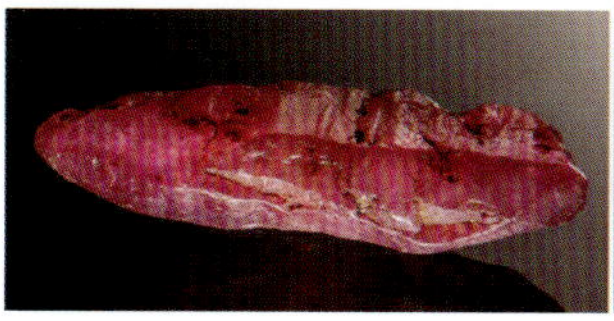

越南北部的陸安（Luc Yen）以其石灰岩（大理岩）產出的星光紅寶石和星光粉紅藍寶石而聞名。這些寶石在1990年左右進入市場。但人工合成寶石的混入讓越南紅寶石整體信譽受損，再加上國家限制、產出量已達界限等不利條件的影響，因而在市場上無法奠定地位。

橢圓形 凸圓面 　　橢圓形 凸圓面

質量量表
莫谷紅寶石（無處理）

美麗等級 濃淡度	S	A	B	C	D
7					
6					
5					
4					
3					
2					
1					

質量量表
孟蘇紅寶石（加熱）

美麗等級 濃淡度	S	A	B	C	D
7					
6					
5					
4					
3					
2					
1					

質量量表的品質三區域

〈價值比較表〉

ct size	GQ	JQ	AQ
10	36,000	10,000	2,500
3	3,000	1,200	400
1	240	100	25
0.5	50	25	6

質量量表的品質三區域

〈價值比較表〉

ct size	GQ	JQ	AQ
10			
3	800	200	25
1	50	30	7
0.5	10	5	2

〈品質辨識方法〉

　　鑑別紅寶石的品質時，首先要確認的是產地。只要比較緬甸莫谷、斯里蘭卡、泰國與莫三比克這幾處的高品質紅寶石，便可看出產地不同，寶石呈現的色澤也會有所差異，而市場的偏好趨勢及傳統也會影響評價。

　　再來，未經過加熱處理的無處理石也深受好評。大多數的泰國紅寶石皆經過加熱處理以去除內含的黑色汙點，至於其他產地的紅寶石，則無處理及加熱處理石兩者混合。即使品質相等，天然的美麗和稀有性也會受到高度評價。

質量量表
泰國紅寶石（加熱）

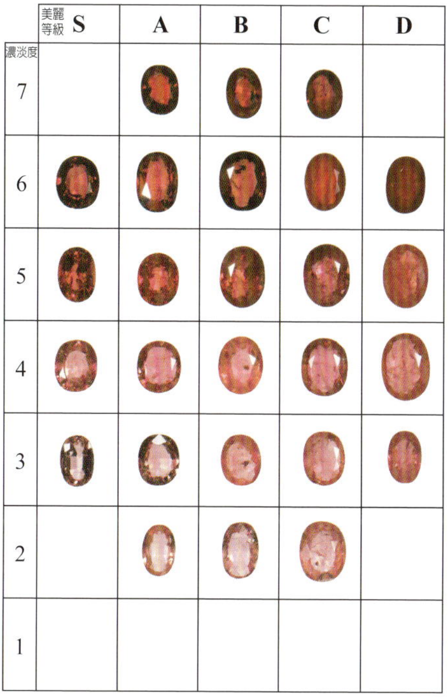

美麗等級\濃淡度	S	A	B	C	D
7					
6					
5					
4					
3					
2					
1					

質量量表的品質三區域

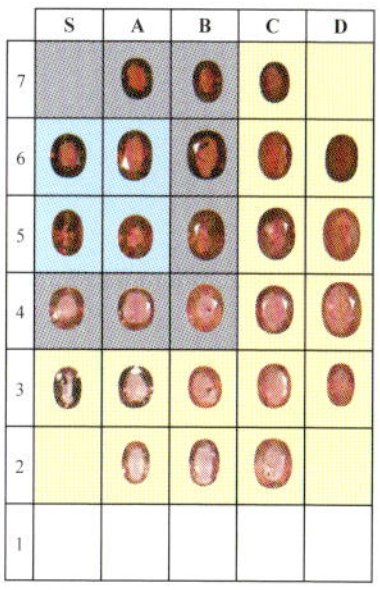

	S	A	B	C	D
7					
6					
5					
4					
3					
2					
1					

〈價值比較表〉

ct size	GQ	JQ	AQ
10			
3	800	200	25
1	50	30	7
0.5	10	5	2

硬度 **9**

市場不認可其寶石價值的處理方式

〈紅寶石、藍寶石的處理、人造合成石、仿冒品〉

紅寶石和藍寶石有一種加熱處理方法，會添加鈦或鉻等致色元素，讓顏色浸透到寶石中，稱為表面擴散（Diffusion）處理。經過此種加工方式的剛玉稱為擴散處理藍寶石（Diffused Sapphire），但在加熱過程中若是加入鈹這種比鈦或鉻更微小的元素來改變顏色的話，這種處理方式就稱為鈹處理（P.83）。

此外還有一種讓鉛玻璃等物質浸入寶石內部的處理方法，這就是市場上所見的填充紅寶石（Composite Ruby）。

相似的寶石

No.7584b → P.104 　紅色尖晶石
No.7032 → P.117 　紅色綠柱石
No.7327 → P.122 　粉紅鋯石
No.7124 → P.126 　玫瑰榴石
No.7474 → P.136 　紅寶碧璽
No.7206 → P.221 　紅紋石

No.7791 
擴散處理紅寶石 ｜ 填充玻璃紅寶石

人造合成石
焰熔法（維爾納葉法）紅寶石

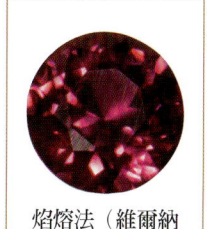

仿冒品
夾層紅寶石

星光紅寶　　　　　　Star ruby

翡翠原石館 收藏

內含物所孕育的三道星光

　　平行排列的金紅石（氧化鈦）若是帶有針狀結晶內含物，就會產生貓眼效果（Chatoyancy）。而當這些內含物的針狀結晶呈120度交叉排列成三組時，就會產生星彩（星光效應），從而形成星光紅寶。具有高飽和度的紅色底色而且呈半透明的星光紅寶等級最高，通常會採用橢圓形的凸圓面切工方式將其琢磨成高高的圓頂形，好讓星光清晰地顯現在正中央。

　　1960年代，人造星光紅寶因其星光效應亮麗，故以飾品的形式廣泛在市場上流通。相形之下，天然星光紅寶的星光效應因不完美，有時反而可以透過完美的星光效應來判斷是否為人工星光紅寶。天然星光紅寶因其天然的色彩魅力及稀有性而受到重視，故通常會用來製作珠寶。

上面

側面

Column

莫谷紅寶石的原石品質等級表

這裡介紹的是緬甸莫谷紅寶石的「原石品質等級表」。這些是假設原石切割及琢磨後的狀態來判斷深淺和美麗，並不是根據原石的美麗程度來評估的。據說當地礦工在採掘原石時，會實際參考這份等級表來收集具有較高機率能切磨成出色寶石的原石。寶石的品質大致可從顏色深淺及美麗程度這兩個軸向來衡量。

質量量表
莫谷紅寶石（原石）

美麗等級 濃淡度	S	A	B	C	D
7					
6					
5					
4					
3					
2					
1					

©莫理斯

質量量表
星光紅寶（加熱）

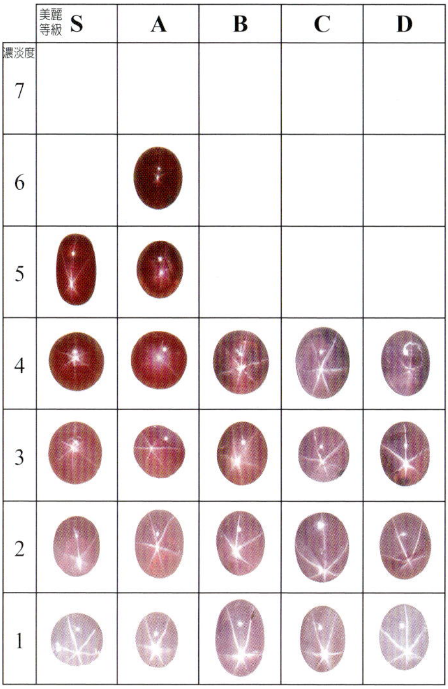

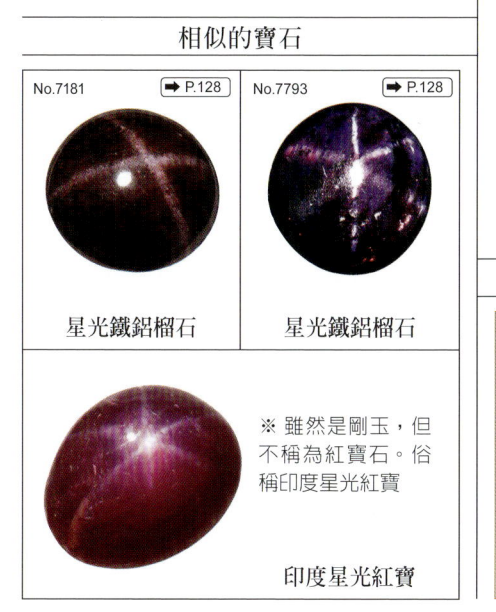

美麗等級 濃淡度	S	A	B	C	D
7					
6		●			
5	●	●			
4	●	●	●	●	●
3	●	●	●	●	●
2	●	●	●	●	●
1	●	●	●	●	●

質量量表的品質三區域

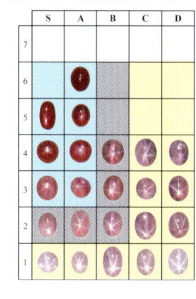

	S	A	B	C	D
7					
6	●				
5	●				
4	●	●	●	●	
3	●	●	●	●	
2	●	●	●	●	
1	●	●	●	●	

〈價值比較表〉

ct size	GQ	JQ	AQ
10	800	300	100
3	150	80	25
1	15	8	3
0.5			

硬度 **9**

〈品質辨識方法〉

　　無論是星光紅寶還是星光藍寶，都有一些共同點。第一個是紅寶石的紅必須鮮明美麗，這點非常重要。即使從遠處觀看也能一眼認出是紅寶石為最大關鍵。

　　光芒的散發方式只要仔細觀察，就會發現有的呈一條直線（如質量量表的5A等），有的是X字形（如質量量表的4C）。這兩種星光並無優劣之分，純屬個人喜好問題。

　　人造合成石中的均衡星芒在天然寶石中極為罕見，經常被視為珍貴佳品，然而每顆天然寶石都是獨一無二、特色十足，這才是純正天然的寶石。就算稍有不完整性，還是可以接受的。

　　從側面觀察時，會發現有些寶石底部比上面大，或者形狀不一、不對稱，但只要鑲嵌製成珠寶，這些都是可以接受的。不過形狀勻稱，光芒能覆蓋整個表面的星光寶石通常會更受歡迎。

相似的寶石

No.7181　➡ P.128
星光鐵鋁榴石

No.7793　➡ P.128
星光鐵鋁榴石

※ 雖然是剛玉，但不稱為紅寶石。俗稱印度星光紅寶

印度星光紅寶

人造合成石
人造合成星光紅寶

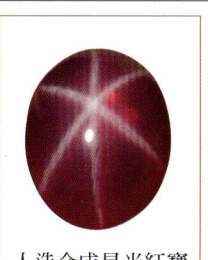

仿冒品
No.7792
鏡面粉晶

77

藍寶石　　Sapphire

礦物名／corundum（剛玉）
主要化學成分／氧化鋁
化學式／(Al,Fe,Ti)$_2$O$_3$
光澤／鑽石光澤～玻璃光澤
晶系／三方晶系
密度／4.0-4.1
折射率／1.76-1.78
解理／無
硬度／9
色散／0.018

紅色以外的剛玉

　　藍寶石的歷史可追溯到西元前17世紀，即古伊特拉斯坎（Etruria）時代。傳聞藍寶石的英文「Sapphire」源自希伯來語的sappir，抑或梵語的sanipuruja，在古時泛指天藍石（lazulite）等藍色寶石。藍寶石在中世紀的歐洲還被視為是政治、經濟和精神力量的「勝利之石」，深受國王和聖職者的喜愛。之後有好長一段時間，這種屬於藍色系列而且品質達寶石等級的剛玉（鋁的氧化物）一直被稱為皇家藍或矢車菊藍。在19世紀末礦物學家發現這各種色彩的寶石都是屬於同種礦物（也就是剛玉）之前，這些寶石都是以中世紀的名稱來命名，例如東方貴橄欖石（綠色藍寶石）或東方托帕石（黃色藍寶石）。近年來除了紅色的紅寶石，其他顏色的寶石等級剛玉也被歸在藍寶石下，但當單純提及「藍寶石」時，所指的通常是藍色的藍寶石，並憑其華麗的色調和卓越的堅固性，以主要寶石之姿稱霸好幾世紀。

　　藍寶石的原石通常呈六角柱狀，柱面（側面）會逐漸變細，以桶狀居多。另外在六角板狀結晶中，亦常見三角形的條紋以結晶型態生長的痕跡出現在六角形表面

斯里蘭卡 拉特納普勒產 No.8311

斯里蘭卡 拉特納普勒產 No.8310

（底面），這是三方晶系的特徵。

　　大多數的紅寶石是在經過變質作用的結晶石灰岩中形成晶體，而藍寶石不僅會在石灰岩中結晶，亦可在幾乎不含二氧化矽（矽酸）成分的高壓變質岩、閃長岩和偉晶岩等火成岩中結晶。

　　因為具有高密度和強固的化學鍵，所以硬度才會僅次於鑽石。其化學性質非常穩定，不會變質，也沒有明顯的解理（特別易碎的方位），沉重且耐風化，通常會因水流作用聚集在水底的礫石之中並形成砂積礦床。在母岩中結晶化的藍寶石有時會當作原生礦床直接開採，不過其主要的資源還是來自砂積礦床（次生礦床）。

橢圓形　星形
斯里蘭卡產 1.23ct No.7359

斯里蘭卡藍寶石 無處理
Sapphire, Sri Lanka, Untreated

歷史最為古老的藍寶石產地

藍寶石最古老的產地是斯里蘭卡的砂積礦床，開採於佛陀時代（西元前624～544年）之前的拉特納普勒（Ratnapura）。「寶石之城」的僧伽羅語）附近。此處亦以盛產紅寶石而聞名，是罕見帶有粉紅色彩的蓮花剛玉（P.86）和最高級的星彩藍寶唯一產地。當地的紅寶石色調比緬甸的紅寶石淡，藍寶石大多為明亮的藍色。另外，此地還以彩色藍寶石及接近無色的「古達藍寶石」（Geuda）聞名。

硬度 9

枕墊形 修整過 明亮形／階梯形
翡翠原石館 收藏

29
「金戒指」 淡色的藍寶石包鑲在兩個錐形的高座上。
7世紀
國立西洋美術館 橋本收藏品
（OA.2012-0109）

39
「鐙形戒指」 據傳是12至13世紀為主教所有的鐙形戒指。
12～13世紀
國立西洋美術館 橋本收藏品
（OA.2012-0113）

70
「海中仙女 涅瑞伊得斯」 群青色的藍寶石上刻有海中仙女涅瑞伊得斯的雕像。1660年左右
國立西洋美術館 橋本收藏品
（OA.2012-0201）

斯里蘭卡藍寶石 加熱
Sapphire, Sri Lanka, Heated

經過加熱處理而呈深藍色的寶石

斯里蘭卡生產的古達藍寶石（Geuda）是近乎無色的藍寶石原石，只要加熱處理就會變成深邃的藍色。經過高溫加熱和切磨的古達藍寶石雖然曾在市面上流通，但產量有限，故供給量越來越少。

加熱前

加熱後

橢圓形 星形

79

緬甸藍寶石
Sapphire, Myanmar

「皇家藍」的無窮魅力

　　緬甸藍寶石以碩大顆粒、深邃湛藍為特徵。其中最具代表性的便是未經任何優化處理、略帶紫色的藍（Deep Purplish Blue），是人稱「皇家藍」（Royal Blue）的珍貴藍寶石。透過刻面所產生的藍色調深淺不一，馬賽克圖案立體呈現，形成深邃的迷人色澤，備受市場推崇。除了紅寶石和藍寶石，緬甸也是其他各種寶石的主要產地。以15世紀以前於北部莫谷溪谷沉積層所開採的礦床為代表。

橢圓形 星形 私人收藏

緬甸莫谷地區以產出品質優良的紅寶石和藍寶石而聞名

喀什米爾藍寶石
Sapphire, Kashmir

優雅溫和的藍色

　　位於印度和巴基斯坦邊界處的喀什米爾地區盛產一種名為矢車菊藍（Cornflower Blue）或絲絨藍（Velvety Blue）、高貴且柔和的藍色藍寶石。這種藍寶石產自大理岩之中，在19世紀末開始受到重視，但約莫100年後便已開採殆盡，成為稀有的寶石。

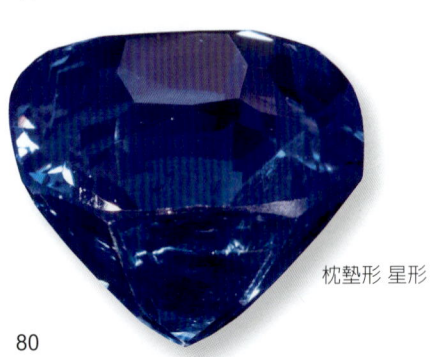

各個產地高品質藍寶石價值指數
（3克拉大小）

產地	指數
喀什米爾	10.0
緬甸	3.3
斯里蘭卡、馬達加斯加	1.0
柬埔寨(拜林)	0.3
美國(蒙大拿)	0.3
泰國(甘尖他布里)	0.15
奈及利亞	0.1
澳洲	0.03

枕墊形 星形

美麗的矢車菊藍。品質優良的喀什米爾藍寶石因色澤似矢車菊，故名「矢車菊藍」。

馬達加斯加藍寶石
Sapphire, Madagascar

湛藍深邃的寶石新面孔

位於莫三比克帶上的馬達加斯加20世紀末在南部的伊拉卡卡河流域（Ilakaka）發現了以變質岩為母岩的礦床，再次成為受人矚目的藍寶石產地，而且北部也發現了以玄武岩為母岩的礦床。

硬度 9

橢圓形 星形

其他產地的藍寶石

柬埔寨的拜林（Pailin）自15世紀以來便以紅寶石和藍寶石產地而聞名。此處生產的藍寶石原石色調如藍色鋼筆墨水般深沉。拜林雖然也產出以玄武岩為母岩的暗青色藍寶石，但因顏色過濃，通常要在還原（即用氫氣或一氧化碳奪去氧氣）這個條件之下進行加熱處理才能讓顏色變淡。此處的藍寶石於19世紀後半開始正式開採，豐富的產量讓當時流傳「世界過半的藍寶石皆產自拜林」這句話。由於該地區在後來成為衝突地區，使得產量在1960年代後半開始急遽下降。

泰國與柬埔寨接壤的波來地區（Bo Rai）、莊他武里府（Chanthaburi）和甘尖他布里（Kanchanaburi。或稱北碧）一帶的玄武岩中也可以找到深藍色，有時帶有綠色、黃色或黑色的藍寶石，是1980年代以來主要的藍寶石產地之一。市面上亦有奈及利亞曼彼拉高原（Mambilla Plateau）產出湛藍美麗的藍寶石。

澳洲是世界最大的藍寶石產地。1987年光是新南威爾斯州和昆士蘭州的產量就約占全球產量的75%。在玄武岩中生成的藍寶石會從風化的玄武岩母岩中分離出來，並且在風化及磨損中倖存，以高密度的晶體堆積富集。

美國主要的藍寶石產地是在1895年發現的蒙大拿州約戈峽谷（Yogo Gulch）。至於扁平小巧、呈清澈的藍色到紫色的藍寶石原石，則是在蒙大那州海倫娜（Helena）附近的密蘇里河沿岸產出。

● 柬埔寨（派林）產

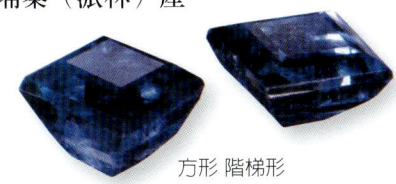

方形 階梯形

● 泰國（甘尖他布里）產

橢圓形 星形

● 澳洲產

橢圓形 星形　　方形 階梯形

● 美國（蒙大拿）產

圓形 星形

● 奈及利亞產

橢圓形 星形

81

質量量表
斯里蘭卡藍寶石（無處理）

美麗等級 濃淡度	S	A	B	C	D
7					
6					
5					
4					
3					
2					
1					

質量量表
斯里蘭卡藍寶石（加熱）

美麗等級 濃淡度	S	A	B	C	D
7					
6					
5					
4					
3					
2					
1					

〈質量量表的品質三區域〉 〈價值比較表〉

ct size	GQ	JQ	AQ
10	1,500	250	70
3	250	70	12
1	25	12	3
0.5			

〈質量量表的品質三區域〉 〈價值比較表〉

ct size	GQ	JQ	AQ
10	800	150	30
3	150	40	8
1	20	10	2
0.5			

〈品質辨識方法〉

　　藍寶石是一種具有產地特色，價值差異很大的寶石。讀者可參考 P.80 的價值指數。如果把斯里蘭卡定為 1 的話，那麼喀什米爾就是 10.0，澳洲為 0.03，價值相差 10 倍和 30 分之 1 倍，而喀什米爾和澳大利亞的差距甚至高達 300 倍。如果品質差異大，那麼價格差距就有可能會超過 1000 倍。

　　濃淡度為 6 與 5，美麗程度為 S 與 A 的 GQ 等級斯里蘭卡藍寶石鑲嵌之後可呈現適中的濃度，散發出典型的藍寶石藍色。喀什米爾藍寶石擁有天鵝絨般的光澤，而緬甸藍寶石則帶有較強的紫色色調，每個產地皆有其特色。不過喀什米爾藍寶石目前已經停止開採，緬甸藍寶石產量也非常有限，讓稀有性提高了市場價值。至於透明度較低或濃淡度低於 3 的淺色藍寶石則被歸類為 AQ 等級

	相似的寶石		市場不認可其寶石價值的處理方式
No.7117 → P.104 藍色尖晶石	No.7154 → P.121 藍柱石	No.7794 深層擴散處理藍寶石（表面擴散）	鈹處理
→ P.140 靛藍碧璽	No.7086 → P.171 矽線石	人造合成石	仿冒品
No.7266 → P.175 董青石	No.7194 → P.175 藍線石	人造紫色藍寶石	夾層藍寶石
→ P.176 藍錐礦	No.7580 → P.178 丹泉石	人造藍寶石	No.7795 玻璃
No.7108 → P.194 藍方石	No.7024 → P.210 天藍石		
No.7095 → P.212 藍晶石	No.7248 → P.219 螢石		

硬度 9

星光藍寶
Star sapphire

3 條光線形成的星光效應

　　無論是什麼顏色，大多數的藍寶石內部都含有微細的絲狀內含物，而且要用顯微鏡才能看到。這些內含物的量若是足夠，採用凸圓面切工時就會出現三條光束（星光效應）。藍寶石或紅寶石在結晶化的過程中，鈦會因為無法融入藍寶石的晶體結構而形成另一種結晶，也就是極細的針狀金紅石（氧化鈦）晶體。這些金紅石晶體會遵循藍寶石原子排列的規則性（三軸對稱），以120度的夾角排列在藍寶石內部，成為內含物，這就是星光效應的成因。另一方面，這樣的結晶也會讓藍寶石呈現宛如蕾絲織物般的半透明光彩。此時只要加

83.47ct No.1114

熱處理，對金紅石進行散射，就能提升藍寶石的透明度，不過這麼做卻可能會讓星光效應變弱，並且在內含物上留下加熱處理的痕跡。

雙色藍寶石
Bi-color sapphire

展示了大自然多樣性的複雜色彩

　　如右圖所示，同一個結晶同時擁有兩種顏色的藍寶石稱為雙色藍寶石，不過這裡頭的顏色組合卻是變化萬千。有紅色和藍色、深黃色和藍色，或者是綠色、橘色和藍色，也有可能是無色和粉紅色等等。另外，部分呈現藍色但與無色透明部分相間的藍寶石也被歸類在雙色藍寶石之下。

產地不詳 翡翠原石館 收藏

橢圓形 星形
4.15ct 翡翠原石館 收藏

84

質量量表
星光藍寶 （無處理）

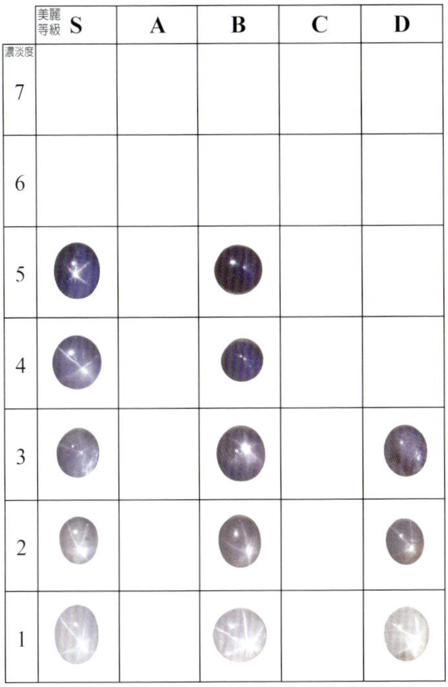

美麗等級 濃淡度	S	A	B	C	D
7					
6					
5	●		●		
4	●		●		
3	●		●		●
2	●		●		
1	●		●		

相似的寶石

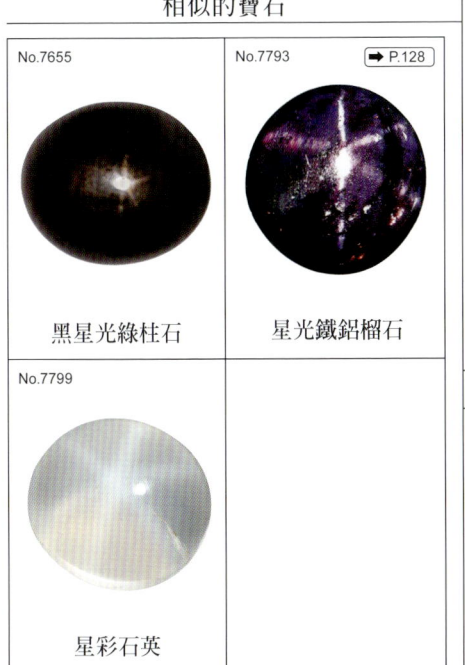

No.7655
黑星光綠柱石

No.7793 ➡ P.128
星光鐵鋁榴石

No.7799
星彩石英

質量量表的品質三區域

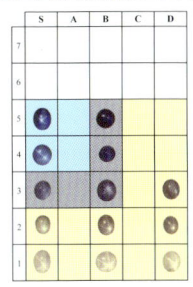

	S	A	B	C	D
7					
6					
5					
4					
3					
2					
1					

〈價值比較表〉

ct size	GQ	JQ	AQ
10	600	250	40
3	150	50	5
1	15	8	2
0.5			

硬度 **9**

〈品質辨識方法〉

　　星光藍寶辨識的第一個條件，就是寶石本身的顏色必須是藍色。凸圓面切工雖然會影響光澤，但並不是辨識好壞的重點。重點在於從遠處觀看時必須散發出美麗的藍色光芒。

　　接下來是判斷三條光束是否清晰地浮現在凸圓面上，寶石傾斜時星光是否能保持均衡，不會偏離。呈現美麗藍色、星光清晰，濃淡度為5、4的S品質是GQ等級。藍色色彩如果較淡，就算星光清晰，也只能判定為AQ。

　　第三點是形狀勻稱美觀。切割時保留原石的藍色色彩，將其切磨成凸圓面的同時還要在表面展現出星光是一項極具挑戰性的工藝。要知道這是一個向天然原石挑戰的工作，而且未必能如願完美塑形。而且星光藍寶底部若是過於厚實，整體比例就會失衡，這樣反而會深深影響到其所擁有的價值，因為這種寶石的形狀會大大地影響到鑲嵌後的首飾成品。

人造合成石
人造星光藍寶

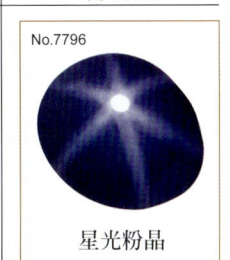

仿冒品
No.7796
星光粉晶

蓮花剛玉
Padparadscha sapphire

色彩如蓮花的藍寶石

　　色調宛如粉橘色蓮花的藍寶石 —— 蓮花剛玉（或稱粉橘色藍寶石、帕帕拉恰剛玉）。其名 Padparadscha 源自梵語（僧伽羅語）的「蓮花」（Padma Ranga），致色元素為鉻和鐵，主要產自斯里蘭卡。不過蓮花剛玉並沒有全球通用的定義，色調介於紅寶石和橘色藍寶石之間。大多數的蓮花剛玉都會經過加熱處理以改良色調。若不經過優化處理，就有可能褪色。不過在這種情況下只要將其放在陽光底下曝晒1個小時，就會恢復原來的橘色光彩。

斯里蘭卡 拉特納普勒產 No.8296

橢圓形 混合切工
斯里蘭卡 拉特納普勒產
1.54ct No.7305

紫色藍寶石
Purple sapphire

紫色的藍寶石

　　色調偏藍的紫色藍寶石稱為紫羅蘭藍寶石（Violet Sapphire），偏紅的則稱為紫色藍寶石。這兩種皆具有藍寶石獨特的光澤與耐久性等寶石資質，與相同色系的紫水晶及碧璽等寶石相比，擁有這兩個特質的高貴紫色礦石反而備受好評。

白色部分是絲狀內含物，只要拍照攝影就會變得更清楚。若是出現絲狀內含物，就代表這是一顆未經加熱處理的寶石。

182

「奧斯卡・海曼・兄弟製戒指」（Sapphire and Diamond Ring by Oscar Heyman & Brothers）美國珠寶商製作的紫色藍寶石戒指。包鑲手法的立體設計相當迷人。約1980年代
國立西洋美術館 橋本收藏品（OA. 2012-0528）

橢圓形 星形

黃色藍寶石
Yellow sapphire

托帕石色的藍寶石

人稱東方托帕石的黃色藍寶石的致色因素來自三價鐵，或晶體缺陷（色心）造成的。

橢圓形 星形

183
「黃色藍寶石戒指」
橢圓形，由 12 顆爪子支撐。是一枚以高品質黃色藍寶石與碎鑽鑲嵌的金戒指。20 世紀後期
國立西洋美術館 橋本收藏品
（OA. 2012-0538）

硬度 9

彩色藍寶石
Fancy colored sapphire

繽紛多彩的藍寶石

剛玉在本質上是無色的，不過微量成分和晶體缺陷（色心）會使其呈現不同顏色，除了紅色（紅寶石）之外，還有藍色、綠色、黃色、橘色、藍紫色、粉紅色及紫紅色等彩色藍寶石，另外還有灰色與棕色，顏色相當豐富。

彩色藍寶石具有多色性，從特定方向觀察晶體時顏色會變得更強烈。多色性顯著的礦石色調通常會隨著觀察方向不同而變化，例如從紫色變成藍色。

●綠色藍寶石

曾被稱為東方貴橄欖石的綠色藍寶石。致色因素是二價及三價的鐵與色心。

●粉紅藍寶石

致色因素與紅寶石相同，是微量的鉻取代鋁所引起的。淡色色調曾經被認為是不成熟的紅寶石，不過清新的粉紅色亦頗有人氣。

●無色藍寶石

無色透明的剛玉結晶。通常會以明亮形切工來琢磨，不過光芒卻與鑽石不同。

剛玉的色相　這個色相環是將 85 顆剛玉按照顏色及深淺排列而成。可以看出即使是同一種剛玉，種類竟是如此豐富。

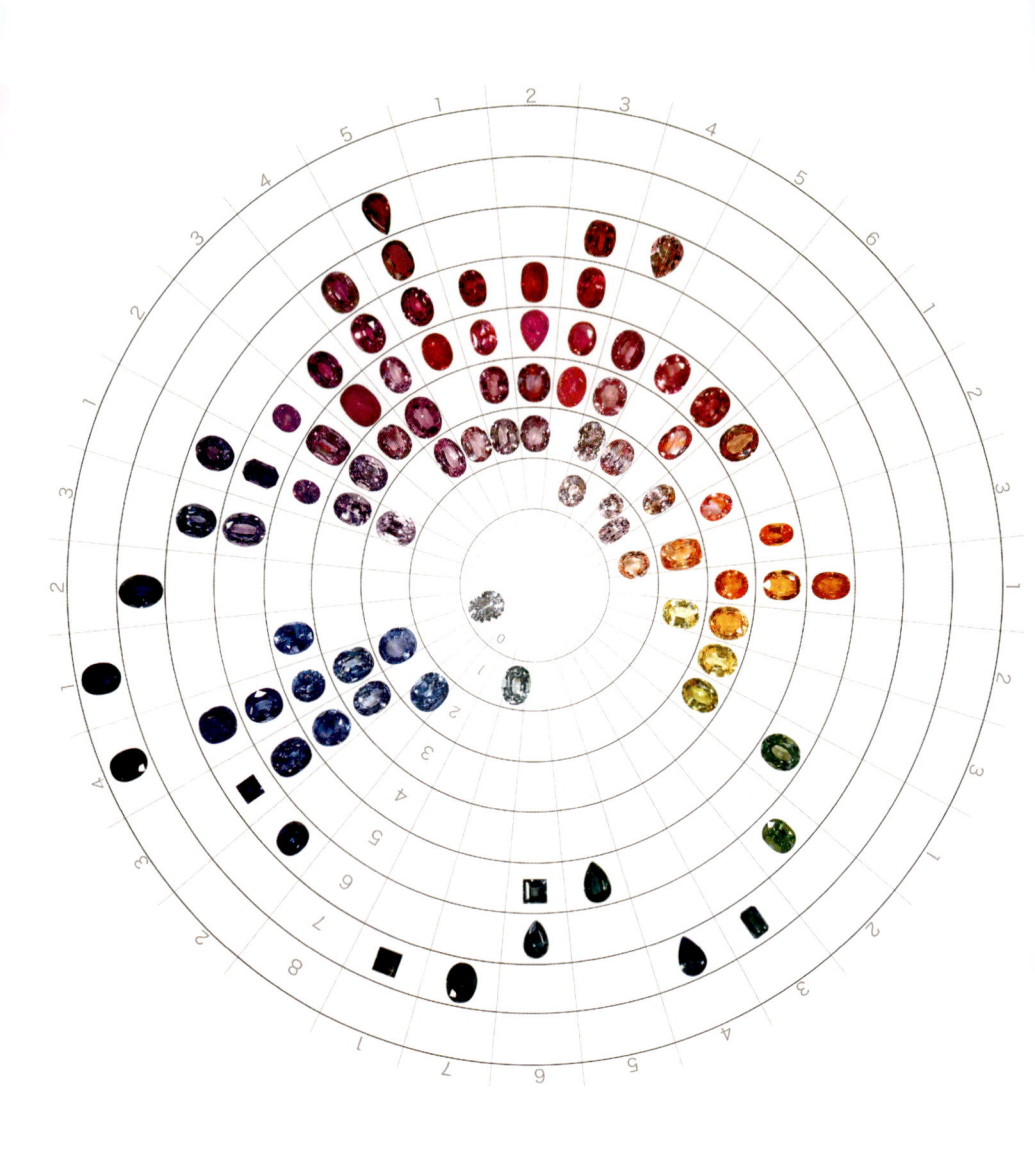

Column

美的過火的人造合成橘色藍寶石

模仿頂級彩色藍寶石而製成的美麗人造藍寶石。是值得注意且色相豐富的人造合成藍寶石。

88

藍寶石
不同產地帶來不同的美

緬甸、喀什米爾、斯里蘭卡（舊稱錫蘭）產的藍寶石極品（本頁照片，15～20ct）。只要仔細比較，就能看出各個產地藍寶石所擁有的美麗特徵。

藍色深淺對比形成的馬賽克圖案均衡協調，精美無比，不過色調略有不同。緬甸藍寶石是帶有藍紫色的高度透明藍，喀什米爾藍寶石的藍宛如天鵝絨般。至於斯里蘭卡藍寶石則是比另外兩種更偏綠的藍。只要利用下方這張色相圖片，就能清楚看出差異。

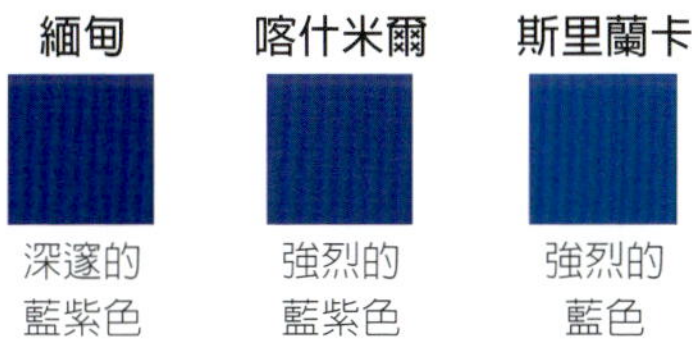

硬度 9

● 緬甸產

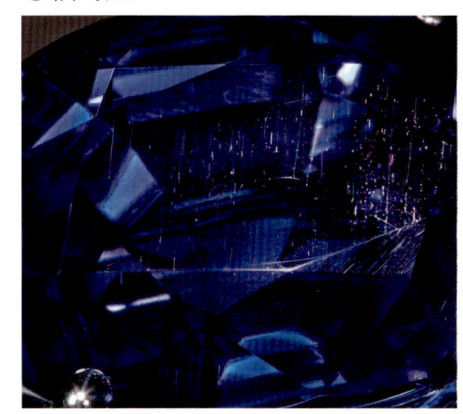

橢圓形
明亮形／階梯形
約 15ct
Albion Art Collection

緬甸	喀什米爾	斯里蘭卡
深邃的藍紫色	強烈的藍紫色	強烈的藍色

● 喀什米爾產

古董 枕墊形
明亮形／階梯形
16.18ct
Albion Art Collection

● 斯里蘭卡產

枕墊形 修整過
明亮形／階梯形
20.14ct
翡翠原石館

89

貓眼石　Cats-eye

礦物名 / chrysoberyl（金綠寶石）
主要化學成分 / 氧化鈹鋁
化學式 / $Be(Al,Fe,Cr)_2O_4$
光澤 / 玻璃光澤
晶系 / 斜方晶系
密度 / 3.7-3.8
折射率 / 1.74-1.76
解理 / 明顯（雙向）
硬度 / 8½
色散 / 0.015

羅德西亞（Rhodesia） 西諾伊亞（Sinoia。現為辛巴威的奇諾伊〔Chinhoyi〕）產 No.8583

擁有貓眼效果的金綠寶石

除非特別指定，否則只要一提到「貓眼石」，所指的通常是金綠貓眼石（Cat's eye Chrysoberyl）。其特徵是會出現一條細長的光帶，類似貓眼的瞳孔，稱為「貓眼效應」（chatoyancy）。這是因為寶石結晶內部含有平行排列的針狀內含物，而且這些內含物通常是由不同折射率的礦物所形成。這些針狀結晶的粗細、排列間隔、切割（方向和凸圓面的弧度）及研磨（拋光）等處理方式通常會深深影響到展現的貓眼效果。

早在一世紀末，古羅馬人已經知道貓眼石的存在。在這之前，中東地區亦相當喜愛這種寶石，因為東方人相信只要將這顆寶石放在額頭上就能獲得「先見之明」。斯里蘭卡人認為這是一顆可以「驅邪避凶的寶石」，而在印度教的傳說當中，這還是一顆可以維持健康，守護人們免受貧困之苦的寶石。這顆被視為富饒象徵的金綠色寶石在19世紀的維多利亞王朝備受歡迎，到了19世紀末更是以東方貓眼石之名，成為地位僅次於紅寶石，但卻比鑽石還要貴重，經常用來製作男性飾品的珍貴寶石。

金綠寶石主要產於花崗岩、偉晶花崗岩以及雲母片岩中，硬度僅次於鑽石及剛玉，因此耐風化，密度大，經常在河床等處形成砂積礦床。不過擁有貓眼效果的礦石非常稀少。

牛奶蜂蜜色的貓眼石

這種貓眼石裡頭含有微量的鐵和鉻，所以顏色會呈現黃色～黃綠色～藍綠色。乳濁半透明的蜂蜜色色調會隨著光源的強度及方位而變化，因此「牛奶蜂蜜色」的貓眼寶石往往會受到極高的評價。

巴西 聖埃斯皮里圖州產
No.8530

橢圓形 凸圓面
斯里蘭卡產 6.52ct
No.7275

34.54ct No.1118

質量量表
貓眼石（無處理）

美麗等級\濃淡度	S	A	B	C	D
7					
6					
5					
4					
3					
2					
1					

相似的寶石

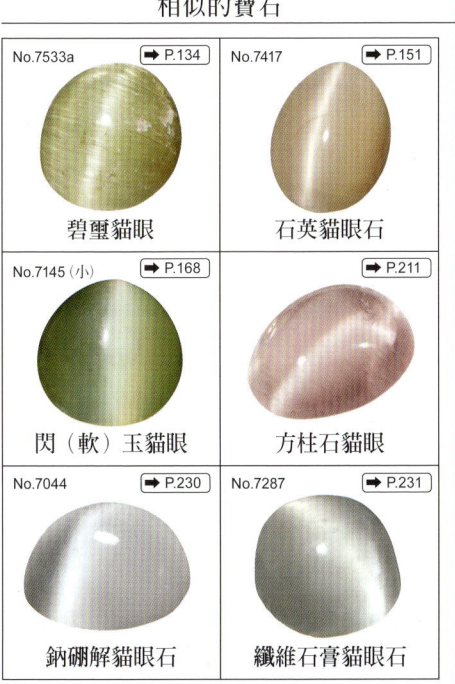

No.7533a → P.134 　碧璽貓眼
No.7417 → P.151 　石英貓眼石
No.7145（小）→ P.168 　閃（軟）玉貓眼
→ P.211 　方柱石貓眼
No.7044 → P.230 　鈉硼解貓眼石
No.7287 → P.231 　纖維石膏貓眼石

質量量表的品質三區域

〈價值比較表〉

ct size	GQ	JQ	AQ
10	700	400	150
3	150	80	30
1	25	8	3
0.5			

硬度 **8**

〈品質辨識方法〉

　　光帶能夠清晰而且筆直地出現在凸圓面的正中央，是一顆出色貓眼石的條件。這條光帶如果彎曲或是偏離中心，就不會被視為佳品。

　　這條貓眼線會隨著光源左右移動，兩側的顏色也會產生變化。光源越近，顏色越偏蜂蜜色；光源越遠，顏色越偏半透明的乳白色，這就是極品等級的貓眼石。光帶越濃，顏色會越偏棕色（如濃淡度5）；光帶越淡，蜂蜜色就會不顯眼（如濃淡度1），像這種程度的貓眼石品質通常較差。在觀察原石時，判斷貓眼線的所在位置往往需要豐富的經驗。即便仔細觀察，依舊有許多原石難以完全切磨。寶石切割師必須避開原石周圍的裂紋和瑕疵，確定光帶的位置、凸圓面的高度及輪廓之後才能進行粗加工，之後再將其琢磨出光澤。但是在切磨的過程當中，我們必須意識到貓眼石是大自然的創意，關鍵在於重要的部分是否清晰，對於寶石的細微不完美，應秉持容忍的態度來看待。

　　貓眼石通常不會特別進行優化處理，但有時會進行輕微的加熱處理以去除棕色。曾經有段時間會進行輻射處理，但後來發現殘留的放射性物質超標，自此之後不再普及。

人造合成石

No.7779　鎂鈦礦貓眼石

仿冒品

No.7780　夾層貓眼石
（上半部是金綠寶石，下半部是電視石〔或稱鈉硼解石〕）

No.7781　玻璃

亞歷山大變色石
Alexandrite

礦物名 / chrysoberyl（金綠寶石）
主要化學成分 / 氧化鈹鋁
化學式 / $Be(Al,Cr)_2O_4$
光澤 / 玻璃光澤
晶系 / 斜方晶系
密度 / 3.7-3.8
折射率 / 1.74-1.76
解理 / 明顯（雙向）
硬度 / 8½
色散 / 0.015

以紅綠變化為特徵的寶石

亞歷山大變色石是具有「變色」特性的金綠寶石，在日光的照射下呈綠色，在白熾燈下則呈紅色，微量的鉻是致色因素。

這種寶石於 1830 年代在俄羅斯烏拉山脈（Ural Mountains）發現，時值沙皇亞歷山大二世誕辰，故將其取名為「亞歷山大變色石」。

此外，當時俄羅斯的軍服顏色正好是綠色和紅色，因此擁有這兩種顏色的亞歷山大變色石便被俄羅斯人視為是相當於護身符的特別寶石。

產出雖多，但卻稀少的寶石

在烏拉山脈發現之後，1900 年左右在斯里蘭卡，1987 年在巴西的米納斯吉拉斯州（Minas Gerais）也大量產出品質優良的亞歷山大變色石。但自從巴西產量減少之後，也相對提升亞歷山大變色石的稀少性。此外，辛巴威、坦尚尼亞和緬甸亦有產出，但鮮少超過 10 克拉，是非常珍貴的寶石之一。

巴西 巴伊亞州（Bahia）產 No.2073

巴西 米納斯吉拉斯州 馬拉卡謝塔（Malacacheta）產 No.8644

日光 / 白熾燈
橢圓形 星形切工 巴西 巴伊亞州 卡納伊巴（Carnaíba）產 0.62ct No.7362

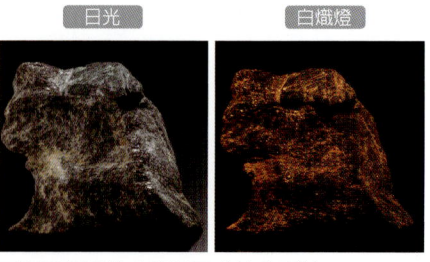

日光 / 白熾燈
巴西 巴伊亞州 卡納伊巴 卡比尤那斯（Cabiúnas）產 No.8358

因產地而異的色調

亞歷山大變色石的色調因產地而異。

俄羅斯烏拉山脈的亞歷山大變色石顏色變化鮮明，但絕大部分都有內含物。

斯里蘭卡的亞歷山大變色石是偏黃的綠色，紅色變化比其他產地的弱。

巴西的亞歷山大變色石透明度高，在日光下會呈現偏藍的綠，但在白熾燈下卻會轉變成鮮明的紫紅色。

辛巴威產 No.2069

硬度 8

● 俄羅斯產　　● 斯里蘭卡產　　● 巴西產

亞歷山大貓眼石
Alexandrite cats-eye

金綠寶石的神祕特徵

亞歷山大變色石和貓眼石都是眾所周知的寶石，但卻鮮少有人知道它們都屬於同一種礦物（金綠寶石）。

此外，世上還存在著一種神祕的金綠寶石，它同時具備貓眼效果（貓眼效應）及隨著光源改變顏色的變色性（變色現象），這種寶石稱為「亞歷山大變色貓眼」。

這種寶石變色的時候在日光下會帶有藍色色調，在白熾燈下則是偏紅。無論是哪種情況，都會顯現一條清晰的眼線。

圓形 凸圓面

93

質量量表
巴西產 亞歷山大變色石（無處理）

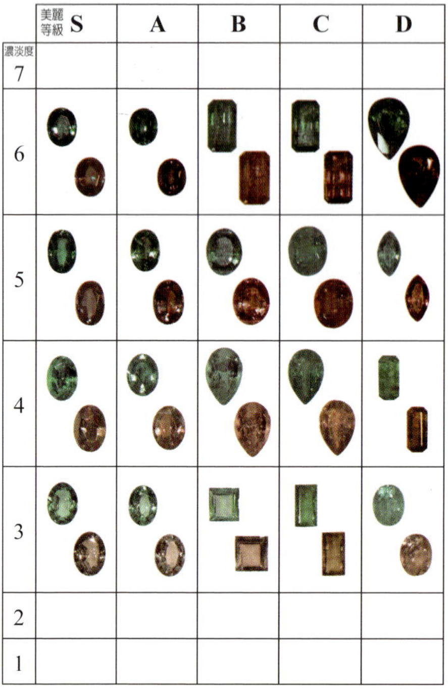

美麗等級 濃淡度	S	A	B	C	D
7					
6					
5					
4					
3					
2					
1					

質量量表的品質三區域

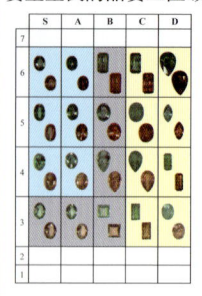

〈價值比較表〉

ct size	GQ	JQ	AQ
10			
3	1,000	250	20
1	200	40	8
0.5	60	12	2

相似的寶石

- 變色藍寶石（日光／白熾燈）→ P.78
- No.7782 馬拉雅石榴石 → P.126
- No.7784 紅柱石 → P.171
- 水鋁石（日光／白熾燈）→ P.177

人造合成石
No.7788 人造合成亞歷山大石（俄羅斯）

仿冒品
No.7789
No.7790 玻璃

〈品質辨識方法〉

在太陽光下呈現美麗的綠色（或綠中帶藍），而在白熾燈下會明顯變成紫紅色的亞歷山大貓眼石屬於 GQ 等級。色彩變化若是不明顯，會根據程度判定為 JQ 或 AQ 等級。

其他寶石也是一樣，只要擁有透明度佳、形狀良好、裂紋肉眼看不出來這幾個基本條件，就是優質寶石。

亞歷山大變色石的色調因地而異。日光下的俄羅斯亞歷山大變色石呈綠色，斯里蘭卡的是偏棕的綠，而巴西的則是以藍色色調為特徵。目前市場上以巴西產的亞歷山大變色石為主流，不過回流品中亦可見到其他產地的亞歷山大變色石，因此需要個別評估。優化處理方面，通常不需進行。

金綠寶石　Chrysoberyl

礦物名／chrysoberyl（金綠寶石）
主要化學成分／氧化鈹鋁
化學式／$BeAl_2O_4$
光澤／玻璃光澤

晶系／斜方晶系	解理／明顯（雙向）
密度／3.7-3.8	硬度／8½
折射率／1.74-1.76	色散／0.015

硬度 **8**

發現於 18 世紀末，有別於綠柱石的礦物

　　金綠寶石是鈹和鋁的氧化物，會在花崗岩、偉晶岩和雲母片岩中形成黃色、綠色或棕色的結晶。以 V 字形（楔形）的雙晶，以及能夠製造出六角形輪廓的三連雙晶（稱為「三輪」）而聞名。硬度僅次於鑽石和剛玉，耐久性佳且密度大，通常會聚集在河床上。貓眼石和亞歷山大變色石是金綠寶石中的兩大極品，不過其他顆粒碩大且透明的金綠寶石也會在晶體上施加刻面。例如 17 至 19 世紀這段期間歐洲就相當流行施以明亮形切工的首飾。金綠寶石在 18 世紀末確定與綠柱石非屬同一礦物之前，人們一直認為它是金色（希臘語為 Chrysos）綠柱石（Beryl）的一種變體。1997 年，人們在印度奧迪薩邦（Odisha）欽塔巴里礦床（Chintabari Mine）發現一種顏色類似鸚鵡羽毛的綠色金綠寶石，人稱「鸚鵡金綠寶石」（Parrot Chrysoberyl），在當時曾經引起轟動，但卻不到 6 年就已經開採完畢，現已成為傳說中的寶石。

巴西產 石川町歷史民俗資料館 收藏

巴西產 石川町歷史民俗資料館 收藏

巴西 聖埃斯皮里圖州（Espírito Santo）產
No.8213B

橢圓形／階梯形
印度 奧迪薩邦產
5.55ct No.7056

橢圓形 混合切工
巴西產 1.86ct No.7656

96
「金綠寶石戒指」 14 顆金綠寶石環繞著 3 顆帝王托帕石的戒指。18 世紀後期
國立西洋美術館 橋本收藏品
（OA.2012-0246）

鈹鋁鎂石　　Taaffeite

礦物名 / magnesiotaaffeite-2N'2S（鈹鋁鎂石-2N'2S）
主要化學成分 / 氧化鈹鎂鋁
化學式 / $Mg_3BeAl_8O_{16}$
光澤 / 玻璃光澤
晶系 / 六方晶系　　　解理 / 不完全（單向）
密度 / 3.6　　　　　　硬度 / 8-8½
折射率 / 1.72-1.77　　色散 / 0.020

在判定為新礦物前就已被製成寶石

1945年，理查·塔菲伯爵（Richard Taaffe）在愛爾蘭都柏林一家珠寶店櫥窗裡一堆鑲嵌著刻面寶石的古老珠寶中發現了這種新礦物。其形狀、硬度和密度等特性與尖晶石相似，不同之處在於它具有雙折射性。這是一種稀有的寶石，只為收藏家切割，顏色有淡紫色、綠色及藍寶石藍。寶石級的結晶通常會在礫岩中發現，母岩應該是含鈹的花崗岩與白雲質石灰岩接觸變質作用形成的矽卡岩，或富含鎂和鋁的片岩。這種寶石還有一種變種礦石，晶體結構的層積規則和其他結構單元的組合方式皆有所不同，稱為鈹鋁鎂鋅石（Musgravite）。

鈹鋁鎂鋅石　　Musgravite

礦物名 / magnesiotaaffeite-6N'2S（鈹鋁鎂鋅石-6N'2S）
主要化學成分 / 氧化鈹鎂鋁
化學式 / $Mg_2BeAl_6O_{12}$
光澤 / 玻璃光澤
晶系 / 三方晶系　　　解理 / 完全（單向）
密度 / 3.6-3.7　　　　硬度 / 8-8½
折射率 / 1.72-1.74　　色散 / -

與鈹鋁鎂石相似的稀有寶石

1967年於澳洲·馬斯格雷夫（Musgrave）地區發現的罕見寶石，通常難以與類似的鈹鋁鎂石區分。除了澳洲、南極大陸、格陵蘭島及馬達加斯加等地在貫穿變質岩的偉晶花崗岩中也曾挖掘出這種礦石。不過品質達寶石等級的礦石卻要到1993年才首次在斯里蘭卡切磨成寶石。色調以淡粉色到紫色居多。

斯里蘭卡 拉特納普勒產 No.8365

橢圓形 星形
馬達加斯加產
2.563ct
No.3020

梨形 混合切工　　　　產地不詳 No.4047
斯里蘭卡 拉特納普勒產 1.87ct No.7290

緬甸 莫谷產 No.4041

不規則形 階梯形
斯里蘭卡產 1.32ct No.3040

黃玉（托帕石） Topaz

礦物名／topaz（托帕石、黃玉）
主要化學成分／氟矽酸鋁
化學式／$Al_2SiO_4F_2$
光澤／玻璃光澤
晶系／斜方晶系
密度／3.5-3.6
折射率／1.61-1.64
解理／完全（單向）
硬度／8
色散／0.014

硬度 8

並非只有黃色的美麗結晶

過去人們將所有的黃色寶石都稱為黃玉（托帕石）。相對地，也有人誤以為黃玉（托帕石）全都是黃色的。黃玉是摩式硬度為 8 的指標礦物，以寶石來說十分堅硬，但因解理屬於完全性，故要小心，盡量避免強力衝擊。

黃玉以無色居多，此外還有黃色、粉紅色、水藍色及雪利酒色。日本也曾少量產出顏色極淡的水藍色及粉紅色黃玉，但絕大多數只要照射到強光就會褪色。美國猶他州和墨西哥雖然產出淡雪梨酒色的黃玉，但同樣會因為光照而褪色。之所以褪色，是因為致色的晶體結構缺陷受到光線照射而緩解。為此，可以做成寶石的黃玉通常不會因為光照而褪色。

寶石級的黃玉主要產於偉晶花崗岩的晶洞中，亦見於因高溫岩漿而變質的岩石和流紋岩的孔隙中。總之這些都是在岩漿冷卻固化的最後階段受到含氟液體（熱水）影響而形成的。無色透明的黃玉結晶類似水晶，但比水晶硬，通常擁有菱形斷口的柱狀晶體。垂直於柱面的方向有完全解理，可以用來加以區分。因為密度大，堅硬又耐風化，故有時會形成砂積礦床。

黃玉的英文「Topaz」來源，眾說紛紜。一說是源自梵語中的「火」（tapas），因為這種寶石具有良好的光澤和色散。另一說認為源自希臘語中的「尋找」（topazos），因為當時的黃玉是在紅海中一個經年霧氣瀰漫、難以到達的島嶼「托帕佐斯」（Topazos）開採（這座島亦以盛產貴橄欖石聞名，而橄欖石在過去也被稱為「Topaz」），故名。

美國 猶他州產 No.2057

巴西 歐魯普雷圖（Ouro Preto）產 No.8486

橢圓形 混合切工
巴西 歐魯普雷圖產
8.32ct No.7485

過去有段時期人們將黃色寶石皆稱為黃玉，但從 18 世紀中葉開始，黃玉變成礦物名，而托帕石則是該礦物種的寶石名。

黃色系列寶石的「托帕石」早在古埃及與羅馬時代即為人所知。初期開始有很長一段時間以斯里蘭卡為產地。中世紀本為神職人員及王室等特殊階級配戴的寶石，到了 18 世紀因在巴西及俄羅斯的烏拉山發現新產地，故在歐洲開始受到一般民眾的喜愛，一直到 19 世紀才開始做成首飾，盛行起來。

帝王托帕石 無處理 / 加熱
Imperial topaz, Untreated / Heated

像雪莉酒一樣魅力十足的橘色

　　有些托帕石歸類爲「黃色托帕石」。而帝王托帕石的特徵，是在這個黃色系列中帶有強烈的橘色色調，呈現出令人印象深刻的色彩（呈雪莉酒色）。

　　巴西產的雪利黃托帕石評價最高。爲了與紫水晶經過加熱處理後所得到的黃水晶，以及「金黃玉（黃水晶托帕石）」區分開來，因而特地冠上「帝王」之名，以免混淆。此名起源有兩種說法。一種是源自巴西的佩德羅皇帝（Pedro II）及其王冠，另一種說法則認爲是因爲俄羅斯烏拉山脈產出了粉紅托帕石，爲了歌頌俄羅斯沙皇而取名。這種寶石有時會爲了改善色彩而進行加熱處理。而巴西米納斯吉拉斯州歐魯普雷圖（Ouro Preto）的熱液礦脈，則是帝王托帕石在世界上唯一的大規模產地。

　　帝王托帕石的結晶通常較長，切磨後的成品也以長形居多。但因其價格高出黃水晶約10倍，故業者在切磨的時候通常會盡量減少損失，因此每一顆寶石的形狀都各有不同，而能夠做成首飾的往往是手工品而非量產品，算是高貴素材所擁有的魅力。

巴西 歐魯普雷圖產 No.8429

八角形 階梯形
巴西 歐魯普雷圖產
5.00ct No.7484

121

「麥地奇家族之墓《夜》」（Gold Ring with Night on the Tomb of Giuliano de' Medici）麥地奇家族的小聖堂（Cappelle medicee）有米開朗基羅的雕刻作品《夜》（The Night）與《日》（The Day）。這枚戒指是以凹雕手法來呈現《夜》。1860年左右
國立西洋美術館 橋本收藏品（OA. 2012-0425）

巴西 米納斯吉拉斯州產 石川町歷史民俗資料館 收藏

質量量表
帝王托帕石（無處理／加熱）

美麗等級　濃淡度	S	A	B	C	D
7					
6					
5					
4					
3					
2					
1					

相似的寶石

➡ P.87　黃色藍寶石	No.7654　➡ P.95　金綠寶石
No.7650　➡ P.118　金色綠柱石	No.7091　➡ P.122　金色鋯石
➡ P.148　黃水晶	➡ P.157　賽黃晶

質量量表的品質三區域

〈價值比較表〉

ct size	GQ	JQ	AQ
10	200	100	30
3	40	20	6
1	10	4	1
0.5			

硬度 **8**

〈品質辨識方法〉

　　如左圖濃淡度 4 的 S 所示之雪莉酒色及接近這種顏色的黃玉屬於 GQ 等級。在金絲雀黃鑽（Canary Diamond）及金絲雀黃碧璽（Canary Tourmaline）中，檸檬黃通常比較受人喜愛，但對帝王托帕石來說，雪莉酒色反而比深黃色更受人青睞。

　　濃淡度在 2 以下的過淡黃色，或者帶褐色、偏黑的深橘色，以及因切割不當而產生大面積空窗的寶石通常會根據情況列為 JQ 或 AQ 等級。

　　挑選寶石時應該是要根據它的美麗程度，而不是只看它的名稱。雖然帝王托帕石的價值可能是黃水晶的數十倍，但如果從 AQ 等級中挑選的話，那就失去意義了，因為這兩者的 AQ 等級價值其實相差不大。

　　但若是 JQ 等級的帝王托帕石，特地照在白熾燈下的話，就能清楚看出其與黃水晶的不同。

　　此外，黃玉這種寶石是幾乎不會採用合成方式來形成。

人造合成石	仿冒品
市場上沒有	No.7777　玻璃

粉紅托帕石　　Pink topaz

未經優化處理的寶石產出稀少，評價甚高

又稱為玫瑰托帕石，橘色原石通常會利用加熱處理來改善顏色，使其變成粉紅色。未經優化處理的粉紅色托帕石主要產自巴基斯坦西北部馬爾丹區（Mardan）卡特蘭谷（Ghundao Hill）的結晶石灰岩中，由於產量稀少，因此評價極高。砂積礦床以 18 至 19 世紀興盛一時的俄羅斯烏拉山脈南部普拉斯特（Plast）地區最為著名，但現已絕產，因此人們期待在貝加爾湖一帶能發現廣大的偉晶岩礦床。

巴基斯坦產 No.8428

圓形 混合切工
巴基斯坦 卡特蘭谷產
1.11ct
No.7488

巴基斯坦
卡特蘭谷產
No.8487

「符騰堡皇室舊藏 粉紅托帕石與鑽石的項鍊」
1810-1830 左右 俄羅斯（推測）　粉紅托帕石、鑽石、銀和金　私人收藏　協助：Albion Art Jewellery Institute

100

質量量表
粉紅托帕石（無處理／加熱）

美麗等級 濃淡度	S	A	B	C	D
3					
2					
1					
1⁻					

質量量表的品質三區域

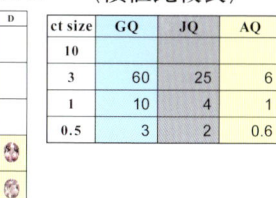

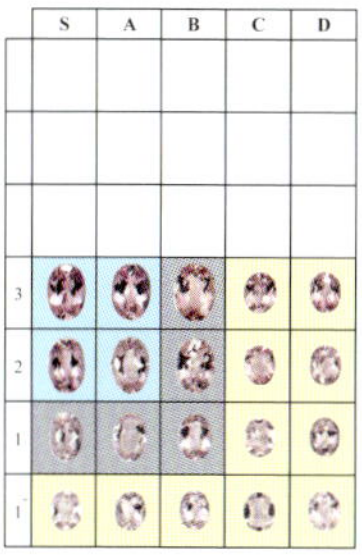

	S	A	B	C	D
3					
2					
1					

〈價值比較表〉

ct size	GQ	JQ	AQ
10			
3	60	25	6
1	10	4	1
0.5	3	2	0.6

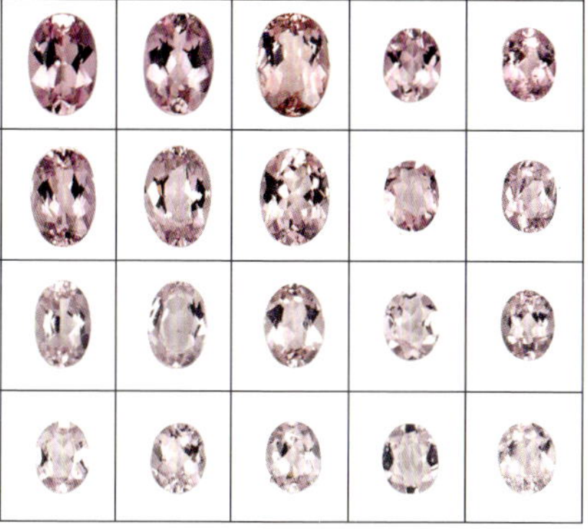

相似的寶石

No.7778 ➡ P.60 粉紅色彩鑽

No.7370c ➡ P.103 粉紅尖晶石

No.7482 ➡ P.136 粉紅碧璽

➡ P.158 紫鋰輝石

No.7660 ➡ P.219 螢石

No.7257 ➡ P.229 方解石

硬度 8

〈品質辨識方法〉

粉紅托帕石整體來講顏色較淡，濃淡度 3 和 2 的 S 與 A 為 GQ 等級。濃淡度低於 1 或帶棕色的則會被評為 JQ 或 AQ 等級。

這種寶石的顏色較接近淡淡的紫紅色，而不是紅色，色調與粉紅鑽石相似。如果 JQ 等級的粉紅托帕石是粉紅色鑽石的話，那可會是一顆價值指數達 1500、十分稀有的美麗鑽石。倘若 GQ 等級的粉紅托帕石 1ct 的價值指數是 10，那麼粉紅色鑽石的價值就會是它的 150 倍。未經優化處理、顏色較深（濃淡度為 3、4）粉紅托帕石也有，而且其價值是一般 GQ 等級的數十倍。

托帕石的折射率高，摩氏硬度為 8，切磨之後會散發出光澤，而且產量豐富，因此無色托帕石通常會先經過優化處理或加工之後再來使用。有些古董珠寶會將無色托帕石鑲嵌在染成紅色的圓頂形底座上，營造出錯覺，讓人以為寶石本身有顏色。

人造合成石
市場上沒有

仿冒品
將無色的托帕石鑲嵌在耳環架的內側，以便喬裝成粉紅托帕石。

卸下寶石的模樣

101

藍色托帕石　Blue Topaz

天然稀少的水藍色托帕石

天然的藍色托帕石顏色較淡，因此市場上流通的藍色托帕石大多都是透過輻射及隨後的加熱處理而來。色彩鮮豔的藍色托帕石用肉眼幾乎無法與海藍寶區別，而淡藍色的托帕石則曾在岐阜縣苗木地區及滋賀縣田上山等地產出，亦曾在萬國博覽會中展出。

梨形 星形
巴西 朗多尼亞
（Rondonia）RD 產
53.97ct No.3034

波札那產 No.4033

山梨縣 甲府市 黑平町產 No.2047

無色托帕石
Colorless topaz

可以替代鑽石的寶石

無色透明的結晶切磨之後色散會變得比較明顯，可以用來替代鑽石。

橢圓形 星形

Column

輻射處理
將無色的托帕石變成藍色

市面上只有極少數的藍色托帕石是未經優化處理的天然寶石。現今市場上流通的藍色托帕石有 99% 是無色托帕石透過輻射著色而來。無色托帕石產量大，因此藍色托帕石的成本大部分都花在輻射及切磨上。既然是人工著色，當然可以調整顏色的濃淡度。

八角形 階梯形

橢圓形 星形
巴西產
132.82ct
No.3035

尖晶石 Spinel

礦物名 / spinel（尖晶石）
主要化學成分 / 氧化鎂鋁
化學式 / $MgAl_2O_4$
光澤 / 玻璃光澤
晶系 / 等軸晶系
密度 / 3.6-4.1
折射率 / 1.71-1.74

解理 / 無
硬度 / 7½-8
色散 / 0.020

硬度 8

緬甸產 No.8363

以紅色聞名，卻擁有豐富色彩

尖晶石是一種色彩繽紛的礦石，有紅色、藍色、紫色和粉紅色，但在現代礦物學確立之前，人們並不知這些礦石其實屬於同一種礦物。其主要成分並沒有致色因素，通常可在玄武岩、慶伯利岩、橄欖岩等富含鐵和鎂的（鐵鎂質）火成岩、富含鋁的片岩（變質岩的一種），以及接觸變質作用的結晶石灰岩中發現。其正八面體的自形晶頂端尖銳，故以拉丁語中意指小刺的「spinella」來命名。尖晶石耐風化，經常集中在砂積礦床（因水流作用而讓比重和粒徑相似的砂礫堆積在一起的礦床）中。除了上述顏色，尖晶石還有其他顏色。與鋅鐵礦（Franklinite）、鉻鐵礦等擁有相同晶體結構的礦物都被歸類為尖晶石家族，也有呈現星光效應的星光尖晶石。西元前100年左右的佛教徒墳墓曾經出現尖晶石。其主要產地包括緬甸、坦尚尼亞和斯里蘭卡。緬甸莫谷地區不僅是盛產紅寶石和藍寶石的知名產地，亦產出橘色、綠色、藍色、紫色等色彩的尖晶石，以及少量但品質極佳的紅色與粉紅色尖晶石。

雙晶尖晶石 緬甸 莫谷產地 No.8414

橢圓形 階梯形
斯里蘭卡產 1.65ct
No.7370g

橢圓形 星形
斯里蘭卡產 2.60ct
No.7370e

橢圓形 星形
緬甸產 2.71ct No.7370a

橢圓形 階梯形
斯里蘭卡產 2.27ct
No.7370b

橢圓形 星形
斯里蘭卡產 2.92ct
No.7370f

橢圓形 星形
斯里蘭卡產 1.42ct
No.7370c

橢圓形 星形
斯里蘭卡產 3.21ct
No.7370d

紅色尖晶石
Red spinel

有段時間被誤認為是紅寶石

　　尖晶石與紅寶石一樣，都是因為微量的鉻取代了主要成分中的鋁而顯現紅色。尖晶石和紅寶石的原石結晶形態不同，可是一旦因為破裂或切割而失去原有的形狀，僅憑細微的紅色差異恐怕難以區分。大英帝國皇冠上鑲嵌的深紅色寶石「黑太子紅寶石」（Black Prince's Ruby）其實是紅色尖晶石。但在19世紀接受科學鑑定之前，人們一直以為這是紅寶石。

緬甸產 No.2061

橢圓形 混合切工
緬甸 莫谷產 1.01ct
No.7584b

橢圓形 混合切工
緬甸 莫谷產 1.35ct
No.7584a

橢圓形 混合切工
緬甸 莫谷產 0.61ct
No.7584c

藍色尖晶石　Blue spinel

因鐵及鈷而顯現的藍

　　色調繽紛的尖晶石有些屬於藍色系列，主要產地在斯里蘭卡。藍色的致色因素是鐵，偶爾是因為鈷微量摻入。品質優良的紅色尖晶石擁有可媲美紅寶石的亮麗外觀，但是藍色尖晶石的美麗程度卻無法與藍寶石相提並論。

巴基斯坦產 No.8116

梨形 混合切工
斯里蘭卡產 1.76ct No.7117

質量量表
紅色尖晶石（無處理）

美麗等級 濃淡度	S	A	B	C	D
7					
6					
5					
4					
3					
2					
1					

質量量表的品質三區域

〈價值比較表〉

ct size	GQ	JQ	AQ
10	1,200	400	100
3	300	100	30
1	30	10	3
0.5			

硬度 **8**

〈品質辨識方法〉

　　紅色尖晶石可分為顏色較深（濃淡度5、6）的緬甸莫谷產和較淡（濃淡度3、4）的坦尚尼亞產。判定緬甸尖晶石的重點，在於紅色是否接近純色，以及形狀是否相對整齊。

　　傳統的深色緬甸尖晶石讓人覺得與紅寶石非常相似，但只要仔細比對，還是可以分辨出帶紫的紅寶石與深紅色尖晶石的差異。另外，色澤偏橘的紅色尖晶石則是稱為覆盆子尖晶石（Raspberry Spinel）。

　　在比較 GQ 等級的尖晶石和紅寶石的價值時，會發現兩者 1ct 的價值相差了 8 倍，10ct 更是相差了 30 倍（參照價值比較表）。雖然 GQ 等級的 10ct 紅色尖晶石非常罕見，但人們對擁有數百年傳統且廣為人知的紅寶石，特別是緬甸莫谷產無處理紅寶石的渴望，反而造就了這種價值的差異。

相似的寶石

No.7531 ➡P.70	No.7032 ➡P.117
紅寶石	紅色綠柱石

No.7327 ➡P.122	No.7124 ➡P.126
紅鋯石	玫瑰榴石

No.7474 ➡P.136	No.7206 ➡P.221
紅寶碧璽	紅紋石

人造合成石

No.7776

人造紅色尖晶石（美國）

仿冒品

No.7786

玻璃

105

綠柱石（祖母綠） Emerald

礦物名／beryl（綠柱石）
主要化學成分／矽酸鈹鋁
化學式／$Be_3Al_2Si_6O_{18}$
光澤／玻璃光澤
晶系／六方晶系
密度／2.6-2.9
折射率／1.57-1.61
解理／不完全（單向）
硬度／7½-8
色散／0.014

特色豐富的典型綠色寶石

　　綠柱石是綠色寶石的代表，豐富的綠甚至成為一種顏色名稱：祖母綠（Emerald Green）。這種寶石在礦物學上屬於綠柱石，與海藍寶同類，以六角柱狀晶體型態產出。

　　結晶裡的內含物及內部裂紋雖然被視為瑕疵，卻也為每顆寶石保留了產出履歷（產地等特定資訊），為其賦予獨一無二的特色。內含物、微量元素的種類、濃度、折射率及密度的細微差異都因生成條件而異，可加以特徵化，用來推斷產地。

　　祖母綠一詞的語源來自希臘語「Smaragdus」，意為綠寶石。早在西元前14世紀，埃及就已經開始使用「綠石」。不過，埃及豔后珍藏的祖母綠實際上也有可能是貴橄欖石（P.141）。祖母綠在古羅馬象徵生育，是獻給肉體之美及性愛女神維納斯的寶石。中世紀時，人們認為祖母綠是一種「護身符」，只要配戴在身或放置在旁，就可以舒緩眼睛疲勞、恢復視力、預防癲癇、治療出血和痢疾，還有退燒及穩定情緒等功效。

　　據推測，16世紀以前西方「綠石」的主要產地應為今日的奧地利及巴基斯坦。16世紀以後，哥倫比亞契沃爾礦山（Chivor Mine）和木佐礦山（Muzo Mine）產出的優質祖母綠大量流傳到歐洲和中東，取代了之前的產地。

　　祖母綠的主要成分鋁在地殼（地球表面附近）中相當普遍，但另一種成分鈹則需要特殊的地質條件才能富集。再加上富含可以產生綠色的鉻和釩等元素的岩石通常不含鈹，因而大幅降低這些成分相遇的可能性。符合這些條件的祖母綠產地有變質岩（黑雲母片岩或黑色頁岩）中的石英脈或方解石脈、石灰岩中的石英脈，偉晶岩亦可產出（如：奈及利亞的卡杜納礦山〔Kaduna Mine〕），但極為罕見。祖母綠的形成，需要奇蹟般的條件組合，是名副其實的「寶石」。

哥倫比亞產 No.2056

產地不詳
翡翠原石館 收藏

28
「金戒指」應為聖職者在宗教儀式中使用的物品。鑲嵌的是琢磨成凸圓面的祖母綠。6-8世紀
國立西洋美術館
橋本收藏品
（OA.2012-0108）

各個產地的內含物特色

　　高品質的祖母綠會非常明確地顯露出各個產地的特色，而內含物的特徵通常是判斷產地的重要依據。不僅如此，確認內含物還能證明寶石的天然性，例如本頁的三張照片就是主要產地內含物的顯微照片。

Size(mm)：L2.8×W2.8×D2.15 Weight:0.11ct, Quality sample only

[辛巴威（桑達萬納〔Sandawana〕）產]

辛巴威產出的祖母綠內含物特徵是纖維狀的透閃石結晶。這些晶體宛如細長的針，而且會相互交錯，有時還會彎曲，是祖母綠結晶在生成過程當中因為將周圍的透閃石包裹在內所產生的結果。

Size(mm)：L6.2×W5.2×D3.03 Weight:0.72ct, Quality sample only

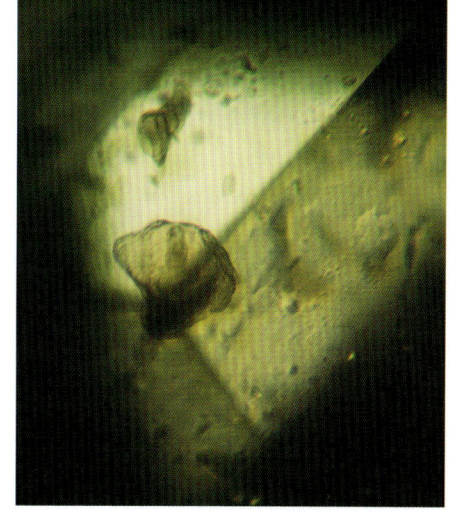

Size(mm)：L2.8×W2.6×D2.20 Weight:0.12ct, Quality sample only

[哥倫比亞產]

哥倫比亞產出的祖母綠其內含物特徵是三相內含物。如照片所示，固體（立方體）、氣體（橢圓體）和液體（其他部分）會同時被包裹在祖母綠裡。雖然不是所有哥倫比亞產的祖母綠都有這種特徵，但具有三相內含物這個特徵的祖母綠通常代表這顆寶石產自哥倫比亞。

[尚比亞產]

除了哥倫比亞外，其他產地的祖母綠中都可以觀察到黑雲母。內含物僅有黑雲母雖然不足以證明是尚比亞產出的，卻是此處祖母綠最常見的內含物。尚比亞國內各處礦山產出的祖母綠通常會出現各種內含物。

硬度 7

107

哥倫比亞祖母綠
Emerald, Colombia

哥倫比亞 木佐產 No.8007

最高品質的「油滴祖母綠」

　　哥倫比亞最高品質的祖母綠稱為「油滴祖母綠」（Gota de Aceite。意為「一滴油」），以如油滴般的結晶生長痕跡為特徵。哥倫比亞祖母綠在品質和數量上皆領先世界，16世紀曾在哥倫比亞東部山脈（Cordillera Oriental）發現了大量的祖母綠。主要礦山包括東部的契沃爾礦山（黑色頁岩中的方解石脈）和西部木佐礦山（石灰岩中的石英脈），以及後來在東部開發的加查拉（Gachalá）、波哥大（Bogotá）、西部的佩尼亞布蘭卡（Peña Blanca）、科斯克斯（Coscuez）、拉皮塔（La Pita），與亞科皮（Yacopí）。木佐礦山以最大級且最高品質的深綠色祖母綠聞名，契沃爾礦山則以高透明度的藍綠色祖母綠著稱，至於佩尼亞布蘭卡礦山，則以達碧茲祖母綠（Trapiche Emerald）馳名。

　　哥倫比亞祖母綠的特徵是含有名為「花園」（西班牙語為jardin）的內含物（P.107）。這些呈現葉子或樹枝狀的內含物是由氯化鈉、水及二氧化碳組成。通常會使用油脂等物質進行泡油處理，好讓這些內含物不會那麼明顯。

147

「欖尖型祖母綠鑽戒」典型的哥倫比亞祖母綠寶石戒指。油脂稍褪。1900年左右
國立西洋美術館 橋本收藏品
（OA. 2012-0477）

[哥倫比亞產的普通品質原石]
即使是來自同一產地的原石，顏色也會深淺不一。雖然原石呈柱狀，但實際上在長度、透明度等方面各不相同。

深濃

中間

淺淡

108

巴西祖母綠
Emerald, Brazil

綠寶石的穩定供應來源

　　1960年代，巴西因伊亞州（Bahia）卡爾奈巴礦山（Carnaíba Mine）的開發而迎來祖母綠熱潮，至今依舊保持穩定的供應量。戈亞斯州（Goiás）的聖特雷西尼亞礦山（Santa Terezinha Mine）是一個以變質作用形成的金雲母（Biotite）片岩為起源的礦床，雖然產出的祖母綠顆粒較小，但透明度高，尤其以產出的貓眼祖母綠及星光祖母綠而聞名。另一方面，以高品質祖母綠著稱的米納斯吉拉斯州（Minas Gerais）伊塔比拉礦山（Itabira Mine）和諾瓦埃拉礦山（Nova Era Mine）的礦床因位於與偉晶岩接觸的雲母片岩之中，故地質背景與前者不同。

硬度 7

巴西 巴伊亞州產 No.8430

八角形 階梯形
巴西 戈亞斯州 聖特雷西尼亞產
No.7624

Column

結構宛如齒輪的達碧茲祖母綠

「Trapiche」來自西班牙語，因其紋理從中心分為六個區域，類似甘蔗榨汁機的轉輪，故名。不過這種轉輪圖案與星光效應不同，外觀並不會隨光源方向的不同而改變。能夠產出達碧茲祖母綠的只有哥倫比亞，而且產量非常稀少。

哥倫比亞 契沃爾產 No.8211

哥倫比亞產 No.8009

上面　　側面

109

祖母綠的主要產地

目前祖母綠的主要產地是哥倫比亞，約占全球市場 50%。其次是尚比亞和巴西。此外，辛巴威、巴基斯坦、馬達加斯加、俄羅斯等地也有產出。

地圖標示：俄羅斯、巴基斯坦、印度、衣索比亞、尚比亞、辛巴威、莫三比克、南非、馬達加斯加、哥倫比亞、巴西、**莫三比克帶**

莫三比克帶

9億至6億年前左右，多個大陸合併形成岡瓦納大陸（Gondwana）時，因陸地碰撞形成的高溫高壓變質帶。這個區域曾經發現許多種寶石，分布在以當今莫三比克為中心的非洲大陸東側、馬達加斯加、阿拉伯半島西側，以及斯里蘭卡等地。

尚比亞祖母綠
Emerald, Zambia

尚比亞和辛巴威祖母綠的特徵

從衣索比亞和蘇丹經過莫三比克，一直延伸到馬達加斯加、印度南端及斯里蘭卡的「莫三比克帶」是聚集了各種寶石的產地。當中產出的祖母綠更是自古聞名。

辛巴威的桑達萬納礦山（Sandawana Mine）及尚比亞的卡富布（Kafubu）地區以雲母片岩為母岩，與入侵的偉晶岩反應形成礦床。1956年從桑達萬納礦山產出的祖母綠雖然顆粒小，卻略帶黃色的美麗色澤，相當獨特，有些還包含交錯的透閃石針狀結晶（P.107）。

橢圓形 混合切工 1.65ct
No.7653

尚比亞產 No.8434

卡富布地區的開採始於1930年代。產出的祖母綠雖然優質部分不多，但透明度高，綠色深濃，而且還會出現黑雲母這種內含物。與哥倫比亞祖母綠相比含鐵量雖高，不過釩的含量較少。近年來衣索比亞的奧羅米亞州（Oromia）發現了一個相當有潛力的礦床，能夠產出透明度和光澤都無可挑剔的祖母綠，引起世人關注。

其他產地的祖母綠

●辛巴威 桑達萬納產

以礦山為名、人人皆知的桑達萬納祖母綠。顆粒大多較小，色調為偏黃的翠綠色。

矩形 階梯形

●巴基斯坦 史瓦特產

產自史瓦特河谷（Swat Valley）。照片為最高品質的祖母綠，色調及透明度如此出色的極品相當稀少。

橢圓形 明亮形

硬度 7

●馬達加斯加產

產出於東部，但高品質的祖母綠不多，因此產量不足以影響市場。

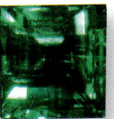

矩形 階梯形

●俄羅斯 烏拉山產

1830年左右在烏拉山脈發現了礦山。以偏暗的色調為特色。

矩形 階梯形

●印度（拉賈斯坦邦〔Rajasthan〕）產

品質接近透明度低的綠柱石。有時會為了著色而進行泡油處理。

八角形 階梯形
No.7622

●南非（舊川斯瓦共和國〔Transvaal Republic〕）產

20世紀初葉曾經產出。目前在市場上並不常見。

八角形 階梯形
No.7623

Column

關於「祖母綠切工法」

「祖母綠切工法」是一種長方形的階梯形切工法，也就是將四個角切掉，並在腰圍添加平行刻面的切工風格。在本書會標示為「八角形 階梯形」。這種切割方式能從原石中切出色澤最佳的部分，並從內含物影響最小的方位讓祖母綠美麗的翠綠色彩毫不保留地展現出來。不過切割時必須考量到厚度及光線的透過方式，這樣才能防止寶石外部損傷以及內部應力造成的變形。這種切工方法原本專為祖母綠而設計，不過現在亦用來切割鑽石等各種寶石。

質量量表
哥倫比亞祖母綠（油脂含浸）

質量量表
尚比亞祖母綠（油脂含浸）

〈價值比較表〉

ct size	GQ	JQ	AQ
10	4,000	300	50
3	700	100	15
1	150	30	3
0.5			

〈價值比較表〉

ct size	GQ	JQ	AQ
10			
3	250	50	10
1	80	20	2
0.5	20	4	1

〈品質辨識方法〉

　　以適度透明的綠色為佳，不過每座礦山產出的祖母綠都各有其特色，但顏色若是深邃而且清澈透明，通常會被納入品質極佳的 GQ 等級。

　　祖母綠常見三相內含物（P.107）之類的裂紋。部分裂紋會延伸到表面，形成裂痕，但可利用油脂或樹脂含浸的方式來提高透明度。但是過度含浸的話，會被判定為 AQ 等級。

　　祖母綠相當重視外觀的美感。過厚的祖母綠（尤其是深度超過短邊 80％，甚至是 100％）若是做成首飾反而會產生負面影響。

相似的寶石		市場不認可其寶石價值的處理方式	
No.7326 ➡ P.122 綠色鋯石	No.7251 ➡ P.129 翠榴石	過度泡油 油脂（F3） 浸泡在丙酮中以去除油脂	染色泡油 No.7774 染色祖母綠
➡ P.130 沙弗萊	➡ P.134 綠碧璽		
➡ P.138 帕拉伊巴碧璽	No.7270 ➡ P.160 翠綠鋰輝石	人造合成石	仿冒品
No.7773 ➡ P.160 鉻透輝石	➡ P.162 輝玉	人造祖母綠 林德公司（Linde）製造 查騰公司（Chatham）製造 吉爾森公司（Gilson）製造 泰瑞斯公司（Tyrus）製造	夾層寶石 彩色玻璃
➡ P.178 綠色勞廉石	➡ P.212 透視石		
➡ P.214 磷灰石	➡ P.219 螢石		

硬度 7

海藍寶 Aquamarine

礦物名／beryl（綠柱石）→參照 P.106

透明清澈的水藍色綠柱石

　　傳聞海藍寶的英文 Aquamarine，字源是拉丁語中的水「Aqua」和海洋「Marine」拼湊而成，是距今約 2000 年前的羅馬人為其命名的。這是一種因為含有微量的鐵而呈現清澈水藍色的綠柱石。與主要產於變質岩的祖母綠（綠色綠柱石）相比，海藍寶主要產於偉晶花崗岩中。與其他綠柱石類似，海藍寶的典型結晶形狀是具有平坦端面的六角柱狀，但也可以看到錐面發達的晶體。目前已知其所擁有的藍色會因為紫外線而褪色。另一方面，只要經過加熱處理，就可以改變鐵的離子狀態，進而調整發色（色調、濃度）。海藍寶的記載可追溯至西元前 5 世紀左右的古希臘，當時人們視其為逃離海難的「護身符」，同時也是幸福和青春的象徵。雖然與祖母綠為同一種礦物，不過海藍寶耐久性較佳，顏色分散均勻，透明度也高。

巴基斯坦 契特拉（Chitral）產
No.8293

巴基斯坦產 石川町歷史民俗資料館 收藏

美國 愛達荷州產
No.8294

八角形 階梯形 巴西產 13.28ct No.7268

橢圓形 混合切工
巴西產 13.88ct No.7297

海藍寶的加熱處理

　　現在市面上有些海藍寶是品質偏低的綠柱石或摩根石經由加熱處理而成。這些寶石加熱後顏色會有驚人的改善，但因含鐵量未變，因此顏色的深淺不會有所變化。低溫加熱還有穩定顏色的效果，在某種程度上算是市場認可的處理方法。

加熱前　　加熱後

179
「海藍寶戒指」 將直徑 22.4 mm的圓形海藍寶包鑲在方形高戒臺上的戒指。
1960 年代後期至 1970 年代前期
國立西洋美術館 橋本收藏品（OA. 2012-0659）

硬度 7

乳藍寶石　　　Milky aqua

半透明、色調柔和的海藍寶

　　半透明的海藍寶稱為乳藍寶石。海藍寶通常會在上頭切磨出刻面，以展現其光澤和顏色。但乳藍寶石幾乎都會被切磨成凸圓面。當中有些還會顯現貓眼效應。

橢圓形 凸圓面

佐賀縣產 No.2500

Column

濃藍色的馬克西克塞綠柱石

水藍色的綠柱石稱為海藍寶，不過深藍色的綠柱石卻會特別與海藍寶區隔開來。藍色綠柱石是在 1917 年於巴西米納斯吉拉斯州的馬克西克塞（Maxixe）礦山發現的，因此被命名為馬克西克塞綠柱石（Maxixe Beryl）。人們曾期待這種寶石會受到喜愛，無奈它在紫外線下會明顯褪色。

八角形 階梯形 No.7966

質量量表
海藍寶（加熱）

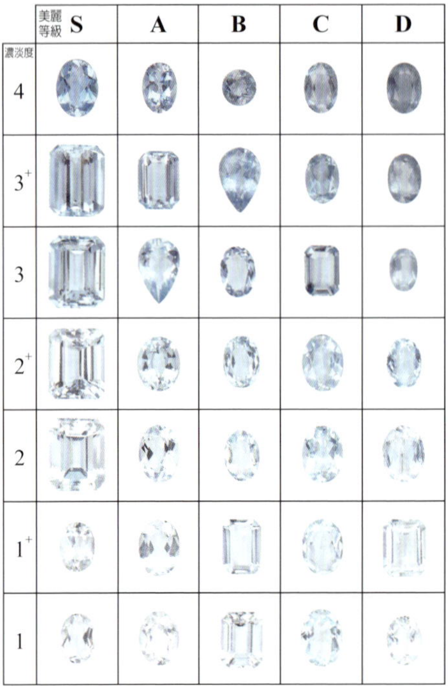

美麗等級 濃淡度	S	A	B	C	D
4					
3⁺					
3					
2⁺					
2					
1⁺					
1					

質量量表的品質三區域

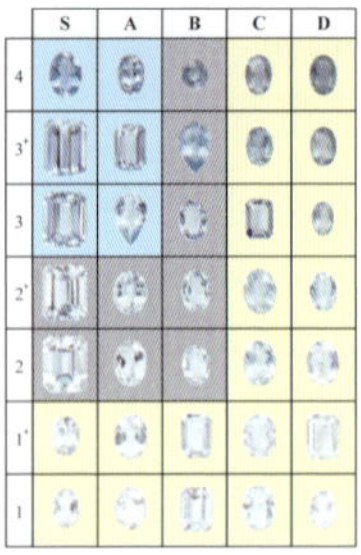

〈價值比較表〉

ct size	GQ	JQ	AQ
10	120	50	15
3	40	10	3
1	10	3	1
0.5			

〈品質辨識方法〉

貨真價實的高品質海藍寶是沒有灰色調的透明藍，因此顏色較淡、帶有灰色調或綠色調的通常會被判定為低品質。

要注意的是，深藍色的海藍寶通常會摻雜灰色，因此在挑選海藍寶時，濃淡度需達 2⁺ 至 3，以沒有摻雜綠色或灰色為佳。

市面上有許多海藍寶其實是將欠缺美感的綠柱石經由加熱處理得來的藍色成品，有時原本的顏色會殘留在處理後的海藍寶中。雖然也有開採時就已經展現美麗海藍色的海藍寶，若需加熱處理，通常會在低溫（300～400度）下進行，而且內含物不會因此而有所變化，故難以判斷手中的寶石是否經過加熱處理。而可以接受市場評估價值的海藍寶包括了經過加熱處理的寶石。

經過輻射處理的藍色托帕石因顏色相似，故有時會被誤認為是海藍寶。

相似的寶石

No.3034 ➡ P.102	No.7154 ➡ P.121
藍色托帕石	藍柱石

No.7744 ➡ P.138	No.7248 ➡ P.219
帕拉伊巴碧璽	螢石

No.7029 ➡ P.226	No.7020 ➡ P.226
重晶石	天青石

人造合成石
No.7785 
人造海藍寶（俄羅斯）

仿冒品
No.7775
玻璃（酒瓶類）

摩根石　Morganite

礦物名 / Beryl（綠柱石）→參照 P.106

以美國銀行家為名的寶石

　　因含有微量的錳和銫，讓寶石可以顯現粉紅色、淡紫色、桃色、橘色，以及帶粉紅的黃色等色調。錳還是稀有的紅色綠柱石及緋紅祖母綠（Scarlet Emerald）的致色元素。有時同一顆結晶還會在不同部位上呈現藍色、無色、粉紅色等相異的色彩（雙色或三色）。是以美國銀行家兼知名寶石收藏家約翰・摩根（John P. Morgan）之名而命名的。

有時會經由加熱或輻射等處理方式來加強粉紅色調。

巴西 米納斯吉拉斯州產 No.8003

硬度 7

梨形 星形
巴西 米納斯吉拉斯州
瓦拉達里斯州長市（Governador Valadares）產
43.93ct No.7004

紅色綠柱石　Red beryl

礦物名 / Beryl（綠柱石）→參照 P.106

稀有的紅色綠柱石

　　這是一種因含有微量的錳而呈現紅色的綠柱石，產於美國猶他州的流紋岩空隙中。有時會稱為「紅色祖母綠」（Red Emerald）。過去稱為「比克斯拜石」（Bixbite），但因易與顏色完全不同的錳礦物「比克斯拜亞石」（Bixbyite）混淆，故現在已不再使用這個名稱。

美國 猶他州 托馬斯山
（Thomas Range）產 No.8031

八角形 階梯形
美國 猶他州產 0.23ct
No.7032

117

金綠柱石　　　　Heliodor

礦物名／ Beryl（綠柱石）→參照 P.106

名稱來自意指太陽的「Helios」

　　金綠柱石的英文「Heliodor」源自希臘語的「helios」，意指太陽。過去凡是黃色到黃綠色的綠柱石皆被稱為金綠柱石，不過現在只有黃綠色的才稱為金綠柱石，黃色的則是稱為金色綠柱石（Golden Beryl）或黃色綠柱石（Yellow Beryl）。而綠柱石中成分微量的鐵，是黃色的致色因素。

　　金綠柱石的結晶大多呈六角柱狀。為了充分利用其所擁有的透明度並加強色彩與光澤，切磨時通常會將好幾種刻面組合起來。

巴西產 No.8299

橢圓形 混合切工
巴西 米納斯吉拉斯州產
10.83ct No.7274

金色綠柱石／黃色綠柱石
Golden beryl / Yellow beryl

礦物名／ Beryl（綠柱石）→參照 P.106

偏黃的綠柱石

　　這種寶石過去稱為金綠柱石，不過現在為了區分，特地將偏黃的稱為金色綠柱石或黃色綠柱石。黃色的致色因素來自綠柱石中成分微量的鐵。就礦物學來看，這種寶石與金綠柱石同屬綠柱石，特徵也相似。

塔吉克產 No.4036

枕墊形 星形
羅德西亞（今日的辛巴威）產
8.14ct No.7650

橢圓形 混合切工
巴西產 5.52ct
No.7649

綠色綠柱石　Green beryl

礦物名／Beryl（綠柱石）→參照 P.106

與祖母綠不同的綠色成因

　　雖然是綠色，但色調卻不足以稱為祖母綠的綠柱石一般稱為綠色綠柱石。祖母綠的致色因素是鉻或釩，但也有一些綠柱石是因為微量的鐵而呈現出色調略為沉穩的綠。這些微量的致色元素可以利用專用的光學濾鏡來確認差異。綠色綠柱石有時也會以薄荷綠柱石（Mint Beryl）或萊姆綠柱石（Lime Beryl）等名稱在市面流通。

橢圓形 混合切工 巴西產 5.73ct No.7651

硬度 7

將刻印轉印到石膏上的寶石

「阿爾西諾伊三世」（Arsinoe III）印有托勒密王朝（Ptolemaic Dynasty）女王掛著披肩的半身像凹雕。西元前3世紀後期
國立西洋美術館 橋本收藏品
（OA.2012-0039）

「金戒指」 綠柱石從西元前就已經在希臘化地區及羅馬廣泛使用。
1世紀
國立西洋美術館 橋本收藏品
（OA.2012-0061）

透綠柱石　Goshenite

礦物名／Beryl（綠柱石）→參照 P.106

無色透明的綠柱石

　　無色透明的綠柱石被稱為透綠柱石（或戈申石）。透明度佳的透綠柱石在中世紀後期曾用來製作鏡片，也就是眼鏡的前身。有些透綠柱石看起來雖然無色，但若拍成照片，就會顯現出微弱的色調。透綠柱石的英文 Goshenite 取自發現地，即美國麻薩諸塞州漢普郡（Hampshire County）的戈申（Goshen）。

納米比亞 埃龍戈區（Erongo）產 No.8271

八角形 階梯形
巴西產 5.44ct No.7272

橢圓形 星形
No.3009

草莓紅綠柱石 Pezzottaite

礦物名 / Pezzottaite（銫柱石）
主要化學成分 / 矽酸銫鋰鈹鋁
化學式 / $CsLiBe_2Al_2Si_6O_{18}$
光澤 / 玻璃光澤
晶系 / 三方晶系
密度 / 2.9-3.1
折射率 / 1.60-1.62
解理 / 不完全（單向）
硬度 / 8
色散 / -

含有銫的稀有寶石

含有銫和鈹等元素的礦物過去被認為是一種紅色綠柱石，曾以紅樹莓綠柱石（Raspberyl）或樹莓綠柱石（Raspberry Beryl）的名稱在市面上流通，但後來發現它與綠柱石是不同種的礦物，故於2003年被認定為是新的礦物種。由於稀有性高，硬度夠，因此透明度高的草莓綠柱石都會切磨成寶石在市場上流通。這種礦物的顏色有樹莓紅、橘紅，甚至連粉紅色都有，而且約有一成會呈現貓眼效果（又稱貓眼效應）。

馬達加斯加產 No.8063

橢圓形 星形
馬達加斯加產
6.57ct No.3002

產地不詳 No.4049

矽鈹石 Phenakite

礦物名 / phenakite（矽鈹石）
主要化學成分 / 矽酸鈹
化學式 / $Be_2(SiO_4)$
光澤 / 玻璃光澤
晶系 / 三方晶系
密度 / 2.9-3.0
折射率 / 1.65-1.67
解理 / 明顯（三向）
硬度 / 7½-8
色散 / 0.015

宛如水晶的鈹礦物

因為外觀與白水晶及托帕石相似，難以憑肉眼區分，故其英文名Phenakite才會以希臘語中意指欺騙者的「phenakos」為名。不過它的密度和硬度都比石英高，因此可當作區分的指標。這種寶石原本無色，但大多數的礦石卻呈半透明的灰色或黃色，極少數呈淡淡玫瑰紅。這種寶石折射率比托帕石高，光澤接近鑽石，透明的結晶常被切磨成刻面寶石供收藏家收藏。矽鈹石通常形成於偉晶岩或雲母片岩中，常常伴隨著石英、金綠寶石、磷灰石和托帕石產出。結晶體通常呈菱面體，有時則是短柱狀。

巴西 米納斯吉拉斯州產 No.8048

枕墊形 星形
巴西 米納斯吉拉斯州產
5.02ct No.7049

巴西 米納斯吉拉斯州聖埃斯皮里圖州產
No.8146

藍柱石　　　Euclase

礦物名／euclase（藍柱石）
主要化學成分／氫氧化矽酸鈹鋁
化學式／Be(Al,Fe)SiO$_4$(OH)
光澤／玻璃光澤
晶系／單斜晶系
密度／3.0-3.1
折射率／1.65-1.68
解理／完全（單向）
硬度／7½
色散／0.016

讓工匠頭痛不已、容易碎裂的脆弱寶石

　　這是一種含有鈹的礦物。原本無色，但因含有微量的鐵或鉻，故顏色從淡綠、淡藍到深藍色都有。雖然硬度足夠，但解理性強，容易斷裂，所以其英文名 Euclase 才會以希臘語中意指良好與斷裂「Eu」和「Klasis」為名。易碎的特性使其難以切割加工。而藍色的透明晶體通常會切磨成刻面寶石，專供收藏家收藏。

巴西 米納斯吉拉斯州產 No.8153

硬度 7

八角形 階梯形 哥倫比亞 契沃爾 保納（Pauna）產 2.96ct No.7154

哥倫比亞產 No.8152

藍石英　　　Sapphirine

礦物名／Sapphirine（藍石英）
主要化學成分／鎂鋁矽酸鹽
化學式／Mg$_4$(Mg$_3$Al$_9$)O$_4$[Si$_3$Al$_9$O$_{36}$]
光澤／玻璃光澤
晶系／三斜晶系、單斜晶系
密度／3.4-3.6
折射率／1.70-1.72
解理／中等（單向）
硬度／7½
色散／0.019

高溫高壓下誕生的藍色礦石

　　這是一種鎂含量非常豐富的礦物。原本無色，但含有微量的鐵，經常呈現藍色或藍綠色。因與藍寶石（Sapphire）相似，故英文名為「Sapphirine」，但其也有淡紅色或紫色。這種礦物在19世紀於格陵蘭發現，目前主要產地為斯里蘭卡和馬達加斯加等地。形成於超高溫高壓環境之下，常見於富含鎂和鋁的變質岩（粒變岩，Granulite。或稱麻粒岩）中，亦可在慶伯利岩、偉晶岩，以及上部地函的岩石中找到。

馬達加斯加產 No.2084

梨形 星形
斯里蘭卡 恩比利皮提亞
（Embilipitiya）產
1.19ct No.3013

鋯石　　　Zircon

礦物名 / zircon（鋯石、風信子石）
主要化學成分 / 矽酸鋯
化學式 / Zr(SiO$_4$)
光澤 / 玻璃光澤～鑽石光澤
晶系 / 正方晶系
密度 / 4.6-4.7
折射率 / 1.92-2.02
解理 / 不明顯
硬度 / 7½
色散 / 0.039

阿富汗產 No.8090

透明清澈，璀璨如鑽

　　本質上是無色的礦物。但若含有微量元素，就會顯現黃、灰、綠、棕、藍、紅等多種顏色，但絕大多數都是不透明的棕色，因此不適合做成寶石。不過透明的結晶折射率高，色散佳，璀璨亮麗的光澤使其曾一度用來當作鑽石的替代品。雖然硬度遠遠不及鑽石，但與許多寶石相比卻毫不遜色。只是微量元素產生的輻射可能會導致晶體結構變形，使其容易斷裂。鮮豔的藍色透明鋯石通常是一般的褐色晶體經過加熱處理著色而來的。

　　鋯石的英文 Zircon 據說源自阿拉伯語中意指金與顏色的「zar」和「gun」，或者表示朱紅色的「jargon」。歐洲人有時將其稱為「風信子石」（Hyacinth），因此有些紫色或粉色的透明晶體會切磨成寶石，讓人聯想到風信子花。記錄指出，從 5 世紀左右開始，人們就將其當作護身符或避邪物品佩戴在身上。

　　鋯石廣泛分布於富含二氧化矽的火成岩中，通常會以花崗岩、偉晶岩以及變質岩的伴生礦物來生成。雖然大多數的鋯石結晶都很細小，不過有時也會形成柱狀或雙錐狀的大顆結晶。

枕墊形 階梯形 斯里蘭卡 比比勒（Bibile）產
13.37ct No.3032

　　鋯石耐風化，密度高，容易在聚集沉積物中形成砂礫礦床。從地質學的角度來看，含有微量元素的鋯石可以進行放射性年代測定，是相當重要的礦物。不僅如此，這還是地球已知最古老的礦物，年份長達 44 億年。

色彩繽紛的
鋯石

圓形 明亮形
No.3029

Column

鋯石與立方氧化鋯

有一種常被誤認為鋯石的石頭叫做「立方氧化鋯」（Cubic Zirconia）。雖然兩者都含有鋯，但立方氧化鋯是一種不含矽的人造結晶，化學成分是氧化鋯（ZrO_2）。立方氧化鋯的光學特性（折射率為 2.16，光的色散為 0.06）相當接近鑽石（折射率為 2.42，光的色散為 0.04），因此能呈現與鑽石一樣的閃耀效果，而且價格比鑽石低廉，廣受大家歡迎。

硬度 7

鑽石 　　　　　鋯石 　　　　　立方氧化鋯

橢圓形 混合切工
緬甸產 6.67ct
No.7327

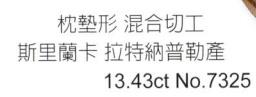

枕墊形 混合切工
斯里蘭卡 拉特納普勒產
13.43ct No.7325

橢圓形 混合切工
斯里蘭卡 拉特納普勒產
7.53ct No.7326

橢圓形 凸圓面
斯里蘭卡 拉特納普勒產 12.72ct
No.3031

123

有紅色系列和綠色系列的

石榴石　Garnet

礦物名／garnet（石榴石）
主要化學成分／矽酸鈣鋁、矽酸鐵鋁、矽酸鈣鐵等
化學式／$A_3B_2(SiO_4)_3$　A：Ca,Fe,Mg,Mn 等
B：Al,Fe,Cr,V 等
光澤／玻璃光澤
晶系／等軸晶系　　解理／無
密度／3.6-4.3　　硬度／6½-7½
折射率／1.72-1.94　色散／0.020～0.057

共通的結晶結構，多樣的組成礦物

　　自古以來，深紅色的石榴石一直是受到人們重視的寶石，地位僅次於紅寶石，而今日幾乎所有顏色的石榴石皆已爲人所知。石榴石並非單一種類的礦物，而是由30多種不同化學結構所組成的礦物統稱，而且這些礦物都有共通的晶體結構。其中主要當作寶石來使用的有五種，分別是鎂鋁榴石（Pyrope）、鐵鋁榴石（Almandine）、錳鋁榴石（Spessartine）、鈣鋁榴石（Grossular）和鈣鐵榴石（Andradite）。石榴石的化學結構變化多端，只要成分和比例不同，顏色就會有所改變，像鮮綠色的石榴石就混有鈣鉻榴石（Uvarovite）的成分。石榴石的結晶多爲顆粒狀的菱形十二面體或偏菱二十四面體。因其形狀和紅色似石榴，故其英文名「Garnet」以意指石榴果的拉丁語「granatus」爲字源。

　　石榴石分布廣泛，在變質岩中格外豐富，有時也包含在火成岩中。鐵鋁榴石和錳鋁榴石是典型變質作用形成的石榴石，而橙色的錳鋁榴石晶體則形成於偉晶岩中。鎂鋁榴石會在高壓下結晶，而鈣鋁榴石與鈣鐵榴石則生成於矽卡岩（skarn）中。

　　石榴石早在青銅時代就以掐絲（cloisonné，琺瑯技法之一）工藝鑲嵌，而古希臘則是從西元前2世紀開始採用凹雕和凸圓面這兩種方式來切磨石榴石。

11
「塞拉比斯與伊希斯」（Serapis and Isis） 橢圓形的包鑲部分深深刻出塞拉比斯與伊希斯的側臉。西元前1世紀
國立西洋美術館 橋本收藏品（OA.2012-0019）

15
「金戒指」 鑲嵌著兩顆不同色澤的橢圓形凸圓面石榴石。
1-2世紀
國立西洋美術館
橋本收藏品
（OA.2012-0062）

134
「波希米亞石榴石戒指」 做成戒指的波希米亞石榴石，由捷克改造而成。包鑲是19世紀後期處理，戒環是現代的
國立西洋美術館 橋本收藏品（OA. 2012-0328）

〔石榴石家族的兩大系統〕

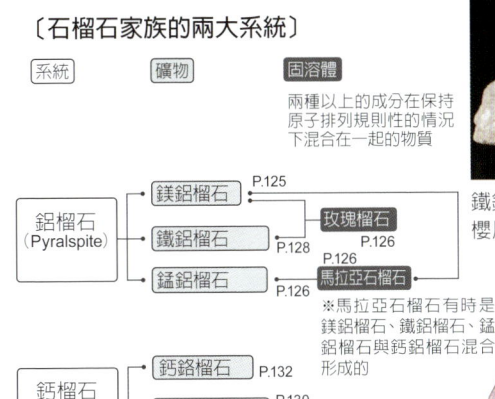

系統	礦物	固溶體
		兩種以上的成分在保持原子排列規則性的情況下混合在一起的物質

鋁榴石 (Pyralspite)
- 鎂鋁榴石 P.125
- 鐵鋁榴石 P.128
- 錳鋁榴石 P.126
- 玫瑰榴石 P.126
- 馬拉亞石榴石 P.126

※馬拉亞石榴石有時是鎂鋁榴石、鐵鋁榴石、錳鋁榴石與鈣鋁榴石混合形成的

鈣榴石 (Ugrandite)
- 鈣鉻榴石 P.132
- 鈣鋁榴石 P.130
- 鈣鐵榴石 P.129
- 馬里石榴石

鐵鋁榴石 茨城縣櫻川市產 No.2050

透輝石上的鈣鋁榴石 加拿大魁北克省石棉鎮（Asbestos。現改名為泉源谷〔Val-des-Sources〕）產 No.8645

鈣鋁榴石 墨西哥產 No.2042

沙弗萊石 坦尚尼亞產 No.8314

硬度 **7**

鎂鋁榴石　Pyrope garnet

礦物名／pyrope（鎂鋁榴石）
主要化學成分／矽酸鎂鋁
化學式／$Mg_3Al_2(SiO_4)_3$
光澤／玻璃光澤
晶系／等軸晶系
密度／3.6–3.9
折射率／1.72–1.76
解理／無
硬度／7–7½
色散／0.022

典型的紅色石榴石

　　鎂鋁榴石的英文 Pyrope 源自希臘語「pyropos」，意指「如火之物」，因此深紅色的鎂鋁榴石有時會被誤認為紅寶石。鎂鋁榴石是一種以鎂和鋁為主要成分的石榴石。成分純粹的鎂鋁榴石通常是無色的，不過天然產出的鎂鋁榴石往往會與其他種類的石榴石形成中間成分，而當中的鐵和鉻就是豔紅色彩的致色因素。從 16 世紀到 19 世紀後期，波希米亞（Bohemia，現為捷克共和國）的礦床是世界主要的石榴石供應源，也是波希米亞寶石產業繁榮的基礎。鎂鋁榴石形成於地球深處的變質岩及火成岩之中。礦床方面，主要是從這些岩石風化後的沙子中開採的砂礫礦床。

美國 亞利桑那州產 No.8123

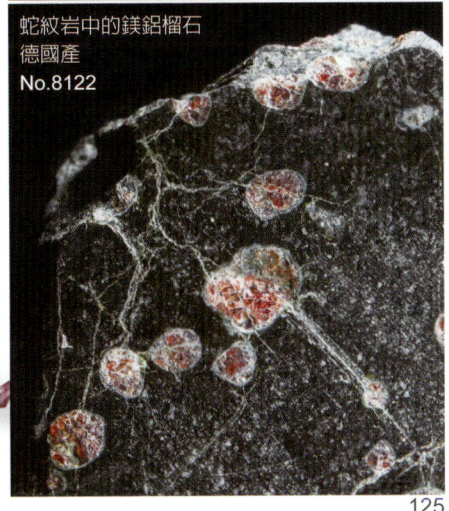

蛇紋岩中的鎂鋁榴石 德國產 No.8122

捷克產

馬拉雅石榴石
Malaya garnet

時而展現變色效果的寶石

　　這是一種發現於 20 世紀後半，相對較新的礦物種，成分介於鎂鋁榴石和錳鋁榴石之間。因含有鐵和錳，所以顯現富有紅色調的金黃色或朱紅色。有些還會展現出變色效果，在不同光源之下呈現不同色調。這種石榴石是在東非進行玫瑰榴石勘探時意外發現的。當時人們並未認定其所擁有的價值，因而帶著輕蔑口氣，以斯瓦希里語中意指被放逐者或妓女的「Malaya」取名。不過這個至今名字依舊不變，而且在美國深受喜愛。

坦尚尼亞產 No.2077

三角形 階梯形
坦尚尼亞產
3.81ct No.7657

美國 北卡羅來納州產
No.2076

玫瑰榴石　Rhodolite garnet

19 世紀登場的玫瑰色石榴石

　　成分介於鎂鋁榴石和鐵鋁榴石之間的石榴石，色調有玫瑰色及偏紫的紅色，故名玫瑰榴石。1882 年於美國北卡羅來納州發現。獨特的紫紅色相當迷人，在日光下觀賞時格外美麗。

圓形 星形
美國 亞利桑那州產 1.87ct No.7124

質量量表
玫瑰榴石（無處理）

美麗等級 濃淡度	S	A	B	C	D
7					
6					
5					
4					
3					
2					
1					

質量量表的品質三區域

〈價值比較表〉

ct size	GQ	JQ	AQ
10	70	25	10
3	7	3	1
1	1	0.7	0.3
0.5			

硬度 **7**

〈品質辨識方法〉

與鎂鋁榴石和鐵鋁榴石樸素的紅色相比，玫瑰榴石所呈現的瑰麗色彩往往讓人聯想到玫瑰。只要鎂鋁榴石和鐵鋁榴石的色調不過於濃黑或偏棕，通常都可視為佳品。但因產量相對較多，所以品質差異對於價值的影響通常較小。

深濃度為4、5、6，美麗程度為S、A的玫瑰榴石通常會判定為GQ等級。一克拉大小的GQ與AQ這兩個等級的價格差異只有3倍。其原因可能是低品質的礦石通常不會加以切割。

另一方面，顆粒碩大的優質玫瑰榴石因數量較稀少，故GQ等級的10ct與1ct價格就會相差70倍。而顆粒碩大且帶有美麗紫色色調的玫瑰榴石更是稀少。

玫瑰榴石的紅與紅寶石的紅截然不同。紫色調的紅色在紅寶石中並不受歡迎，但在玫瑰榴石中卻是最重要的美麗特色。透明度方面，要求是針狀內含物少而且材質非絲綢光澤的，但是玫瑰榴石的紅若是太深，就會失去吸引人的魅力。

石榴石因為有高品質的原石供應，通常不需要進行優化處理，而且市場上經過處理的石榴石也不常見。

相似的寶石

No.7531 → P.70 紅寶石
No.7769 → P.103 紫色尖晶石
No.7584c → P.104 紅色尖晶石
No.7327 → P.123 紅鋯石
No.7474 → P.136 紅寶碧璽
No.7206 → P.221 紅紋石

人造合成石	仿冒品
市場上沒有	No.7770 玻璃

127

鐵鋁榴石
Almandine garnet

礦物名／almandine（鐵鋁榴石）
主要化學成分／矽酸鐵鋁
化學式／$Fe_3Al_2(SiO_4)_3$
光澤／玻璃光澤
晶系／等軸晶系
密度／4.0-4.3
折射率／1.77-1.82
解理／無
硬度／7-7½
色散／0.027

茨城縣 櫻川市產 No.2043

另一種紅色系列的石榴石

　　以鐵和鋁為主要成分，色調從朱紅到紫紅皆有的石榴石。紫紅色調豐潤的鐵鋁榴石評價最高。作為礦物時會有許多不透明的黑色，但如果是寶石等級的話，成分通常會介於鎂鋁榴石與錳鋁榴石之間。

　　部分鐵鋁榴石的結晶內部有纖維狀的內含物，只要根據凸圓面的切割方向觀看，就能欣賞到四條線或六條線的星光效應。

星光鐵鋁榴石
圓形 凸圓面 印度產
143.65ct No.7181

錳鋁榴石 Mandarin garnet

礦物名／spessartine（芬達石）
主要化學成分／矽酸錳鋁
化學式／$Mn_3Al_2(SiO_4)_3$
光澤／玻璃光澤
晶系／等軸晶系
密度／4.1-4.2
折射率／1.79-1.82
解理／無
硬度／7-7½
色散／0.027

過去相當稀少的橘色石榴石

　　以錳為主要成分的橘色石榴石。礦物種相當於錳鋁榴石，但只要鐵的含量增加，顯現的金黃色就會偏紅。顏色較淡的鎂鋁榴石經過切割之後往往難以與鐵鈣鋁榴石（Hessonite）區分。現在礦源豐富，不再像以往那樣稀少了。

奈及利亞產 No.8368

心形 星形
奈及利亞產 5.26ct No.7369

鈣鐵榴石 Andradite garnet

礦物名／andradite（鈣鐵榴石）
主要化學成分／矽酸鈣鐵
化學式／$Ca_3Fe_2(SiO_4)_3$
光澤／玻璃光澤
晶系／等軸晶系
密度／3.7-4.1
折射率／1.88-1.94
解理／無
硬度／6½-7
色散／0.057

硬度 7

超越鑽石的光芒和火彩

以鈣和鐵為主要成分的石榴石。顏色從黑色、暗綠色、暗褐色等深色調到鮮豔的黃色或綠色皆有，不少還有與鈣鋁榴石之間的中間成分。色散超過鑽石，因此擁有最佳的光澤和火彩，綠色結晶尤其出眾。澄黃到金黃的色調如同托帕石的鈣鐵榴石稱為黃榴石（Topazolite），又稱為黃色翠榴石（Yellow demantoid），可以欣賞宛如翠榴石的火彩。

義大利產 No.8438

正方形
階梯形／星形

八角形
階梯形／星形

翠榴石 Demantoid garnet

以鑽石為名的寶石

因為含鉻而呈現綠色到黃綠色、擁有最卓越的光澤及火彩的鈣鐵榴石。其英文名 Demantoid 意指「宛如鑽石」，充分反映了這種寶石所擁有的耀眼光彩。

阿富汗產 No.4027

135
「線戒」鑲有五顆翠榴石的金戒指。
19世紀後期
國立西洋美術館
橋本收藏品
（OA.2012-0330）

191
「翠榴石戒」細看的話可以觀賞到翠榴石特有的內含物。裡頭有溫石棉（Chrysotile）。
國立西洋美術館
橋本收藏品
（OA.2012-0579）

橢圓形 混合切工
俄羅斯 博布羅夫卡河
（Bobrovka River）產
1.20ct No.7251

圓形 混合切工 俄羅斯
博布羅夫卡河產
0.61ct No.7250

129

鈣鋁榴石 Grossular garnet

礦物名 / grossular（鈣鋁榴石）
主要化學成分 / 矽酸鈣鋁
化學式 / $Ca_3Al_2(SiO_4)_3$
光澤 / 玻璃光澤
晶系 / 等軸晶系
密度 / 3.6-3.7
折射率 / 1.73-1.76
解理 / 無
硬度 / 7-7½
色散 / 0.020

墨西哥產 No.2040

擁有繽紛色彩及多種名稱

以鈣和鋁為主要成分的石榴石。本質上是無色的，但若含有鐵、錳、鉻等元素就會呈現橘色、粉紅色及褐色等多種色彩。因錳或鐵而顯現橘色到橘紅色的鈣鋁榴石稱為鐵鈣鋁榴石（Hessonite，或稱桂榴石），有時又稱為「肉桂石」。細粒的綠色鈣鋁榴石塊體裡頭含有小黑點狀的內含物，看似翡翠，例如在南非比勒陀利亞（Pretoria）附近發現的綠色鈣鋁榴石就以特蘭斯瓦玉（Transvaal Jade）之名在市場上流通。緬甸產出的白色鈣鋁榴石經過雕刻後，會當作翡翠在市面上銷售。

枕墊形 階梯形

沙弗萊 Tsavorite garnet

媲美祖母綠的翠綠色澤

在鈣鋁榴石中，鮮豔的綠色到黃綠色的石榴石稱為沙弗萊。其可與祖母綠媲美的美麗綠色是釩所引起的。這種寶石在1970年代於肯亞查佛國家公園（Tsavo National Park）附近發現並開採，故命名為Tsavorite。

橢圓形 星形
坦尚尼亞產 1.61ct
No.7328

梨形
星形 / 階梯形
1.86ct

加拿大 石棉鎮（現為泉源谷）產 No.8315

質量量表
沙弗萊（無處理）

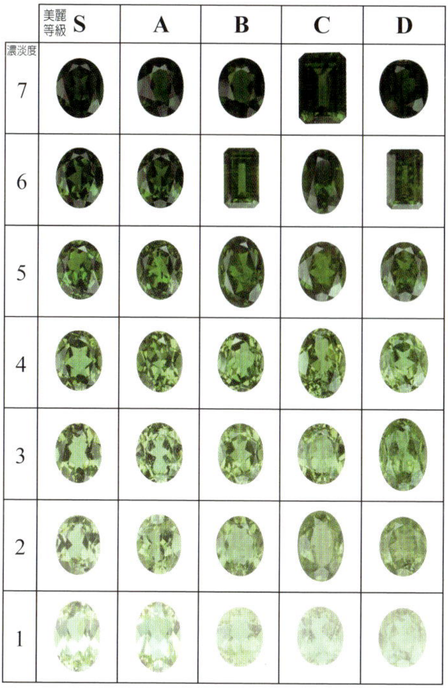

美麗等級\濃淡度	S	A	B	C	D
7					
6					
5					
4					
3					
2					
1					

質量量表的品質三區域

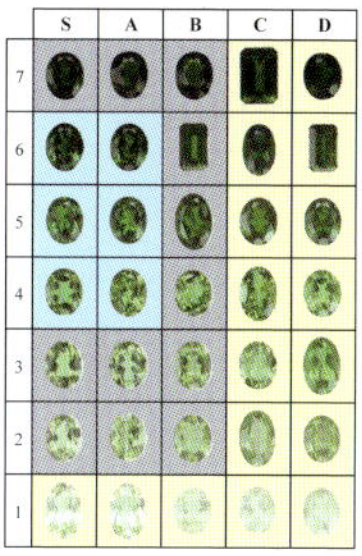

〈價值比較表〉

ct size	GQ	JQ	AQ
10			
3	120	80	30
1	30	15	5
0.5	8	5	3

硬度 7

〈品質辨識方法〉

　　濃淡度為4、5、6的S與A是GQ等級。超過5ct的碩大顆粒較為稀少，不過1ct以下的高品質寶石相對較多。品質優良的原石通常會直接切磨，因此市面上不曾出現過優化處理的沙弗萊。

　　濃淡度為6的綠色與偏淡的4給人印象完全不同。故在選擇時需要考慮到首飾的整體設計。

　　幸運的話說不定會遇到顆粒碩大，濃淡度為6，顏色深邃而且馬賽克圖案十分亮眼的美麗沙弗萊。

　　這張質量量表是在1980年代製作的，記得當時是從眾多品質的寶石中，挑選出條件符合要求的美及深淺的沙弗萊。因為選擇多，所以這35格皆均衡地排滿了這款寶石。從濃淡度7的沙弗萊當中，可以看出C和D的透明度較低，缺乏美感。黃色的AQ等級可以用來觀察其他寶石。

　　即使是2公釐左右的小顆粒，沙弗萊也能呈現出深邃的顏色，將美整個散發出來。相形之下，顆粒較小的碧璽和紫水晶就無法展現其原有的美麗。雖然顆粒小的祖母綠也能呈現濃郁美麗的色彩，但是沙弗萊的綠色卻能展現出有別於祖母綠的色彩。在小顆粒的GQ等級當中，只要付出祖母綠數分之一的價格就能擁有沙弗萊。排列觀察時，就會發現這兩種寶石的綠截然不同。

　　沙弗萊不會進行加熱處理，不過有的翠榴石會特地加熱處理。

相似的寶石

No.7326 → P.123　綠色鋯石
No.7250 → P.129　翠榴石
No.7771 → P.134　綠碧璽
No.7039 → P.141　貴橄欖石

人造合成石
市場上沒有

仿冒品
No.7772　玻璃

彩虹石榴石
Rainbow garnet

鮮少切割成寶石的礦石

　　這是一種含有極少量鈣鋁榴石成分的變種鈣鐵榴石。成分的差異讓這兩種折射率不同的石榴石結晶，以與光波長相當的薄膜寬度重疊交替，進而形成光的干涉，呈現出彩虹色。不過這種寶石產量非常稀少。基色以褐色為主，加上彩虹色層較薄，因此鮮少切割成寶石。

奈良縣 天川村產 No.8447

鈣鉻榴石
Uvarovite

礦物名／uvarovite（鈣鉻榴石）
主要化學成分／矽酸鈣鉻
化學式／$Ca_3Cr_2(SiO_4)_3$
光澤／玻璃光澤
晶系／等軸晶系
密度／3.8
折射率／1.87
解理／無
硬度／6½-7½
色散／0.014-0.021

美國 加州產 No.2051

結晶顆粒小，不易切磨成寶石

　　以鈣和鉻為主要成分，色澤如祖母綠深濃的綠色石榴石。幾乎不會產出高透明度的碩大結晶，因此鮮少製成寶石。通常以 1～2mm 左右的結晶產出。沙弗萊和翠榴石亦含有這種成分。

北海道 平取町產 No.8446

碧璽　　Tourmaline

礦物名／elbaite（鋰電氣石）
主要化學成分／硼酸矽酸鈉鋁
化學式／Na(Al,Li,Mg,Fe,Mn)$_3$Al$_6$(BO$_3$)$_3$Si$_6$O$_{18}$(OH,F)$_4$
光澤／玻璃光澤
晶系／三方晶系
密度／2.9-3.1
折射率／1.61-1.67
解理／不明顯
硬度／7
色散／0.017

能產生靜電的寶石，「電氣石」

　　碧璽是擁有共同晶體結構的硼酸矽酸鈉鋁礦物家族成員之一，主要由鋁和鈉（或鈣）組成，另外還加入了各種化學元素。這種礦物可以分為以鋰為主的鋰電氣石（Elbaite）、以鎂為主的鎂電氣石（Dravite，或稱褐碧璽），以及以鐵為主的鐵電氣石（Schorl，或稱黑碧璽）等。然而在寶石領域中，於現代礦物學發展之前，碧璽主要是根據顏色特徵來分類命名，因此寶石名和礦物名未必會一致。

　　鋰電氣石常因微量成分而顯現出鮮豔的色彩。相形之下，鐵電氣石通常為黑色且不透明，而大多數的鎂電氣石甚至還帶有褐色，因此能夠切磨成寶石大多都是鋰電氣石。以鈣來替代鈉的鈣鋰碧璽（Liddicoatite）也可以切磨成寶石。

　　雖然致色因素與微量成分的關係並不單純，但大致上來講，粉紅色通常來自錳，綠色則來自於鐵、鉻或釩。有時也可以經由加熱或輻射處理等方式來改善顏色，但無法保證能持久。

　　碧璽具有多色性，這是決定切割工序的重要因素。偶爾會出現變色現象，在日光下會呈現偏黃褐的綠，在白熾燈下則會呈現帶橘的紅。

阿富汗產 No.8448

鈣鎂電氣石（Uvite）（花狀集合體）　緬甸產
No.8460

　　碧璽會以柱狀結晶的形式產於偉晶岩中，或者是出現在受到花崗岩岩漿接觸變質作用的結晶石灰岩中。因其具有優良的耐久性及抗風化能力，常作為砂礫堆積，形成砂積礦床。其名源自僧伽羅語中意指寶石砂礫的「tōramalli」。日文名稱「電氣石」則取自於其所擁有的壓電性及熱電性。這些特性會讓這種礦石產生靜電，並在柱狀結晶的端部吸附灰塵。

硬度 7

巴西 米納斯吉拉斯州產 No.8451

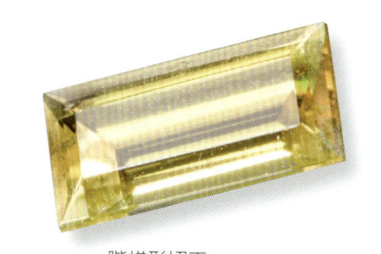

階梯形切工
馬拉威產　1.58ct No.7284

綠碧璽
Green tourmaline

具有多色性的綠色碧璽

在電氣石（鋰電氣石）中，綠色的稱為綠碧璽。當中擁有美麗祖母綠色彩的寶石非常稀少，因此評價甚高，直到18世紀還常與祖母綠混淆，所以綠碧璽在16世紀初從巴西出口到歐洲時才會被稱為「巴西祖母綠」（Brazilian Emerald）。近來英語圈的國家會將其稱為「Verdelite」，意思是綠色電氣石。綠碧璽具有多色性，只要觀察角度不同，顏色就會在翠綠色到藍色之間變化，深受人們喜愛。

阿富汗產 No.2075

八角形 階梯形
坦尚尼亞產 2.89ct
No.7471

碧璽貓眼
Tourmaline cats-eye

擁有貓眼效應的碧璽

有些碧璽切磨成凸圓面之後會出現貓眼效果（貓眼效應）。其成因與其他貓眼石一樣，是因為結晶內部的細長纖維狀內含物平行排列造成的。不過碧璽本身色調範圍相當廣泛，因此碧璽貓眼的色彩也相當豐富，然而適合切磨成寶石的多為綠色到藍色的碧璽。因有內含物，故通常呈半透明到不透明狀態。

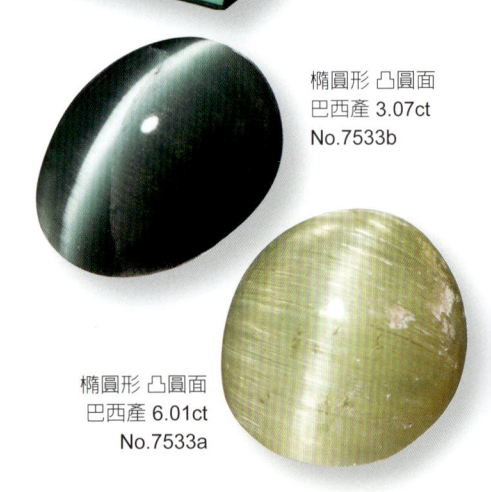

橢圓形 凸圓面
巴西產 3.07ct
No.7533b

橢圓形 凸圓面
巴西產 6.01ct
No.7533a

Column

看起來像青蔥的碧璽

這張照片中的碧璽原石因為顏色差異，白色和綠色的組合使其看起來像蔬菜中的青蔥。碧璽是一種容易形成縱向條紋或線條的礦物，而這些線條的反射效果，反而創造出一種清新水潤的感覺。

巴西 米納斯吉拉斯州產 神奈川縣立生命之星
地球博物館 收藏

質量量表
綠碧璽（加熱）

美麗等級 濃淡度	S	A	B	C	D
7					
6					
5					
4					
3					
2					
1					

質量量表的品質三區域

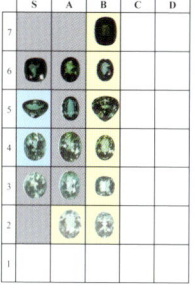

	S	A	B	C	D
7					
6					
5					
4					
3					
2					
1					

〈價值比較表〉

ct size	GQ	JQ	AQ
10	100	40	8
3	20	7	2
1	5	2	0.3
0.5			

硬度 **7**

〈品質辨識方法〉

　　濃淡度 5 和 4 的 S 為 GQ 等級。很多綠碧璽顏色都深到接近黑色，因此透明度高而且能呈現出美麗綠色的品質非常重要。從長邊及直角方向觀賞時，若因顏色過深而看不出綠色，就會被歸類為 JQ 或 AQ 等級。

　　在礦物學發展的 200 年前，美麗的綠碧璽常被誤認為是祖母綠。雖然現在並排觀察時通常都區分得出來，但那個時代的綠碧璽都簡單地被歸類為綠色寶石，所以人們才會以為是祖母綠。

　　碧璽常含有小裂紋，切割時會盡量避開。有時小裂紋在加熱或加工的過程中會變大，導致整個礦石無法當作寶石來使用。因此只要肉眼可見的小裂紋不會影響到整體美感，雖不完美，卻可接受。但如果裂紋明顯可見，不管顯現的綠色有多美麗，也會被歸類為 JQ 或 AQ 等級。

　　碧璽通常含有相當細微的裂紋。研磨時只要完全避開這些裂紋，就可以利用加熱處理來改善顏色。含有裂紋內含物的碧璽只要經過切磨，就可以判斷是否經過優化處理。

相似的寶石

No.7653 ➡ P.106	No.7651 ➡ P.119
綠柱石（祖母綠）	綠色綠柱石
No.7762 ➡ P.141	No.7763 ➡ P.171
貴橄欖石	綠色紅柱石
No.7264 ➡ P.181	➡ P.219
莫爾道玻隕石	螢石

人造合成石
市場上沒有

仿冒品
No.7764

玻璃（酒瓶類）

紅寶碧璽
粉紅碧璽
Rubellite
Pink tourmaline

粉紅碧璽 巴西 米納斯吉拉斯州
No.8449

因為錳而呈現的粉紅色

　　成分微量的錳是致色因素。在西元一世紀古羅馬普林尼（Pliny）的時代，「Carbuncle」一詞所指的應該是包含紅寶石、尖晶石、石榴石及紅寶碧璽在內的紅色礦石。紅寶碧璽與粉紅碧璽在中國備受喜愛，通常會雕刻成器物來裝飾使用。

紅寶碧璽有時會經過輻射處理。

紅寶碧璽（紫碧璽）
枕墊形 階梯形
阿富汗產 2.37ct No.7475

紅寶碧璽
八角形 階梯形
巴西產 2.66ct No.7474

雙色碧璽
Bi-color tourmaline

粉紅搭配綠色的漸層色彩

　　在結晶的生長過程中只要條件出現變化，同一結晶內的微量成分化學結構也會跟著改變，所以邊界才會出現不同色調的分區現象（Zoning）。在這種情況之下，通常會出現一端為綠色，另一端為粉紅色的雙色柱狀結晶。另外，粉紅色內部組織外圍被綠色結晶包圍的碧璽則是稱為「西瓜碧璽」（Watermelon Tourmaline）。

美國 加州產 No.2072

西瓜碧璽
巴西產 No.8535

鈣鋰碧璽（板狀）
馬達加斯加產
No.8537

八角形 階梯形
巴西產 9.58ct
No.7534d

八角形 階梯形
巴西產 6.42ct
No.7534b

質量量表
雙色碧璽（無處理）

濃淡度\美麗等級	S	A	B	C	D
7					
6					
5					
4					
3					
2					
1					

質量量表的品質三區域

	S	A	B	C	D
7					
6					
5					
4					
3					
2					
1					

〈價值比較表〉

ct size	GQ	JQ	AQ
10	100	30	10
3	20	10	3
1	7	3	1
0.5			

硬度 7

〈品質辨識方法〉

透明且顏色分明的雙色（通常是紅色和綠色）碧璽屬於 GQ 等級。只要每種顏色的濃淡度在 5 或 4，也就是不會太淡也不會太濃的話，通常會被視為是高品質的碧璽。這種礦石的結晶通常呈長形，切割後的寶石也以長形居多，但最後會被歸類為 GQ 還是 JQ 等級，端視該碧璽是否適合製作成首飾。長寬比例雖然沒有嚴格的標準，但為了贏得更多人芳心，在其他條件皆相同情況之下，接近 1：1.3 比例的大小價值通常會比較高。

在結晶過程中，縱向形成異色結晶的是雙色碧璽，而像木紋一樣有不同顏色結晶的是西瓜碧璽。西瓜碧璽的品質是根據每種顏色的鮮豔度、分隔方式和整體平衡來判斷。西瓜碧璽通常不會刻面，而是切片後研磨，使其表面平整。

相似的寶石

No.7801 雙色石榴石

No.7036 紫黃晶 ➡ P.146

人造合成石

無

仿冒品

玻璃杯

137

帕拉伊巴碧璽
Paraiba tourmaline

展現鮮豔藍色至綠色的碧璽

　　帕拉伊巴碧璽當作寶石開始流通是相對較近期的事。它擁有傳統碧璽（電氣石）所沒有的藍與綠，而且色彩十分鮮豔，稱為「霓虹藍」，是罕見的美麗特徵。這種獨特的顏色應該來自微量的銅和錳。

　　1987 年，帕拉伊巴碧璽首次在巴西東北端帕拉伊巴州（Paraíba）的偉晶岩中發現，故名。1989 年這一年間曾經盛產，但之後幾乎不再產出，超過 1ct 的大小更是難得一見。

　　不過隨後在巴西的北里約格朗德州（Rio Grande do Norte）、非洲的莫三比克和奈及利亞亦發現這種寶石，並且變得更容易到手，因而漸漸普及開來。最初的發現地帕拉伊巴礦山據說已挖到 60 公尺深，是一個縱橫交錯數公里、宛如迷宮的隧道。小心翼翼用手工挖掘尋找礦床的方法，據說是帕拉伊巴碧璽的開採方式。

巴西 帕拉伊巴州產 No.4024

巴西 帕拉伊巴州產 No.4023

梨形 星形
No.7744

橢圓形 星形

梨形 星形

質量量表
帕拉伊巴碧璽（加熱）

美麗等級 / 濃淡度	S	A	B	C	D
7					
6					
5					
4					
3					
2					
1					

質量量表的品質三區域

〈價值比較表〉

ct size	GQ	JQ	AQ
10	1,200	150	12
3	150	40	4
1	30	8	2
0.5			

硬度 **7**

〈品質辨識方法〉

帕拉伊巴碧璽的色相範圍從藍到綠都有，相當廣泛。當中最佳的色相是霓虹藍。當然，飽和度高及光澤亮麗也是高品質的條件。GQ 等級的霓虹藍價值更是其他色相的三倍。

帕拉伊巴碧璽的濃淡度大多維持在 4 左右。透明度和飽和度的高低是判定品質的關鍵點。

含銅的帕拉伊巴型碧璽後來在巴西的北里約格朗德州、非洲的莫三比克以及奈及利亞亦有出產，但據我（諏訪）所知，帕拉伊巴州以外地區還尚未曾出現過 GQ 等級的帕拉伊巴型碧璽。

許多帕拉伊巴碧璽都會經過低溫加熱以改善顏色。有的是用樹脂含浸的方式來處理。是目前價格波動較大的寶石之一。

相似的寶石

No.7652　➡ P.119　綠色綠柱石

No.7154　➡ P.121　藍柱石

No.7095　➡ P.212　藍晶石

No.7766　➡ P.214　磷灰石

人造合成石
市場上沒有

仿冒品
No.7767　玻璃

139

金絲雀黃碧璽
Canary tourmaline

色調如金絲雀的碧璽

　　擁有鮮黃色彩的電氣石（鋰電氣石）。1983年在尚比亞共和國發現，因顏色類似金絲雀，故名。這種礦石產出於偉晶岩中，色調原本偏橘，但加熱處理後會變成金絲雀黃。致色因素應該是微量的錳。這種礦石顆粒碩大不多，超過1ct的更是極為罕見。

尚比亞產

八角形 階梯形 馬拉威產 1.58ct No.7284

加熱前後的電氣石（金絲雀黃碧璽）
加熱前　　加熱後

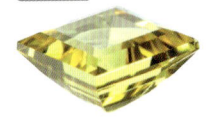

馬拉威產
（前 / 梨形 星形 1.93ct 後 / 方形 階梯形 1.20ct）
No.7646

靛藍碧璽　　Indicolite

藍色色調的碧璽

　　擁有深藍色至藍色色調的電氣石（鋰電氣石）。沉穩深邃的藍色與帕拉伊巴碧璽的鮮豔色彩形成對比，致色因素應該是微量的鐵所引起。產於巴西米納斯吉拉斯州的偉晶岩中，罕見顆粒碩大的礦石。

　　碧璽雖然有多種顏色可以欣賞，但也有無色的，稱為無色碧璽（Achroite）。

巴西產 No.8452

梨形 階梯形

貴橄欖石　　Peridot

- 礦物名 / forsterite (鎂橄欖石)
- 主要化學成分 / 矽酸鎂
- 化學式 / $(Mg,Fe)_2SiO_4$
- 光澤 / 玻璃光澤～油脂光澤
- 晶系 / 斜方晶系
- 密度 / 3.3
- 折射率 / 1.64-1.77
- 解理 / 明顯～不明顯
- 硬度 / 7
- 色散 / 0.020

硬度 7

占據上部地函的太陽象徵

　　以獨特橄欖綠而聞名的寶石。貴橄欖石的礦石名「Olivine」起源除了拉丁語中意指橄欖的「olivum」，另一說是源自阿拉伯語中意為寶石的「faridat」。是屬於橄欖石（Olivine）家族的鎂矽酸鹽礦物。本質上無色，但隨著替代鎂的鐵增加，顏色會變得更綠。如果鐵含量過高，色調就會偏黑。一般推測，地殼以下的上部地函大部分都是由橄欖石所組成。

　　貴橄欖石的知名產地包括位於埃及亞斯旺（Aswan）以東 300 公里處，亦即紅海上的扎巴賈德島（Zabargad Island，又稱聖約翰島〔St. John's Island〕）。早在 3500 年以前到 19 世紀前半，此處一直是貴橄欖石的重要產地。希臘人和羅馬人稱這座島為托帕索斯（Topazos），並將這裡產出（與現在托帕石完全不同）的礦石稱為「托帕石」。另一方面，綠色寶石曾經有段時期稱為「祖母綠」。古羅馬人將能捕捉到黃昏光芒、色調明亮的貴橄欖石稱為「黃昏的祖母綠」。或許是這個原因，貴橄欖石長久以來一直與祖母綠混淆，所以現在人們才會認為埃及豔后當時收藏的祖母綠應該是今日的貴橄欖石。德國科隆（Cologne）的「東方三博士」（Biblical Magi）那豪華聖物箱頂上裝飾的 200ct 貴橄欖石在這好幾世紀以來一直被誤認為是祖母綠。而埃及早在西元前 16 至 14 世紀就已經開始將貴橄欖石打磨成串珠。這項工藝不僅為古希臘和羅馬時期所承襲，中世紀還經由十字軍帶到了歐洲。

中國吉林省白石產 No.8038

橢圓形 階梯形
緬甸產 3.40ct No.7039

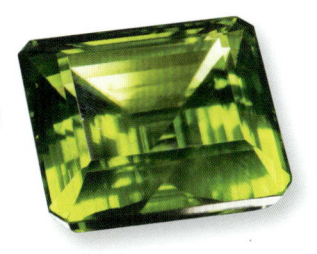

八角形 階梯形 89.88ct
No.1110

49

190

「金戒指」橢圓形 凸圓面的貴橄欖石戒指 色澤濃郁適中，工藝精緻細膩。14 世紀　國立西洋美術館 橋本收藏品
（OA.2012-0769）

「FRED 交叉戒」上鑲嵌了兩顆葡萄狀的貴橄欖石
現代
國立西洋美術館 橋本收藏品
（OA.2012-0515）

均勻和雙重折射

　　緬甸產的大顆貴橄欖石有時會如右圖切割成不規則的形狀，這有可能是為了減少原石的損耗。若是覺得左右對稱的切磨寶石才是佳品，那麼不規則的切割就會被視為品質較差的寶石。然而寶石是地球的產物，只要像這顆貴橄欖石一樣擁有美麗的綠色色彩而且整體均勻，在品質上或許就可以被歸類為 GQ 等級。

由於貴橄欖石的雙折射率高，從桌面觀賞時可以看到對面有兩條稜線。寶石越厚，這種現象就越明顯，甚至肉眼就能觀察到。

只要從多個角度觀察，可以看出這顆寶石被切割成不規則的形狀。但在鑲嵌成首飾時為了確保美觀，桌面通常會精心打磨，塑整外型。

「喬治・福凱（Georges Fouquet）製作，阿爾豐斯・慕夏（Alphonse Mucha）繪圖／設計 胸飾」1900 年左右，法國。琺瑯、黃金、珍珠、綠碧璽、粉紅碧璽、玫瑰榴石、紫水晶、黃水晶、黃玉髓、貴橄欖石、鑽石
私人收藏，協助：Albion Art Jewellery Institute

質量量表
貴橄欖石 （無處理）

美麗等級 / 濃淡度	S	A	B	C	D
7					
6					
5					
4					
3					
2					
1					

質量量表的品質三區域

	S	A	B	C	D
7					
6					
5					
4					
3					
2					
1					

〈價值比較表〉

ct size	GQ	JQ	AQ
10	70	20	3
3	8	3	0.7
1	2	0.7	0.3
0.5			

硬度 **7**

〈品質辨識方法〉

　　雖然產地未必會決定品質，但不同產地的貴橄欖石在顏色和濃度上確實有其特徵。S與A這兩個等級的橄欖石飽和度高，以緬甸產居多。越靠右側（C、D等級），就會發現貴橄欖石的顏色漸漸偏褐，甚至變得不透明。此外，美國亞利桑那州產出的貴橄欖石鮮少超過5ct，但緬甸產的卻顆粒碩大。

　　如果貴橄欖石的綠色顯得暗沉，而且肉眼可見暗色內含物的話，就會被評為AQ等級。這種寶石通常不會進行優化處理。

相似的寶石

No.7759　➡ P.95
黃色金綠寶石
（Yellow chrysoberyl）

No.7760　➡ P.130
綠色鈣鋁榴石

No.7027　➡ P.160
透輝石

No.7084　➡ P.211
葡萄石

No.7416　➡ P.213
磷鋁鈉石

No.7758
綠碧璽

人造合成石
市場上沒有

仿冒品
No.7761
玻璃（酒瓶類）

143

自古以來就加工成寶石
石英　　　　　　　　Quartz

形態多變的礦石

　　一種由矽和氧組成、成分單純的礦物。氧和矽在地球表層（地殼）的存在量分別排名第一和第二，因此石英產量相當豐富，僅次於長石類，同時也是單一種類中最為普遍的礦物，在世界各地的變質岩、沉積岩及火成岩中都能找到它們的身影。在常見的造岩礦物中，石英的硬度最高，化學性質也相當穩定，即使岩石風化，也能以砂粒的型態保存下來。故大多數砂粒都是石英，顆粒細小的甚至可以在空氣中飛舞，無處不在。至於寶石是否會被這些砂粒刮傷，端視其硬度比石英硬或軟，是衡量寶石耐久性的一項指標。

　　石英的名稱因外觀而異。有無色透明，形狀規則的白水晶（水晶）、紫水晶（P.146）、黃水晶（P.148）、呈粉紅半透明的粉晶（P.150）、灰色或黑褐色的煙水晶（或稱茶晶。P.150），以及黑水晶（或稱墨晶、凱恩戈姆水晶〔Cairngorm〕）等。除了粉晶，這些水晶的致色因素是部分替代矽的微量元素與天然輻射相互發揮作用造成的。

　　光學上無法分辨顆粒的極細石英結晶聚合體統稱為玉髓（P.152）。若根據顏色和紋理，又可再細分為許多寶石，例如瑪瑙（P.154）、縞瑪瑙（P.153）、紅玉髓（P.152）及碧玉（P.156）。此外還有許多名稱是根據特定的內含物、形態特徵或產地而命名的，全數列出的話恐會無窮無盡。

紫水晶晶洞 巴西產
茨城縣自然博物館 收藏

煙水晶 俄羅斯 烏拉山產
茨城縣自然博物館 收藏

粉晶 巴西 米納斯吉拉斯州
茨城縣自然博物館 收藏

橢圓形 凸圓面
301.36ct 翡翠原石館 收藏

144

白水晶（水晶）Rock Crystal

礦物名／quartz（石英）
主要化學成分／二氧化矽
化學式／SiO_2
光澤／玻璃光澤
晶系／三方晶系
密度／2.7
折射率／1.54-1.55

解理／無
硬度／7
色散／0.013

硬度 7

曾經以為是「冰岩化石」的寶石

　　無色透明、結晶面完整的石英稱為水晶。「Quartz」這個名稱大約從 16 世紀開始使用，一說認為它源自與礦床學有關的德語詞彙，而 Rock Crystal 這個詞則擁有超過 2000 年的歷史。「Crystal」源自希臘語中的冰塊，也就是「crystallos」。當時人們相信水晶是冰的化石，因此「Rock Crystal」直譯的意思就是冰岩。而「水晶」在日語中源自「水中精靈」，概念與上述相通，十分有趣。

　　石英的折射率和色散都不高，作為寶石來說平庸無奇，並不特別出色。但因其沒有解理，在切割過程中反而相對有利。在人們懂得如何製作透明玻璃之前，水晶通常是製作珠子、容器和鏡片的透明材料。即使透明玻璃問世，水晶依舊因其勝過普通玻璃的硬度，地位屹立不搖。

美國 紐約州 赫基蒙（Herkimer）產 No.8076

赫基蒙鑽石是產自美國紐約州赫基蒙郡白雲石（Dolomite）的雙錐單柱狀水晶（白水晶）。結晶面光澤亮麗，透明度佳，以赫基蒙鑽石之名廣為人知。

日本律雙晶 巴西產 翡翠原石館 收藏

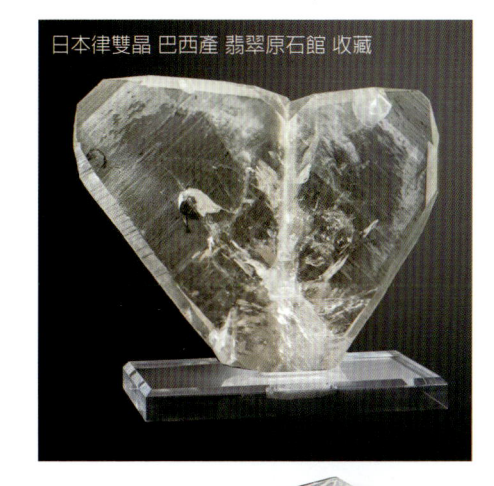

54
「鍍金銅戒指」
鍍銅的戒圈上鑲嵌了琢磨成金字塔形的水晶。15 世紀
國立西洋美術館 橋本收藏品
（OA.2012-0142）

不規則形（麻葉）
巴西產 201.59ct
No.7149

145

紫水晶 Amethyst

礦物名 / quartz（石英）→參照 P.145

自古以來便開始使用的紫水晶

　　紫色的水晶稱為紫水晶，自新石器時代以來即用於裝飾。西元前 3100 年的埃及則是將其做成串珠及護身符。紫水晶是以色列大祭司胸甲上的第九顆寶石，在中世紀用來裝飾皇冠及主教的戒指，也是士兵的護身符。在希臘神話中，酒神巴克斯（Bacchus）原本試圖讓老虎襲擊一位名為阿米西斯特（Amethyst）的少女。女神黛安娜為了救她而將其變成透明的石頭（水晶）。事後反省的巴克斯將葡萄酒倒在水晶上，使其染成紫色。自此之後，這則神話便衍生出紫水晶能預防酒醉的迷信傳說。此外，大英自然史博物館收藏的赫倫・艾倫（Heron-Allen）紫水晶裝飾品，因流傳會給擁有者帶來詛咒而話題不斷。18 世紀隨著巴西和烏拉山脈礦床的開採，使得紫水晶的供應量增加，價格下跌。

　　紫水晶的紫，是微量成分的鐵受到輻射作用所產生的結果，只要長期暴露在陽光下，就會受到紫外線的影響而褪色。適合做成寶石原石的紫水晶結晶通常像晶洞（P.18、P.144），會在岩石的空隙間成長。

巴西產 No.8155

三角形 巴西 巴伊亞州（Bahia）布雷吉紐（Brejinho）產 44.57ct No.7156

枕墊形 混合切工
巴西 南里約格朗德州 伊賴產 34.20ct No.7157

1

「聖甲蟲」以象徵重生與復活的聖甲蟲（甲蟲）為形雕刻的紫水晶金戒指。中王國時期，12-13 王朝，大約西元前 1991 至 1650 年左右。
國立西洋美術館 橋本收藏品
（OA.2012-0002）

玻利維亞 阿奈（Anai）產 No.8037

八角形 階梯形
玻利維亞 阿奈產 32.37ct
No.7036

紫黃晶
Ametrine

　　在同一個結晶裡混合了紫色和黃色的雙色水晶稱為紫黃晶。巴西和加拿大等地皆有產出，唯有玻利維亞生產具有寶石品質的原石。當紫黃晶 20 世紀中葉開始出現在市面上時，人們曾經懷疑這是經過處理或合成的水晶。不過現在確實可以利用合成的方式來製作紫黃晶。

質量量表
紫水晶（無處理）

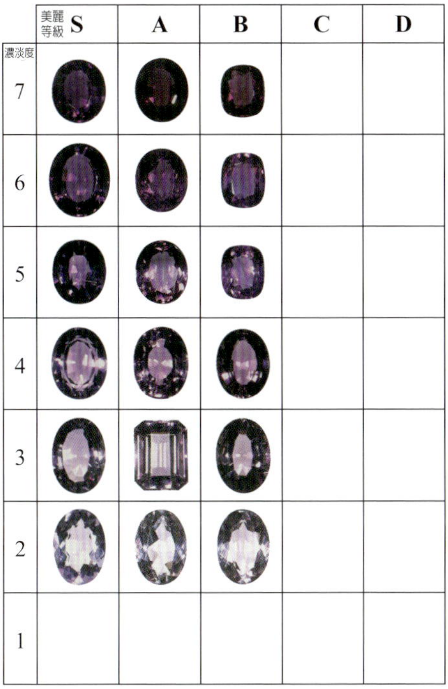

濃淡度\美麗等級	S	A	B	C	D
7					
6					
5					
4					
3					
2					
1					

質量量表的品質三區域

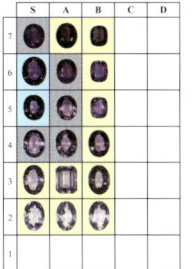

	S	A	B	C	D
7					
6					
5					
4					
3					
2					
1					

〈價值比較表〉

ct size	GQ	JQ	AQ
10	15	6	2
3	4	2	0.6
1	0.8	0.6	0.4
0.5			

硬度 7

〈品質辨識方法〉

紫水晶以透明的紫紅色為特徵，美麗程度為 S，濃淡度為 6、5 的結晶屬於 GQ 等級。有時色調會偏黑，或者是因為濃淡度變高（7）而看起來像青紫色（紫羅蘭色），但只要與紫羅蘭藍寶石（Violet Sapphire）相比，就會發現紫水晶呈現的是帶藍的紫色。

對於紫水晶或黃水晶等顆粒較大而且美麗的原石在切磨成寶石時，高品質的關鍵，通常在於能否充分展現光線的折射和反射效果，讓寶石的馬賽克圖案得以淋漓盡致地呈現出來。

只要觀察同為 6S 等級的紫水晶與黃水晶（→ P.149），就會發現紫水晶的馬賽克圖案明暗對比十分平衡，只要一動，就會出現變化，展現出美麗的效果。

將其切磨成凸圓面時即使色調稍淡，只要透明度高及外觀優美，依舊能夠增加寶石的吸引力。紫水晶通常不會進行優化處理，但有些可以透過加熱處理變成黃色（黃水晶）。※紫水晶的質量量表並沒有 C 和 D 這兩個等級，因為欠缺美感的原石並不會拿來切磨，加上產量大，故只切磨 S、A、B 這三個等級的原石。

相似的寶石

No.7750 → P.86 紫羅蘭藍寶石

No.7747 → P.211 紫色方柱石

No.7748 → P.214 紫色磷灰石

No.7749 → P.219 紫螢石

人造合成石

No.7751 人工紫水晶

仿冒品

No.7752 玻璃

147

黃水晶 Citrine

礦物名／quartz（石英）→參照 P.145

未經處理的黃水晶比紫水晶更珍貴

　　黃水晶從希臘的希臘化時代（約西元前 3 世紀）起就開始被視為寶石，並在 2 世紀左右的希臘羅馬時代刻成凹雕或磨成凸圓面，當作戒指寶石來使用。普及程度不及紫水晶，應該與產量不多有關。天然的黃水晶比紫水晶更為罕見，而且顏色通常較淡。黃水晶的英文 Citrine 源自其顏色，即與檸檬的原種「Citron」有關。致色因素有可能是微量成分的鐵，也有可能是鋁導致的，不過後者的飽和度不如前者。俄羅斯的烏拉地區、巴西、薩伊（Zaire，現在的剛果民主共和國）和尚比亞也大量產出淡淡黃褐色的黃晶石。

巴西 南里約格朗德州 伊賴產 No.8158

橢圓形 混合切工
巴西 南里約格朗德州（Rio Grande do Sul）
伊賴（Irai）（加熱）
100.06ct No.7159

10

「黃水晶戒指」鑲嵌的是未經優化處理的黃水晶，表面光澤十分亮麗。大約 2000 年前製作的。
西元前 2 至 1 世紀
國立西洋美術館
橋本收藏品
（OA.2012-0032）

紫水晶的加熱處理

　　當紫水晶加熱的溫度超過 500℃時，紫色的致色元素──也就是鐵的電子狀態會出現變化，變成黃色的黃水晶。然而並非所有的紫水晶都會出現相同的反應，因為產地不同，適合的加熱溫度也會略有差異，有時甚至可能不會經過黃色這個階段而直接變成其他顏色。至於現在市場上流通的黃水晶，大多都是經過加熱處理的紫水晶。

加熱前　　加熱後

148

質量量表
黃水晶（加熱紫水晶）

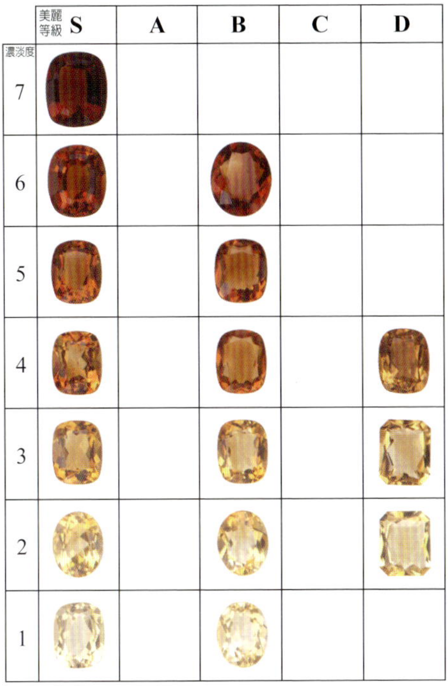

美麗等級 濃淡度	S	A	B	C	D
7					
6					
5					
4					
3					
2					
1					

質量量表的品質三區域

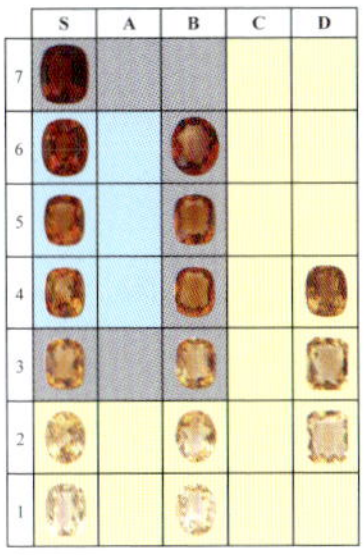

〈價值比較表〉

ct size	GQ	JQ	AQ
10	12	4	1
3	3	1.5	0.4
1	0.5	0.4	0.3
0.5			

硬度 **7**

〈品質辨識方法〉

　　從 1ct 的 GQ 等級價值指數 0.5、JQ 等級 0.4、AQ 等級 0.3 的寶石，可以看出品質造成的價值差異其實只有兩倍。目前市場上的黃水晶幾乎都是經過加熱處理的紫水晶，而色彩鮮豔且馬賽克圖案均衡的黃水晶，通常是品質優良的切割寶石。

　　黃水晶的濃淡特徵取決於產地。濃淡度 7 的黃水晶稱為馬德拉（Madeira。以西班牙馬德拉產的葡萄酒顏色為名），濃淡度 5 的稱為帕爾梅拉（Palmeira。巴西產），濃淡度 3、2 的則是巴伊亞（巴西產）。這些濃淡度都有一定範圍，而馬德拉黃水晶更是歸屬 GQ 等級。

　　這份質量量表是以不同產地的黃水晶（經過加熱處理的紫水晶）所構成。若能像紫水晶的質量量表那樣將美麗程度為 S、B 和 D 等級的黃水晶集中在 S、A、B 上或許會較容易看出差異。

　　之所以沒有這麼做，是因為紫水晶和黃水晶的原石都相當豐富，低品質的材料通常不會花費心思去琢磨。不是保持原狀，就是以振桶（Tumbled stones）的方式來處理。有人認為像紫水晶的質量量表那樣將黃水晶的 B 歸為 A，D 歸為 B 會比較恰當，但為了讓原石的評估與研磨的可能性更加明確，這裡索性採用了與紫水晶不同的表達方式來展現。

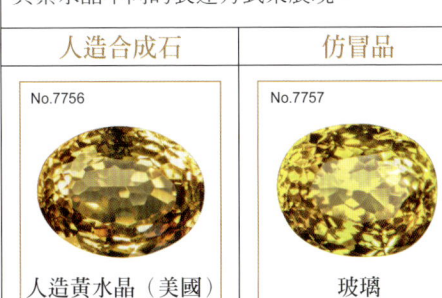

相似的寶石

No.7753 → P.98	No.7649 → P.118
帝王托帕石	黃色綠柱石

No.7755 → P.188	No.7001 → P.211
拉長石	方柱石

No.7754 → P.214	No.7258 → P.229
黃色磷灰石	黃色方解石

人造合成石

No.7756
人造黃水晶（美國）

仿冒品

No.7757
玻璃

149

粉晶　　Rose quartz

礦物名／quartz（石英）→參照 P.145

亞述人也曾使用的粉紅色石英

　　粉紅色且呈半透明狀的石英。歷史上最早的使用記錄可以追溯到亞述人（Assyrians。約西元前 800 年至西元前 600 年）。常被製成串珠項鍊、小型雕刻與凸圓面寶石。分散在石英中的細小藍線石（P.175）結晶是致色原因，因此不像其他顏色的水晶那樣透明，也幾乎不會成為形狀整齊的水晶。有些還會因為產地不同而展現星光效應。透明而且形狀完美的粉紅色水晶產自巴西，雖然有時也會稱為粉晶，但致色元素完全不同，是由微量的磷和鋁所引起的。

巴西產 No.2041

橢圓形 凸圓面
巴西產
50.31ct No.7104

煙水晶　　Smoky quartz

礦物名／quartz（石英）→參照 P.145

歷史悠久的深褐色石英

　　西元前 3000 年左右，蘇美人和埃及人開始使用煙水晶，並在羅馬時代留下了大量的珠子。有時人們會因為色調不同而將黑褐色的稱為凱恩戈姆水晶（Cairngorm，名稱源自蘇格蘭的凱恩戈姆），或者是將黑色的稱為墨晶（Morion。黑水晶），但基本上都是同一種礦物。天然輻射可以影響含有微量鋁的石英，只要加熱至數百度，就會變回無色或白色。水晶在生成時溫度越高，就越容易吸收鋁。因此在高溫的環境之下，特別是在周圍有大量放射性礦物之處所形成的水晶，例如偉晶岩中的水晶（P.18）通常都是煙水晶。

巴西產 No.8585

八角形
巴西 巴伊亞州產
38.35ct No.7160

其他石英

●虎眼石　　　　Tiger's eye

一種間隙填充許多鎂鈉閃石（Riebeckite）等纖維狀集合體（青石棉，Crocidolite）的石英。只要裡頭所含的鐵出現氧化現象，就會呈現出深淺不同的黃褐色條紋。這些纖維會平行排列成束狀，只要沿著纖維方向研磨，就會呈現金黃色光澤（虎眼）。沒有變質的鎂鈉閃石呈藍色，稱為鷹眼石（Hawk's Eye）。

南非產 茨城縣自然博物館 收藏

硬度 7

橢圓形 凸圓面
茨城縣自然博物館 收藏

●東菱石（灑金石）
Aventurine quartz

雲母和赤鐵礦的微小鱗片狀內含物所造成的內部反射，為其帶來光澤宛如金星玻璃（aventurine glass）的石英。呈現的顏色隨內含物而異，褐色、紅褐色、黃色、綠色、青綠色均有產出，通常會切磨成凸圓面或隨形。

東菱石 印度產 No.8079

東菱石（灑金石）
橢圓形 凸圓面
印度產 No.7080

●石英貓眼石　　Quartz cats-eye

含有極微細小的纖維狀角閃石或空隙的石英結晶。只要加工切磨成凸圓面，就會因為纖維反射而呈現貓眼效應。

石英貓眼石 巴西產 No.8529

●鈦晶
Rutilated quartz

內含細針狀金紅石結晶的水晶，又稱為髮晶。因金紅石而產生的金色反射光芒十分美麗。同樣含有電氣石或角閃石針狀結晶的水晶稱為「草入水晶」或「蘆葦水晶」。

石英貓眼石
橢圓形 凸圓面
印度產
22.68ct No.7417

巴西 巴伊亞州產 私人收藏

玉髓　　　Chalcedony

礦物名 / quartz（石英）
主要化學成分 / 二氧化矽
化學式 / SiO_2
光澤 / 玻璃光澤
晶系 / 三方晶系
密度 / 2.7
折射率 / 1.54-1.55
解理 / 無
硬度 / 7
色散 / 無

藍玉髓 納米比亞 特洛伊（Troy）產 No.8512

石英微細結晶的聚集體

由微晶質（極微小的結晶）及淺晶質（更細小，而且無法用一般光學顯微鏡分辨的結晶）的石英所組成的塊狀結晶體一律統稱為玉髓，而且每種顏色與花紋還各有其特定的寶石名稱。這種礦物的微細結晶通常會交織在一起，故比水晶還更不易斷裂，韌性也高，從數千年起使用來製作珠子、雕刻和印章。玉髓富含二氧化矽（矽酸成分）的低溫水（常溫至數十℃）滲入岩石，特別是火山岩的空洞或裂縫中之後，經由二氧化矽析出和沉澱而形成的。至於玉髓的英文「Chalcedony」，則是源自古希臘時期的港口城市，卡爾西登（Chalcedon）。

24
「薩珊王朝時期的章紋戒」
（Sassanian Ring Seal）
薩珊王朝波斯時期所使用的印章戒指。玉髓的部分整個鑿空。3～7世紀
國立西洋美術館 橋本收藏品（OA.2012-0734）

藍玉髓
橢圓形 凸圓面
納米比亞 托洛伊產 10.93ct No.7513

紅玉髓　　　Carnelian

色相偏紅的玉髓

含有氧化鐵或氫氧化鐵的半透明玉髓，呈現的顏色有如血的紅色及橘色。加熱後內部的氫氧化鐵會轉變為氧化鐵，讓原本呈黃褐色的礦石變成深紅色系。

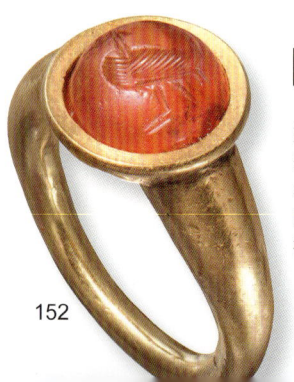

北海道 歌登產 No.8505

21
「薩珊王朝時期的金戒指」 薩珊王朝波斯人的戒指，上頭有朝右看的小鳥凹雕。3～5世紀
國立西洋美術館
橋本收藏品
（OA.2012-0733）

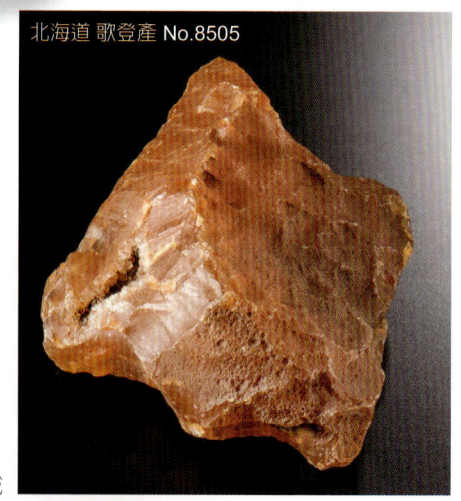

橢圓形 凸圓面
北海道 歌登產 No.
10.53ct No.7506

縞瑪瑙　　　　　Onyx

明暗分明的條紋圖案

　　黑白條紋相間的瑪瑙。分為有紅白條紋圖案的紅縞瑪瑙（Carnelian Onyx），以及有棕白條紋圖案的纏絲瑪瑙（Sardonyx）。縞瑪瑙色層的顏色對比在雕刻時通常可以善加利用。以有色層為背景，在白色層上雕刻的稱為浮雕；若是在深色層上雕刻，讓白色層露出來，或者反過來在白色層上雕刻，露出深色層的就稱為凹雕（或稱「陰刻」）。

十九世紀浮雕專用的瑪瑙
巴西產 No.8589

硬度 7

現代浮雕
產地不詳
73.17ct
No.7590b

6
「聖甲蟲」可以旋轉寶石的縞瑪瑙戒指，正面是聖甲蟲。背面刻有獅子。西元前4世紀
國立西洋美術館
橋本收藏品
（OA.2012-0026）

纏絲瑪瑙
Sardonyx

帶白色條紋的紅褐色瑪瑙

　　底色為深褐色的玉髓稱為肉紅玉髓（Sard Chalcedony）。另一方面，縞瑪瑙的色調如果比肉紅玉髓稍微明亮，呈橘色到紅褐色，而且帶有白色條紋的話，那就稱為纏絲瑪瑙。這種寶石有時會因為色調而特地與縞瑪瑙區分開來，但基本上是同義的。

橢圓形 凸圓面
巴西產 10.07ct
No.7507

綠玉髓　　　　　Chrysoprase

色澤鮮綠的玉髓

　　因為夾雜在顆粒間的微細鎳礦物而呈現蘋果綠的玉髓。通常形成於含鎳的蛇紋岩中。顏色類似的玉髓還有因為含鉻礦物而呈暗綠色的鉻綠玉髓（Mtorolite），以及包含矽孔雀石在內的矽孔雀石（Chrysocolla Chalcedony。又稱矽寶石〔gem silica〕）等。

橢圓形 凸圓面
巴西產 21.19ct
No.7508

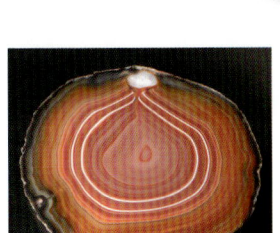

現代浮雕 產地不詳
64.70ct No.7590c

加工成板狀的纏絲瑪瑙
巴西產 No.8516

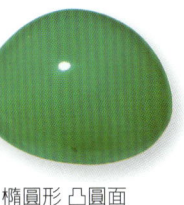

橢圓形 凸圓面
澳洲產
昆士蘭州產
25.54ct No.7078

澳洲 昆士蘭州產 No.8077

153

瑪瑙　　　　　　　　Agate

有圖案的玉髓

　　擁有清晰條紋圖案的玉髓稱為瑪瑙。這些條紋圖案是結晶顆粒的粗糙部分和細緻部分層層交疊形成的。當含鐵的地下水滲入瑪瑙時，只有顆粒細小而且多孔隙的層狀部分會被染色，進而形成更加明顯的條紋圖案。此外還有因為部分錳和鐵的氧化物滲入瑪瑙內部，使得形成的圖案宛如風景的山水瑪瑙（或稱風景瑪瑙〔Scenic Agate〕）、產生的圖案彷彿樹枝的樹枝瑪瑙（Dendritic Agate），以及內含綠泥石等綠色礦物、看似青苔的苔蘚瑪瑙，這些展現圖案魅力的瑪瑙亦深受好評。有時這些細小的條紋圖案會產生光的干涉，透光時會呈現彩虹色，這種瑪瑙就稱為暈彩瑪瑙（Iris Agate）。

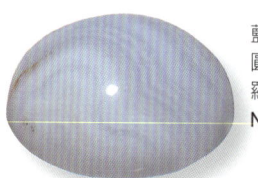

巴西產 No.8510

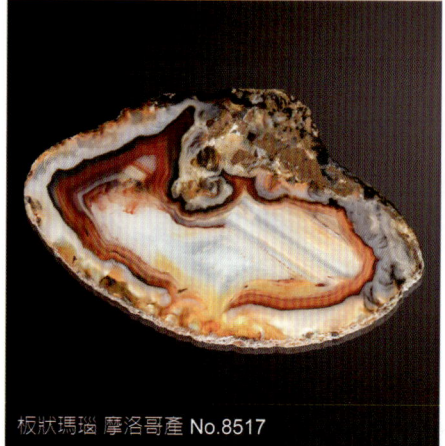

板狀瑪瑙 摩洛哥產 No.8517

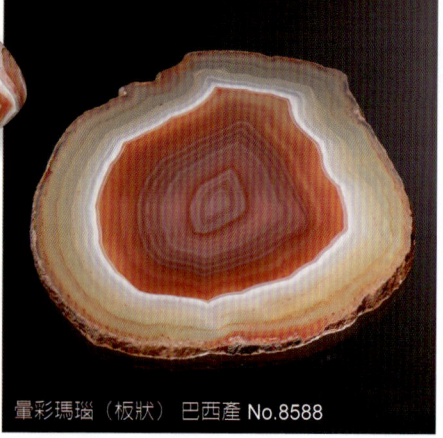

暈彩瑪瑙（板狀） 巴西產 No.8588

藍紋瑪瑙
圓形 凸圓面
羅德西亞產 10.05ct
No.7511

瘋狂蕾絲瑪瑙
（Crazy Lace Agate）
橢圓形 凸圓面
墨西哥產 13.77ct
No.7509

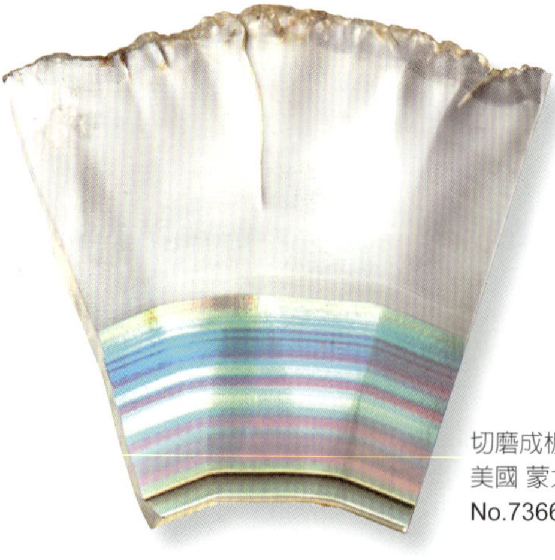

切磨成板狀的暈彩瑪瑙
美國 蒙大拿州產 36.03ct
No.7366

染色瑪瑙（玉髓）

切片後分別染成不同顏色的瑪瑙。左下角是染色前的天然顏色。

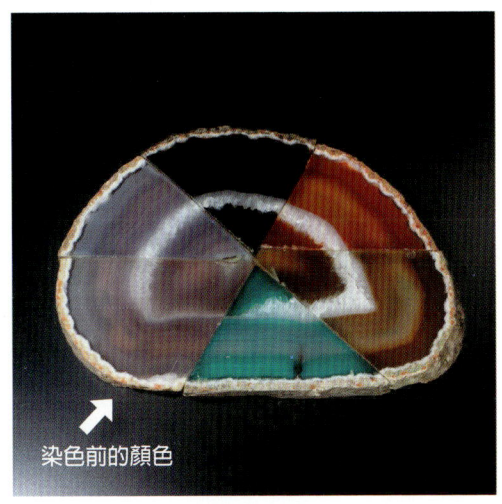

使用蜂蜜等原料、歷史超過 2000 年的染色技巧

玉髓在結晶顆粒之間有微小的空隙，具有滲透性，因此可以染色。像紅玉髓這種自然滲入鐵的礦石只要經過加熱處理，就可以讓紅色部分變得更加深濃。蜂蜜加水調成蜂蜜水之後只要將玉髓浸泡在裡面並加熱，讓滲入的有機物碳化，這樣就能得到黑色的縞瑪瑙。這些技術似乎早在 2000 多年前就已經開始使用。此外，現在市面上亦廣泛流通用各種染料染色的瑪瑙。在染色過程當中，結晶顆粒粗大而且沒有空隙的部分並不會被染色，因此層狀的紋理會變得更加明顯。

硬度 7

染色前的顏色

山梨縣甲府市的染色瑪瑙板 巴西產 No.8515

紅斑綠玉髓　　Bloodstone

帶有紅斑的深色玉髓

深綠色之中夾雜著紅色斑點的玉髓。這種寶石有個古老別名，叫做「血玉髓」（Heliotrope。或稱血石），源自古希臘語中意指召喚太陽的「hliotrópion」。其底色是由綠色的角閃石（如陽起石）等微細結晶構成，紅色則是來自赤鐵礦等微粒子的顏色。雖然不透明的外觀看起來像碧玉，但實際上是玉髓的一種。

墨西哥產 茨城縣自然博物館 收藏

隨形

碧玉　Jasper

礦物名／quartz（石英）
主要化學成分／二氧化矽
化學式／SiO$_2$
光澤／玻璃光澤
晶系／三方晶系
密度／2.7
折射率／1.54-1.55
解理／無
硬度／7
色散／無

含有大量內含物的微細石英集合體

以微晶質石英爲主要成分的塊狀物當中，含有大量微細內含物而且不透明的寶石稱爲碧玉。有時會被視爲是玉髓的一種，但質感與其他玉髓略有不同。一般的玉髓是微細纖維狀石英的集合體，碧玉則大多是粒狀石英的集合體。燧石（chert）和打火石（flint）的情況也是一樣。不過這些名稱與其說是寶石名，不如說是具有特定成因的岩石名。碧玉顏色豐富，其中綠色來自黏土礦物（綠泥石），紅色來自鐵氧化物（赤鐵礦），黃色來自氫氧化鐵（針鐵礦），這些都是主要的致色因素。除了石英，那些內含物的含量有時還可多達20%。

碧玉自舊石器時代以來就已用來製作裝飾品，是一項悠久的傳統。在日本國內以島根縣花仙山的出雲石、佐渡的赤玉石以及津輕半島的錦石最爲知名。

紅碧玉 新潟縣產 No.8495

黃碧玉（Yellow Jasper）
新潟縣 佐渡島產 No.8494

紅碧玉（Red Jasper）
矩形 厚板形 墨西哥產
34.54ct No.7498

綠碧玉 島根縣 花仙山產 No.8496

罌粟碧玉（Poppy Jasper）
梨形 凸圓面
美國 加州 摩根山（Morgan Hill）產
34.41ct No.7502

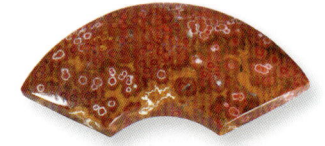

青森縣產 79.49ct No.7579

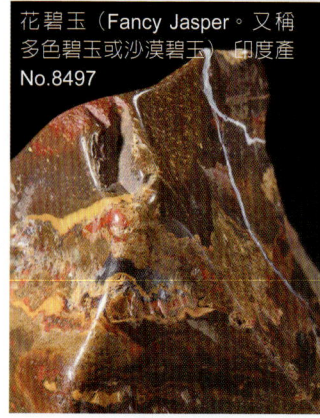

花碧玉（Fancy Jasper。又稱多色碧玉或沙漠碧玉）印度產 No.8497

「授予勝利冠冕的塞拉比斯」
刻有希臘化時期托勒密王朝備受崇拜的塞拉比斯神像。2世紀，帝政羅馬時代　國立西洋美術館　橋本收藏品
（OA.2012-0018）

十字石　Staurolite

- 礦物名／staurolite（十字石）
- 主要化學成分／矽酸鋁
- 化學式／$Fe^{2+}{}_2Al_9Si_4O_{23}(OH)$
- 光澤／亞玻璃光澤～樹脂光澤
- 晶系／單斜晶系
- 密度／3.7-3.8
- 折射率／1.74-1.75
- 解理／明顯（單向）
- 硬度／7-7½
- 色散／-

硬度 7

以十字形結晶發現的褐色寶石

　　這種礦物以褐色的十字（X）交叉雙晶形式，在雲母片岩或片麻岩等變質岩中生成。因此人們根據其所呈現的雙晶形狀，以希臘語中意指十字的「stauros」為名。十字石大多用來製作宗教寶飾品，通常鑲嵌在銀飾品上。十字石生成的溫度和壓力條件有限，是了解變質岩形成過程的重要線索。

十字石雙晶 十字形及 X 字形
俄羅斯 科拉半島（Kola Peninsula）
No.8242

橢圓形 凸圓面
巴西 米納斯吉拉斯州產
10.84ct No.7165

賽黃晶　Danburite

- 礦物名／danburite（賽黃晶）
- 主要化學成分／硼酸矽酸鈣
- 化學式／$CaB_2Si_2O_8$
- 光澤／玻璃光澤～油脂光澤
- 晶系／斜方晶系
- 密度／2.9-3.0
- 折射率／1.63-1.64
- 解理／不明顯（單向）
- 硬度／7-7½
- 色散／0.017

宛如托帕石及水晶的寶石

　　這種礦物外觀與托帕石或水晶相似，原本無色，但也有琥珀色、灰色、粉紅色及黃色等其他顏色。賽黃晶是一種具有玻璃光澤的柱狀晶體，有條紋，這點與托帕石相同，但是沒有明顯的解理這一點卻和水晶一樣。賽黃晶通常可以在變質岩，或只是在相對高溫環境下形成的偉晶岩中發現。無色而且透明度高的結晶可以進行切磨，過去曾用來替代鑽石。其英文Danburite 源自發現地，也就是美國康乃狄克州的丹伯里（Danbury）。

墨西哥 聖路易斯波托西州
（San Luis Potosí）產 No.4019

橢圓形 坦尚尼亞產 18.92ct No.3017

八角形 階梯形
大分 土呂久產 5.56ct No.7106

橢圓形
墨西哥 聖路易斯波托西州產
9.48ct No.3018

紫鋰輝石　Kunzite

礦物名／spodumene（鋰輝石、孔賽石）
主要化學成分／矽酸鋰鋁
化學式／Li(Al,Mn)Si$_2$O$_6$
光澤／玻璃光澤
晶系／單斜晶系
密度／3.0-3.2
折射率／1.65-1.68
解理／良好（雙向）
硬度／6½-7
色散／0.017

鋰輝石 阿富汗 紐里斯坦（Nuristan）產 No.8190

粉紅至淡紫色的鋰輝石

　　一種含有鋰的輝石（鋰輝石），在這當中色調居於亮粉紅色到淡紫色之間的寶石稱為紫鋰輝石。其英文名 Kunzite 源自美國礦物學家兼蒂芙尼公司寶石鑑定師，G. F. 昆茲（George Frederick Kunz，1856～1932）。紫鋰輝石具有強烈的多色性（顯現的顏色會隨著觀察角度不同而改變的特性）。從柱狀結晶側面看得時候顏色較淡，從延伸方向看得時候顏色較深，因此切割時確定方位就顯得非常重要。加上這種礦石解理性明顯，故在處理上必須小心才行。

　　鋰輝石本質上是無色的，但以灰色最為常見，其礦物名 Spodumene 源自希臘語的「spodoumenos」（意指「變為灰燼」）。只要含有微量的錳，就會呈現粉紅色或淡紫色。此外還有以綠色聞名的翠綠鋰輝石（P.160），也有藍色及黃色的變種寶石。

　　鋰輝石通常產於含鋰的偉晶岩中，並伴隨鋰雲母（Lepidolite）等其他含鋰礦物產出。這是重要的鋰資源，而且美國南達科他州（South Dakota）還曾發現長 14.3 公尺、重 90 噸的世界級大單晶。因經常產出顆粒相對較大的寶石等級結晶，故市面上常見超過 10ct 的裸石。

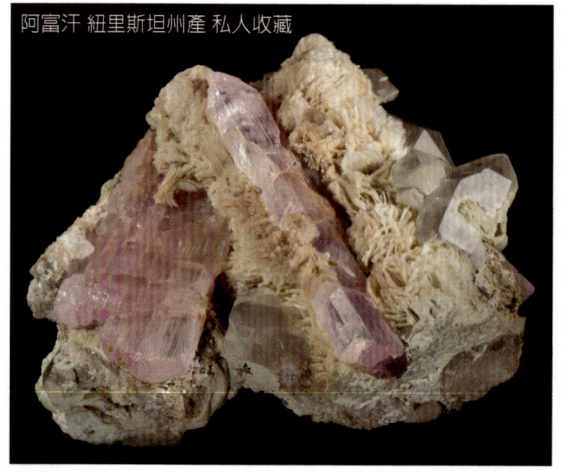

橢圓形　星形 522.09ct
翡翠原石館 收藏

阿富汗 紐里斯坦州產 私人收藏

圓形 混合切工 巴西產 10.76ct No.7269

紫鋰輝石的挑選方法

　　紫鋰輝石就算顆粒碩大，價格依舊相對便宜。但因顏色大多較淡，故一般會加厚石材，讓顏色更加深邃，結果就如右圖所示，常常出現太過厚實、外形不佳的「大隨形」。但是體積變小的話顏色又會顯得淡薄，因此顆粒小但顏色濃郁的紫鋰輝石價值反而相對較高。

　　此外，紫鋰輝石在紫外線的照射下會褪色，故無法長時間暴露在陽光等強光底下。產地方面，紫鋰輝石主要產自美國和巴西等地。不過近年來含錳量高、色彩鮮豔而且不易褪色的阿富汗與奈及利亞產紫鋰輝石反而備受關注。

硬度 7

Smithsonian Institution
紫鋰輝石具有多色性，通常會採用與結晶面平行的階梯形切工法。圖片為美國史密森尼博物館（Smithsonian Museum）收藏的紫鋰輝石，164.11ct。

Column

發現彩寶的知名寶石學家

先來簡單解說紫鋰輝石是如何出現在世人面前的。

1902年，昆茲博士（Dr. George Frederick Kunz）在加州聖地亞哥（San Diego）郡的偉晶岩礦床中發現了一種與電氣石共生的粉紅色和紫色結晶。經過一番研究，發現這是鋰輝石的一個新變種。隔年，北卡羅來納大學教授查爾斯・巴斯克維爾（Charles Baskerville）在美國科學促進協會（AAAS）發行的雜誌《科學》（Science）中介紹了這種礦物。為了向昆茲博士致敬，故將其命名為「Kunzite」，即本書介紹的紫鋰輝石。之後，昆茲博士還鑑定了在美國蒙大拿造成轟動的「蒙大拿藍寶石」（Montana Sapphire），並將1911年在馬達加斯加發現的新種綠柱石命名為「摩根石」（Morganite）。不僅如此，他在蒂芙尼公司（Tiffany & Co.）還留下了不少輝煌功績。

將結晶拿在手上觀察的昆茲博士。是20世紀具代表性的著名寶石學家。

昆茲博士實際鑑定的紫鋰輝石結晶。從延伸的方向可以觀察到條紋。

翠綠鋰輝石　Hiddenite

礦物名／spodumene（鋰輝石、孔賽石）
主要化學成分／矽酸鋰鋁
化學式／Li(Al,Cr)Si$_2$O$_6$
光澤／玻璃光澤
晶系／單斜晶系
密度／3.0-3.2
折射率／1.65-1.68
解理／良好（雙向）
硬度／6½-7
色散／0.017

綠色的鋰輝石

　　這是一種綠色的鋰輝石，致色因素主要來自微量的鉻。地質學家威廉・厄爾・希登（William Earl Hidden）最初以為這是透輝石的亞種。在請化學家兼礦物學家的 J・勞倫斯・史密斯（J. Lawrence Smith）分析之後，才確定這是鋰輝石的一種。為了紀念希登的功績，人們特地將這種寶石取名為 Hiddenite，也就是本節介紹的翠綠鋰輝石。因與祖母綠共生，故在採掘的全盛時期亦稱為「鋰祖母綠」。這種礦石產出於偉晶岩中，可展現出多色性，擁有的綠色色調會隨著觀察角度不同而有所變化。

綠鋰輝石 巴西 米納斯吉拉斯州 烏魯卡姆（Urucum）產
No.8191

八角形 階梯形
巴西產
8.20ct No.7270

透輝石　Diopside

礦物名／diopside（透輝石）
主要化學成分／矽酸鈣鎂
化學式／Ca(Mg,Fe,Cr)Si$_2$O$_6$
光澤／玻璃光澤
晶系／單斜晶系
密度／3.2-3.4
折射率／1.66-1.72
解理／明顯（雙向）
硬度／5½-6½
色散／0.017-0.020

含鈣的輝石

　　以鈣和鎂為主要成分的輝石。純粹的形態是無色的，但通常含有鐵或鉻，並以黃綠色、綠色或褐色的結晶產出。當中含鉻的鉻透輝石（Chrome Diopside）呈鮮綠色，可以切磨成寶石。另外，因為含錳而呈現紫青色的變種輝石則是稱為紫青石（Violane）。這種礦石是在接觸到岩漿之後因受熱而變質的結晶石灰岩、白雲岩以及火成岩（如玄武岩、橄欖岩和慶伯利岩）、富含鐵的變質岩中產出。柱狀或厚板狀的透明晶體通常會切磨成刻面寶石供收藏家珍藏。只要切磨成凸圓面，有時還會出現貓眼效應或星光效應。

產地不詳 No.4050

橢圓形 星形
斯里蘭卡 拉特納普勒產
2.06ct No.7027

頑火輝石　　　Enstatite

礦物名／enstatite（頑火輝石）
主要化學成分／矽酸鎂
化學式／(Mg,Fe)$_2$Si$_2$O$_6$
光澤／玻璃光澤
晶系／斜方晶系
密度／3.2-3.9
折射率／1.65-1.68
解理／良好（雙向）
硬度／5-6
色散／-（小）

頑火輝石 坦尚尼亞產 No.8316

硬度 7

來自岩漿的美麗輝石

在不含鈣的輝石中，以鎂為主要成分的是頑火輝石，以鐵為主要成分的是鐵珪輝石（Ferrosilite）。鎂與鐵的比例會持續變動，故過去人們曾按照比例將其細分為古銅輝石（Bronzite）和紫蘇輝石（Hypersthene）等六種，因此這些寶石在市場上有時會以舊名流通。不含鐵的頑火輝石雖然無色，但色調會隨著鐵含量的增加而逐漸變深，從淡黃、淡綠、濃綠、褐色到黑色都有。這類寶石通常形成於富含鎂和鐵的（鐵鎂質）火成岩中，也存在於隕石裡。知名的有產自印度邁索爾（Mysore）的星光頑火輝石（Star Enstatite），以及產自加拿大的彩虹頑火輝石（Iridescent Enstatite）。

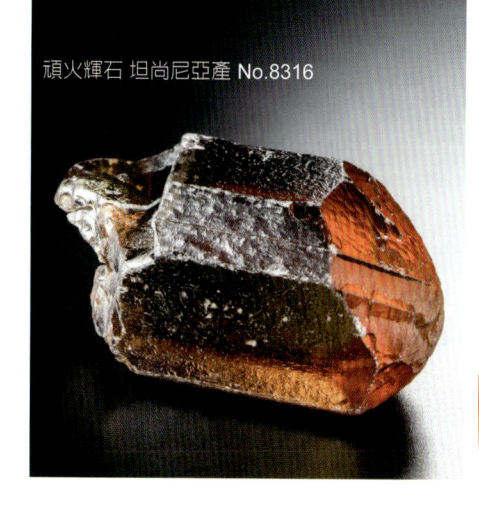

橢圓形 混合切工 巴西 米納斯吉拉斯州產 2.59ct No.7317

● 古銅輝石　　　Bronzite

含有少量鐵的頑火輝石，顏色從綠色到褐色都有，解理面常常出現類似青銅的閃光，故名。通常會切磨成凸圓面或用來雕刻，有些還會顯現類似貓眼或星光之類的光彩。

● 紫蘇輝石　　　Hypersthene

這是一種鐵含量比古銅輝石還要高的頑火輝石。因為顏色深且透明度低，通常會切磨成凸圓面。在黑色的底色中經常可以看到赤銅色的光澤。

古銅輝石 美國 紐約州 巴爾馬特（Balmat）產 No.2014

輝玉（翡翠、硬玉） Jadeite

礦物名／Jadeite（鈉輝石）
主要化學成分／矽酸鈉鋁
化學式／Na(Al,Cr,Fe,Ti)Si$_2$O$_6$
光澤／玻璃光澤～油脂光澤
晶系／單斜晶系
密度／3.2-3.4
折射率／1.64-1.69
解理／良好（雙向）
硬度／6.5-7
色散／無

稱為玉的寶石琳瑯滿目

　　輝玉（硬玉）並非單一礦物晶體，主要是微細的輝石結晶緊密交織而成的岩塊（稱為「輝玉岩」）。這是一種以鈉和鋁為主要成分的輝石，形成時需要高壓和適當的溫度，同時還與海洋板塊俯衝有關。提到輝玉，雖然會讓人立刻聯想到綠色，但其本身其實無色（白色）。當含有微量的鉻、錳、鐵、鈦等成分時，就會呈現綠色、紫色、藍色等顏色。此外，輝玉細微結晶縫隙間的有色礦物也會影響致色，例如棕色和黑色的成色因素，就是由赤鐵礦、褐鐵礦或石墨造成的。

　　在日本若是提到「輝玉」，所指的通常是輝玉岩（硬玉）。但在「翡翠」一詞的發源地，也就是中國這個翡翠文化歷史悠久的國家，「翡翠」通常是指紅色及棕色的「翡」以及翠綠色的「翠」這兩種硬玉。

　　「玉」（Yu）這個詞除了輝玉（硬玉），還包括了閃玉（P.168）、綠玉髓（P.153）、東菱石（P.151）、鉻雲母（Fuchsite，或稱含鉻雲母岩〔Verdite〕）、蛇紋石（P.217）、特蘭斯瓦石（鈣鋁榴石。P.130）等，從不透明到半透明的塊狀綠色石頭（翠玉）都有。有時「玉」這個詞的使用範圍會更加廣泛，不僅限於綠色石頭。順便一提，翡翠的英文 Jadeite 來自西班牙語的「piedra de ijada」，意指「側腹之石」。當時人們相信只要將綠色石頭放在嬰兒的肚子上，就能有效治療腹痛，故名。此外，閃玉的英文 Nephrite 則源自希臘語的「nephrós」，意思是「腎臟之石」，也就是「腎結石」。看來當時人們似乎相信閃玉具有治療結石的效果。

輝玉（硬玉） 緬甸 克欽邦（Kachin）產
No.8356

橢圓形 凸圓面
翡翠原石館 收藏

橢圓形 凸圓面
翡翠原石館 收藏

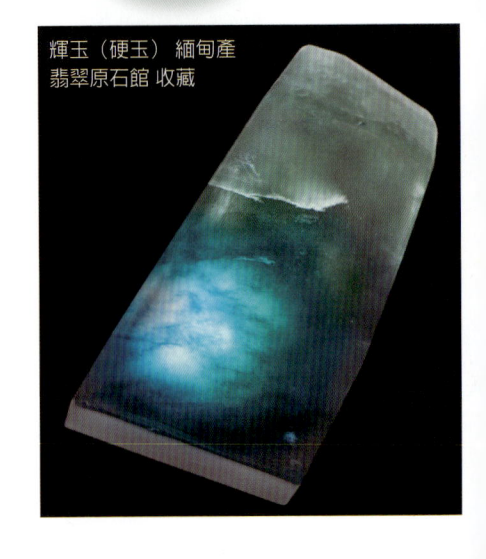

輝玉（硬玉） 緬甸產
翡翠原石館 收藏

162

日本產輝玉　Jadeite, Japan

日本的國石，輝玉

　　輝玉是在地質學上的高壓（約 5000 氣壓，相當於地下約 20 公里）和低溫（約 250℃）這兩個環境條件之下形成，同時主要成分的鈉、鋁、矽和氧還需以適當比例存在才行。這樣的環境通常位於海洋板塊俯衝到大陸板塊邊緣的地底深處。在地底深處形成的輝玉會跟隨蛇紋岩，並且沿著斷層等裂縫被擠壓到地表附近。因此，輝玉的產地大多分布在有板塊俯衝帶的古老大陸周圍及環太平洋帶等地區。在日本，不管是從北海道還是九州，只要伴隨蛇紋岩的高壓變質帶，通常就能在各地找到輝玉，但是能夠琢磨成寶石的美麗輝玉，卻只有糸魚川才有產出。糸魚川大約是在 7000 年將輝玉當作工具（敲石）來使用。5000 年左右開始對這種寶石進行研磨和鑽孔，製成大顆串珠和垂飾等「非工具類」物品。這些輝玉與勾玉一樣，大多用來當作陪葬品，暗示出其與現代珠寶定義不同。

硬度 **7**

新潟產　翡翠原石館　收藏

勾玉　翡翠原石館　收藏 　　勾玉　翡翠原石館　收藏

23

「翡翠勾玉戒指」1960 年左右製作的金戒指，鑲嵌的翡翠勾玉據推測是在九州發現的。勾玉為 3 世紀到 5 世紀之物，完成為現代
國立西洋美術館　橋本收藏品
（OA.2012-0811）

位於新潟縣糸魚川市青海川上游的橋立輝玉峽 ⓒ 宮島宏

姬川和青海川之間的青海海岸亦產輝玉。ⓒ 宮島宏

富山縣宮崎海岸深受大眾喜愛的海水浴場，同時也是輝玉產地。ⓒ 宮島宏

163

緬甸產輝玉　Jadeite, Myanmar

帶有紅色細粒的輝玉知名產地

　　緬甸是世界上地位具壓倒性的主要輝玉產地。此處產出的輝玉通常會被風化的紅土所包圍，礦石表面的輝石結晶顆粒之間通常會滲入氧化鐵微粒，從而形成字面上的含義，亦即外表為「翡（紅／褐）」，內部為「翠」（綠）的礦物。這樣的輝玉在中國備受喜愛。綠色的致色因素主要來自微量的鉻和鐵。在中國超過 4000 年的「玉石」歷史當中，輝玉（硬玉）的出現可以追溯到 18 世紀的清朝，也就是在緬甸發現了這種寶石之後。玉原本是宮中的御用品，但卻隨著清朝的衰落而流出國內外。流入日本之後，這些玉又重新加工製成和服配飾，所以才會在日本人心中留下來自中國的印象。

輝玉（一分為二的大塊岩石）
緬甸 克欽邦產 No.8136

「翡翠」這個寶石名來自翠鳥的翅膀顏色。翠鳥在日文中亦可寫成「翡翠」。以鮮豔的水藍色羽毛及長長的鳥喙為特徵。2019 年 12 月 23 日，攝於六義園。
© 都市鳥研究　井上裕由

一件具有最佳透明度及翠玉色澤的雕刻品。清朝作品，1969 年由諏訪喜久男寄贈給國立科學博物館。「琅玕」通常用來形容極品等級的輝玉，在唐宋詩詞中亦會用來形容綠竹。據說這個詞與緬甸早期的優質礦脈，「老坑」（Lao Kan）的讀音相近。「翠」是翡翠的典型顏色，而這件作品的透明度，正好是名副其實的「帝王翡翠」（Imperial Jade）。

Column

四處旅行的寶石

這件輝玉上刻了植物的圖案。最初在緬甸開採，運往中國雕刻之後，又「旅行」到美國，並在 20 世紀初由蒂芙尼公司加工製作。

「帶有東方植物圖案的戒指」鑲嵌著宛如祖母綠、翠綠色調清澈透明的翡翠雕刻。1910 年左右 國立西洋美術館 橋本收藏品（OA.2012-0474）

1995 年，橋本貫志在香港的佳士得（Christie's）拍賣會上成功競標這件作品，目前收藏在日本國立西洋美術館。這件輝玉歷時一個多世紀，從緬甸到中國，再到美國，最後來到日本。可見寶石往往會有各種不同的「旅程」。

①緬甸　②中國　③美國　④日本

質量量表
輝玉（無處理）

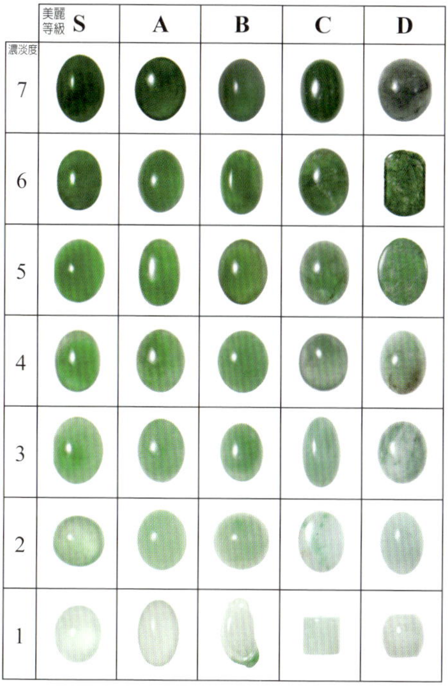

美麗等級 濃淡度	S	A	B	C	D
7					
6					
5					
4					
3					
2					
1					

質量量表的品質三區域

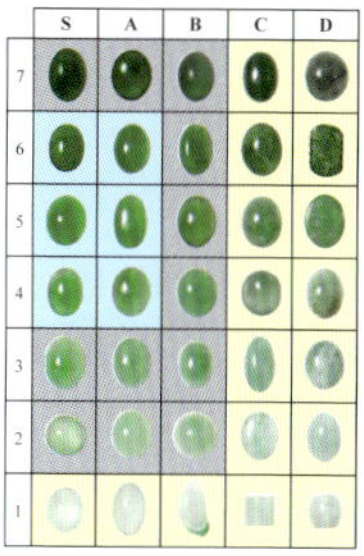

〈價值比較表〉

ct size	GQ	JQ	AQ
10	1,800	180	30
3	220	60	12
1	60	12	3
0.5			

硬度 **7**

〈品質辨識方法〉

輝玉的品質和價值範圍很廣，而半透明中的透明度和顏色是判斷品質的重點。色彩飽和度高，綠色勻稱且透明感足夠的凸圓面翡翠，是決定玉石戒指品質的關鍵。若有雕刻，則需要根據材料的優劣、設計以及製作年代等因素來進行評斷。

從左側照片可看出 GQ、JQ、AQ 這三個等級的輝玉差異。大小若相近，那 GQ 和 AQ 這兩個等級的價值差異可能會高達數百倍。

輝玉通常會為了增加光澤而上蠟，除非情況過於極端，否則這種做法在市場上是可以接受的。

相似的寶石

No.7738 — 水鈣鋁榴石（Hydrogrossular Light Garnet）

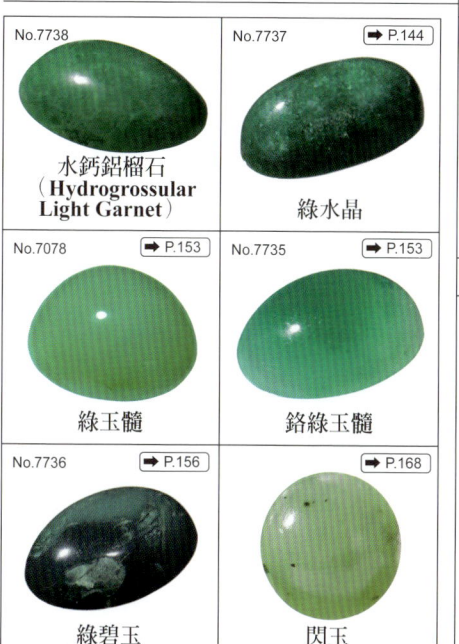

No.7737 ➡ P.144 — 綠水晶

No.7078 ➡ P.153 — 綠玉髓

No.7735 ➡ P.153 — 鉻綠玉髓

No.7736 ➡ P.156 — 綠碧玉

➡ P.168 — 閃玉

市場不認可其寶石價值的處理方式

樹脂含浸

樹脂含浸翡翠
含浸在透明樹脂裡以增加翡翠的透明度，使其看起來更加水潤亮麗。

人造合成石
市場上沒有

仿冒品

染色石英岩
染色石英岩（矽岩，Quartzite）乍看之下很難辨別真假。
No.7739

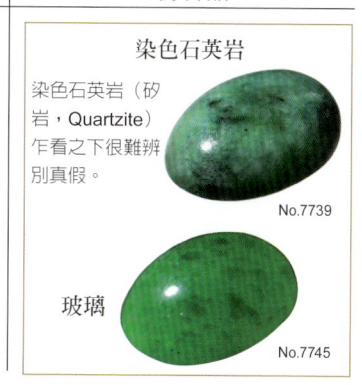

玻璃
No.7745

紫羅蘭翡翠　　Lavender jade

罕見的紫色翡翠

　　翡翠除了綠色，擁有鮮豔紫色的被稱為「紫羅蘭翡翠」（Lavender Jadeite），藍色色調沉穩的稱為「鈷藍翡翠」（Cobalt Jadeite）。紫羅蘭翡翠的致色因素眾說紛紜，但通常以可能是鐵和鈦的組合，或者是錳造成的這兩個說法最為有力。不過有些紫羅蘭翡翠並沒有檢測出鐵或錳，故其致色因素仍是個謎。「鈷藍翡翠」雖然在名字中有「鈷」，但實際上並未檢測出鈷這個元素，一般認為其致色因素與藍寶石一樣，有可能是鐵和鈦元素造成的。不過這兩種顏色的翡翠都比綠色的翡翠還要來得稀少。

新潟縣 糸魚川市產 翡翠原石館 收藏

橢圓形 凸圓面
翡翠原石館 收藏

Column

色彩變化豐富的輝玉

如前所述，輝玉的顏色是因為微量元素或其他礦物的介入而呈現多樣性。當同一塊輝玉中出現不同顏色，例如綠色和白色，或者是綠色和紅色，雕刻的時候就會充分利用這種色彩來加以配置。例如在中國被視為吉祥物的雕刻物，翠玉白菜就是一個典型的例子。

當含有角閃石或蛇紋石類礦物時，輝玉會呈現深綠色；若是含有赤鐵礦或褐鐵礦等氧化鐵礦物時，就會呈現紅色、棕色到黃色。如果含有的是石墨等黑色礦物就會變成黑色。這種寶石可以透過人工的方式來染色，所以市面上才會出現人工染色的「天然翡翠」。

a　　黃翡翠
b,d　藍翡翠
c　　冰種翡翠（Ice Jade）
e,j　　翡翠
f,i,l　橘翡
g　　灰玉（Grey Jade）
h　　紅翡
k　　紫羅蘭翡翠
　　　（藍紫翡翠）
m　　墨翠

No.7138

Column

硬玉與輝石（翡翠）
在火山岩中閃耀的黑色礦物及其同族礦物

「輝石」是典型的造岩礦物，但卻不是礦物名，而是一個礦物族群名。可以切磨成寶石的輝石族礦物有：硬玉、綠輝石（Omphacite）、鈉鉻輝石（Kosmochlor，或稱隕鉻石），此外還有鋰輝石（紫鋰輝石、翠綠鋰輝石）、透輝石、頑火輝石（紫蘇輝石、古銅輝石）等等。這些礦物的原子排列結構有個共同點，那就是矽和氧會以單向鏈狀的方式來排列；而鏈與鏈之間則是由鈣、鎂、鈉、鋰等原子來連接。只要這些原子（元素）種類的不同，產出的礦物就會跟著改變。作為造岩礦物大量出產的是普通輝石和頑火輝石，兩者皆含有相對較多的鐵，而且大多呈不透明狀，因此不會切磨成寶石。不過這些礦物經常以光芒強烈的結晶形式出現在火山岩中，是名副其實的「輝石」。

硬度 7

水沫玉（鈉鉻輝石與鈉長石）緬甸產 No.2078

紫羅蘭翡翠 緬甸 克欽邦產 No.8135

硬玉 緬甸產 翡翠原石館 收藏

透輝石 巴西產 No.8300

閃玉（軟玉）　Nephrite

- 礦物名 / tremolite（透閃石）
- 主要化學成分 / 氫氧化矽酸鈣鎂
- 化學式 / $Ca_2(Mg,Fe^{2+})_5Si_8O_{22}(OH)_2$
- 光澤 / 玻璃光澤
- 晶系 / 單斜晶系
- 密度 / 2.9-3.1
- 折射率 / 1.60-1.64
- 解理 / 完全（雙向）
- 硬度 / 6-6.5
- 色散 / 無

來自新疆維吾爾自治區高品質的寶石

與輝玉（硬玉）齊名的「玉石」代表。輝玉主要由輝石中的鈉輝石所構成，閃玉（軟玉）則是以角閃石中的透閃石（P.170）或陽起石（Actinolite，P.170）為主的寶石。透閃石的主要成分為鈣、鎂和矽，而閃玉就相當於部分的鎂被鐵取代的陽起石與透閃石。這兩種礦物如果含鐵量高就會呈現暗綠色；含鐵量若低，就會呈現奶油色等偏白的顏色。閃玉的英文 Nephrite 源自希臘語中的「nephrós」，意思是「腎臟之石」，一般認為能有效治療腎疾。這種傳說產生的來源雖然是個謎，但就有些閃玉的外形像腎臟這一點來看，並非毫無關聯。

含有石棉的閃玉 臺灣 花蓮縣產 No.8143

加拿大產 No.8142

橢圓形 凸圓面（3件）
臺灣 花蓮縣產 2.62～5.10ct No.7144

閃玉貓眼
橢圓形 凸圓面
加拿大 不列顛哥倫比亞省（British Columbia）產
10.27ct No.7145

78
「閃玉扳指」（Nephrite Thumb Ring）
用白色閃玉雕成的扳指（Archer's Ring）。上頭刻了一首漢詩。應為康熙時代之作（1662-1722 年）
國立西洋美術館
橋本收藏品（OA.2012-0835）

橢圓形 凸圓面
新疆維吾爾自治區 和田市 玉龍喀什河產
8.66ct No.7173

有種角閃石稱爲石棉，經常形成非常細長的纖維狀集合體。閃玉也是這種纖維狀的陽起石及透閃石緊密交織而成，因此不易斷裂，相當適合雕刻。品質極佳的閃玉在韌性這方面據說更勝輝玉，但硬度上則不及輝玉。有些角閃石的纖維會平行排列，這些石頭如果切磨成半圓形的凸圓面，就會顯現出貓眼效果（貓眼效應）。不過，這類寶石在韌性上因不如一般的閃玉，故比較容易沿著纖維平行裂開。

閃玉和輝玉一樣，都是經由變質作用形成的，有時甚至會在同一個地區產出兩種玉。不過閃玉的形成條件比輝玉更廣泛，因此產地較多，產量也遠高於輝玉。具體來說，閃玉形成於曾經歷過變質作用的鐵鎂質火成岩（如橄欖岩或玄武岩），或是鐵鎂質火成岩入侵之後因接觸變質作用而生成的白雲岩中，是變質程度的指標礦物。

閃玉在中國的歷史比輝玉悠久，其中來自新疆和田所產的玉石品質極佳，是備受重視的「和田玉」。當中尤以白色且帶有蠟狀光澤的純淨透閃石等級最高，是人們口中的「羊脂玉」。臺灣、紐西蘭、澳洲等地也是著名的閃玉產地。不過以這些地方命名的「某某翡翠」其實都是閃玉，而非輝玉。此外，俄羅斯的西伯利亞、加拿大的不列顛哥倫比亞省、巴基斯坦、墨西哥等世界各地亦有閃玉產出。紐西蘭的毛利族稱綠色石頭為「Pounamu」（紐西蘭玉，又稱綠玉，或稱普納姆），自古就用來製作斧頭、日用工具及裝飾品，這些石頭不是閃玉就是綠色蛇紋石。

利用礫石形狀雕刻的作品
新疆維吾爾自治區
喀拉喀什河產
197.81ct No.7355

硬度
6

白玉 新疆維吾爾自治區
和田縣 玉龍喀什河產 No.8172

美國 加州 蒙特雷（Monterey）產 No.8141

透閃石　　　　　Tremolite

礦物名／tremolite（透閃石）
主要化學成分／氫氧化矽酸鈣鎂
化學式／$Ca_2(Mg,Fe^{2+})_5Si_8O_{22}(OH)_2$
光澤／玻璃光澤
晶系／單斜晶系
密度／3.0
折射率／1.60-1.64
解理／完全（雙向）
硬度／5-6
色散／-

美國 紐約州產 No.8419

色彩繽紛美麗的角閃石

透閃石是構成閃玉的礦物，有時也會以透明的單晶產出，可以切磨成刻面寶石。不過這種礦物並不如閃玉耐用，而且容易沿著解理斷裂，故在處理上必須小心。典型的透閃石通常為白色到灰色，不過獅子山共和國卻曾出現含鉻的鮮綠色結晶，在坦尚尼亞還會與丹泉石共生。含錳且呈淡紫色的透閃石又以「六方石」（Hexagonite。或稱含錳透閃石）這個寶石名為人所知，以美國紐約州為代表產地，具有明顯的多色性。

阿富汗 庫納爾省（Kunar）產 No.8426

長六角形 階梯形
美國 紐約州產
0.38ct No.7418

陽起石　　　　　Actinolite

礦物名／actinolite（陽起石）
主要化學成分／氫氧化矽酸鈣鎂
化學式／$Ca_2(Mg,Fe^{2+})_5Si_8O_{22}(OH)_2$
光澤／玻璃光澤
晶系／單斜晶系
密度／3.0
折射率／1.60-1.63
解理／完全（雙向）
硬度／5½-6
色散／-

綠色至褐色的角閃石

與透閃石同為能構成閃玉的礦物，經常以肉眼可見的大小結晶出現。主要成分含鐵，故呈綠色，不過色調不如含鉻的透閃石那樣鮮綠，反而更加深沉，有些甚至呈茶褐色。透明的結晶可以進行刻面切割，有些會展現貓眼效應。透閃石若為單晶，就不會具備和閃玉一樣的韌性。

愛媛縣 四國中央市產 No.2081

陽起石貓眼
橢圓形 凸圓面
斯里蘭卡產
1.46ct No.7312

矽線石　　　　　　Sillimanite

- 礦物名／sillimanite（矽線石）
- 主要化學成分／氧化矽酸鋁
- 化學式／$(Al,Fe)_2OSiO_4$
- 光澤／玻璃光澤〜鑽石光澤
- 晶系／斜方晶系
- 密度／3.2-3.3
- 折射率／1.66-1.68
- 解理／完全（單向）
- 硬度／6½-7½
- 色散／-

斯里蘭卡產 No.8212

高溫下形成的結晶

　　矽線石本質上是無色（白色）的，但若受到微量成分的影響，有可能呈現黃色、藍色、綠色、紫色。常見於經歷高溫變質作用的片岩和片麻岩中。其英文 Sillimanite 是為了紀念美國科學家班傑明‧西里曼（Benjamin Silliman）而來的。透明的藍色或紫色結晶只要經過祖母綠切工或剪刀式切工（scissors cut）等刻面處理，就可以成為極具魅力的寶石。因具有明顯的多色性，只要觀察方向不同，就能呈現黃綠色、綠色、藍色等不同色彩。纖維狀結晶的集合體稱為貓眼矽線石（Fibrolite），通常會切磨成凸圓面。

八角形 階梯形
斯里蘭卡產 1.59ct
No.7086

南非 帕拉巴
（Phalaborwa）產 No.8085

硬度 6

紅柱石　　　　　　Andalusite

- 礦物名／andalusite（紅柱石）
- 主要化學成分／矽酸鋁
- 化學式／Al_2OSiO_4
- 光澤／玻璃光澤
- 晶系／斜方晶系
- 密度／3.1-3.2
- 折射率／1.63-1.64
- 解理／良好（雙向）
- 硬度／6½-7½
- 色散／0.016

巴西 米納斯吉拉斯州產
No.8226

在西班牙安達魯西亞州發現的寶石

　　誠如其名「紅柱石」所示，這種寶石因含有鐵等微量成分，故色調為粉紅到紅褐色，還包括了紫色、黃色、綠色、藍色等，相當豐富。產於變質岩、花崗岩和偉晶花崗岩中。透明的結晶極為罕見，但美麗得令人驚嘆。最初發現地是西班牙的安達魯西亞州（Andalucía），故名。與矽線石和藍晶石為同質異象（相同成分但原子排列不同）的礦物。

　　具有多色性，只要觀察的角度不同，顏色就會發生變化。又稱為「洞察之石」。

多色性強的梨形
巴西產 13.16ct No.7227

紅色強烈的橢圓形
混合切工
巴西產 2.34ct No.7228

171

柱晶石　Kornerupine

- 礦物名／kornerupine（柱晶石）
- 主要化學成分／硼矽酸鎂鋁
- 化學式／$(Mg,Fe^{2+},Al,\square)_{10}(Si,Al,B)_5O_{21}(OH,F)_2$
- 光澤／玻璃光澤
- 晶系／斜方晶系
- 解理／良好（雙向）
- 密度／3.3-3.4
- 硬度／6-7
- 折射率／1.66-1.69
- 色散／0.018

化學結構廣泛的稀有寶石

其英文 Kornerupine 取自丹麥地質學家安德烈亞斯・尼古拉斯・科內魯普（Andreas Nicolaus Kornerup）之名。化學結構廣泛，色彩豐富。除了深綠，還有無色（白色）、奶油色、藍色、粉紅色和黑色等多種顏色。結晶形態也是琳瑯滿目，有宛如電氣石的柱狀結晶，也有呈放射狀的針狀結晶以及纖維狀的集合體。這種稀有的透明結晶在進行切割之際，爲了讓綠色或藍色的最佳色澤毫不保留地展現出來，在確定桌面的方位時通常會格外謹慎。這種寶石產地有限，全世界不到 60 處。主要產於二氧化矽少，但鋁含量豐富的變質岩中。

馬達加斯加產 No.8319

橢圓形 混合切工
斯里蘭卡 拉特納普勒產
1.26ct No.7277g

橢圓形 混合切工
坦尚尼亞產
0.61ct No.7277b

硼鋁鎂石　Sinhalite

- 礦物名／sinhalit（硼鋁鎂石、錫蘭石）
- 主要化學成分／硼酸鎂鋁
- 化學式／$Mg(Al,Fe)(BO_4)$
- 光澤／玻璃光澤
- 晶系／斜方晶系
- 解理／良好（雙向）
- 密度／3.5
- 硬度／6½-7
- 折射率／1.67-1.71
- 色散／0.018

發現於斯里蘭卡的含硼礦物

1952 年在斯里蘭卡（舊稱錫蘭）發現，故其英文 Sinhalite 以梵語中意指斯里蘭卡的「Sinhala」爲名。寶石等級的硼鋁鎂石主要產於馬達加斯加、坦尚尼亞和緬甸。最常見的顏色有無色（白色）、灰色、灰藍色，或淡黃色到深褐色等等。坦尚尼亞還曾經發現含鉻的淡粉色和偏褐的粉紅色結晶。是一種罕見的伴生礦物，主要形成於石灰岩和花崗岩接觸帶中富含硼的矽卡岩裡。

斯里蘭卡產 No.4039

梨形 混合切工
斯里蘭卡 恩比利皮提亞產
8.45ct No.7302

倫巴斯[*]（Lumbas）
階梯形 斯里蘭卡產
30.25ct No.7582

※ 譯註：結合了階梯形和明亮式的切工方法

金紅石　　　　　Rutile

礦物名／rutile（金紅石）
主要化學成分／氧化鈦
化學式／TiO_2
光澤／鑽石光澤～亞金屬光澤
晶系／正方晶系
密度／4.2-4.3
折射率／2.61-2.90
解理／良好（雙向）
硬度／6-6½
色散／-（非常大）

硬度 6

帶有紅色的鈦礦物

　　鈦的氧化礦物之一，是花崗岩、偉晶岩、片麻岩和片岩的伴生礦物，亦可在熱液礦床中產出。密度高，能形成砂積礦床。其英文 Rutile 源自拉丁語的 rutilus，意指「紅色」或「閃耀」。偏紅而且略微透明的大顆結晶有時會切割成刻面寶石供收藏家珍藏，不過其較為人所知的形態，是存於石英結晶中的金色針狀晶體，通常會用來裝飾。只要內含微細的針狀結晶，就能產生貓眼效應或星光效應。

美國 北卡羅來納州產 No.8308

三角形 混合切工
斯里蘭卡產 1.13ct No.7309

錫石　　　　　Cassiterite

礦物名／cassiterite（錫石）
主要化學成分／硼酸矽酸鋁
化學式／SnO_2
光澤／鑽石光澤～金屬光澤
晶系／正方晶系
密度／6.9-7.1
折射率／1.99-2.10
解理／不明顯
硬度／6-7
色散／0.071

色調偏紅的含錫礦物

　　錫的氧化物。其英文 Cassiterite 源自希臘語中意指錫的「cassiteros」。本質上是無色的，但因含有微量的鐵，故呈現褐色或黑色。生成於伴隨花崗岩的熱液礦床中。因耐風化，相對較重，通常會聚集在河床或沙灘上形成砂積礦床。這種寶石以無光澤的黑色或褐色居多，帶有紅色的透明結晶則是會切割成刻面寶石供收藏家珍藏。算是錫的唯一資源。

俄羅斯產 No.8281

橢圓形 混合切工 澳洲產
6.80ct No.7088

173

矽硼鎂鋁石　Grandidierite

- 礦物名 / grandidierite（矽硼鎂鋁礦）
- 主要化學成分 / 硼酸矽酸鋁鎂
- 化學式 / $(Mg, Fe^{2+})(Al, Fe^{3+})_3O_2(BO_3)(SiO_4)$
- 光澤 / 玻璃光澤
- 晶系 / 斜方晶系
- 密度 / 3.0
- 折射率 / 1.58-1.64
- 解理 / 完全（雙向）
- 硬度 / 7½
- 色散 / -

20世紀發現的藍綠色礦石

20世紀初於馬達加斯加發現的藍綠色新礦物。矽硼鎂鋁石雖然因其美麗的顏色、稀有性以及足夠的硬度而被視為寶石，但絕大多數透明度低，通常只能切磨成凸圓面或做成串珠。不過近年來透明度較高的結晶備受關注，因為人們在2000年於斯里蘭卡、2014年於馬達加斯加原產地附近發現了新的礦床。矽硼鎂鋁石產於富含硼和鋁的片麻岩、細晶岩和偉晶岩中。其英文Grandidierite，取自法國博物學家和探險家阿爾弗雷德・格朗迪迪爾（Alfred Grandidier）之名。

馬達加斯加 阿諾西區（Anosy） 特拉諾馬羅（Tranomaro）產 No.4044

梨形 凸圓面
馬達加斯加 安德拉諾馬納（Andranomana）產
1.32ct No.7279

圓形 混合切工
馬達加斯加產
0.22ct No.7280

硼鋁石　Jeremejevite

- 礦物名 / jeremejevite（硼鋁石）
- 主要化學成分 / 氟化硼酸鋁
- 化學式 / $Al_6(BO_3)_5F_3$
- 光澤 / 玻璃光澤
- 晶系 / 六方晶系
- 密度 / 3.3
- 折射率 / 1.64-1.65
- 解理 / 無
- 硬度 / 6½-7½
- 色散 / -（大）

在西伯利亞發現的稀有寶石

顏色會隨著觀察角度不同而改變的二色性氟硼酸鹽類礦物有藍紫色、黃色、無色等色調，但以藍色最為著名。生成於偉晶花崗岩的晚期熱液作用中。1883年，法國礦物學家亞歷克西・達莫（Alexis Damour）在西伯利亞外貝加爾邊疆區（Zabaykalsky Krai）的尼爾欽斯克（Nerchinsk）地區發現了這種礦物。其英文Jeremejevite取自俄羅斯礦物學家帕維爾・V・耶列梅耶夫（Pavel V. Jeremejev）之名。1970年代，納米比亞產出了少量的柱狀透明結晶，而且還切割成寶石。

納米比亞 埃龍戈區（Erongo）產 No.4043 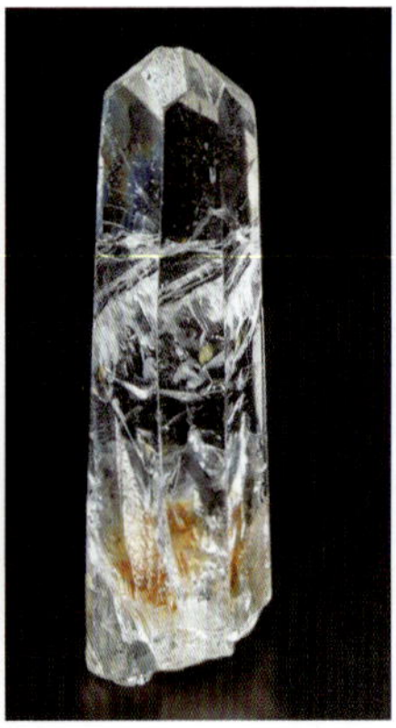　納米比亞 埃龍戈產 No.4045

納米比亞 埃龍戈區產 No.8285

矩形 階梯形
馬達加斯加產 2.50ct No.7304

納米比亞 埃龍戈區 1.74ct No.3016

堇青石   Iolite

礦物名／cordierite（堇青石）
主要化學成分／矽酸鋁鎂
化學式／(Mg,Fe)$_2$Al$_4$Si$_5$O$_{18}$
光澤／玻璃光澤
晶系／斜方晶系（假六面體）　　解理／不明顯（單向）
密度／2.6-2.7　　硬度／7-7½
折射率／1.53-1.58　　色散／0.017

類似藍寶石，多色性顯著的寶石

　　誠如「堇青石」之名所示，這是一種紫羅蘭色的寶石，英文名 Iolite 源自希臘語中意指藍紫色的「Ios」。但是只要觀察的角度不同，顏色就會從深紫色變化成淡藍灰色或黃灰色（多色性），因此在進行切磨出刻面時會盡量讓桌面展現深紫色。透明度較低的礦石會加工琢磨出凸圓面，有些還會顯現出貓眼效應。這種寶石除了「水藍寶」（Water Sapphire）這個別稱，另一個別名 Dichroite 源自希臘語，意指「雙色石」。通常形成於富含鋁的變質岩或花崗岩質的岩石中。

巴西 米納斯吉拉斯州產 No.8265

硬度 6

橢圓形 混合切工
3.43ct No.7266

藍線石   Dumortierite

礦物名／dumortierite（藍線石）
主要化學成分／矽酸鋁鎂
化學式／(Al,Ti,Fe)$_7$BSi$_3$O$_{18}$
光澤／玻璃光澤
晶系／斜方晶系　　解理／明顯（單向）
密度／3.2-3.4　　硬度／7-8½
折射率／1.66-1.72　　色散／-

以深藍色為特色，
通常做成串珠或切磨成凸圓面

　　這種礦物通常以藍色到紫色的纖維狀或針狀結晶集合體的形式出現，主要加工成凸圓面或雕刻品。透明的大型結晶極為罕見，但具有多色性，顏色會隨著觀察角度的不同而從紅色變化成藍色或紫色，有時會切磨成刻面寶石供收藏家珍藏。產自巴西的透明水晶若是包含這種礦物的藍色針狀晶體，通常會加工切磨成凸圓面。藍色系列的致色因素是微量的鈦和鐵。主要成分是硼和鋁，除了變質岩，花崗岩質的偉晶岩礦脈也會產出。英文名 Dumortierite 取自法國考古學家歐仁・杜莫蒂埃（Eugène Dumortier）之名。

緬甸 莫谷產 No.8224

橢圓形 凸圓面
莫三比克產 15.50ct
No.7194

橢圓形 混合切工 馬達加斯加產
0.27ct No.7276

175

藍錐礦　　Benitoite

礦物名／benitoite（藍錐礦）
主要化學成分／矽酸鋇鈦
化學式／$BaTiSi_3O_9$
光澤／玻璃光澤
晶系／六方晶系
密度／3.7
折射率／1.76-1.80
解理／不完全（六向）
硬度／6–6½
色散／0.039–0.046

超過1ct的無瑕裸石非常稀有

　　在加州聖貝尼托河（San Benito River）附近發現的藍色石頭，外觀宛如藍寶石。全世界已知的產地雖然有十幾處，但寶石等級的結晶卻極為稀少。大小適合切割的藍錐礦只在原產地出現，雖然產出於變質岩中的白色鈉沸石（Natrolite）礦脈中，不過現在已經絕產。這種寶石具有二色性，只要觀察角度不同，藍色的深淺就會有所變化。其光的分散程度可與鑽石媲美，但是深邃的藍卻掩蓋了這個特性，難以同時展現色彩和閃耀光芒。是加州官方寶石（California's State Gem）。

美國 加州 聖貝尼托（San Benito）產 No.2048

枕墊形 星形

柱星葉石　　Neptunite

礦物名／neptunite（海王石）
主要化學成分／矽酸鐵鈦鈉鉀鋰
化學式／$KNa_2Li(Fe^{2+},Mn^{2+})_2Ti_2Si_8O_{24}$
光澤／玻璃光澤
晶系／單斜晶系
密度／3.2
折射率／1.69-1.73
解理／完全（雙向）
硬度／5-6
色散／-（非常大）

與藍錐礦共生的知名礦物

　　這種礦物呈黑色不透明至半透明，在強光下透視時，偶爾會呈現暗褐色或深藍色的色調。片狀解理顯著，因此不易切割。大小適合切割的柱星葉石幾乎只在加州的聖貝尼托產出，而且曾與藍錐礦一起大量埋藏在白色鈉沸石礦脈中，不過現在已經停產。這種礦石在模式產地格陵蘭因與霓石（Aegirine）緊密共生而被發現，為了呼應以斯堪地那維亞語中的海神埃吉爾（Aegir）命名的霓石輝石，故以羅馬神話中的海神尼普頓（Neptune）之名來為其命名。

美國 加州 聖貝尼托產 No.2090

八角形 階梯形 美國 加州 聖貝尼托產
2.82ct No.3022

水鋁石　　　　　　　Zultanite

礦物名／diaspore（硬水鋁石、舒坦石）
主要化學成分／羥基氧化鋁
化學式／AlO(OH)
光澤／玻璃光澤
晶系／斜方晶系　　　解理／完全（單向）、明顯（雙向）
密度／3.2-3.5　　　　硬度／6½-7
折射率／1.68-1.75　　色散／-

寶石等級的鋁礦石

　　包含在鋁土礦（Bauxite。或稱鋁礬土）的鋁礦石之中，名為硬水鋁石的礦物。外觀若是美麗，則可切磨成寶石。具有顯著的多色性，只要觀察角度不同，就會呈現各種顏色。在自然光源下略帶淺綠色，在蠟燭光下則會呈現如覆盆子般的紫紅色。從1970年代後期開始，這種稀有寶石原本以硬水鋁石之名在市面上流通。但從2000年代中期起，水鋁石（Zultanite，或稱查萊石〔csarite〕）這個品牌名稱逐漸成為主流。水鋁石本身雖然是一種常見的礦物，但能被稱為水鋁石的寶石級品質只能在土耳其找到。

土耳其產 No.8061

枕墊形　星形
土耳其產　2.53ct
No.7062

硬度 6

綠簾石　　　　　　　Epidote

礦物名／epidote（綠簾石）
主要化學成分／氫氧化矽酸鈣鋁鐵
化學式／$Ca_2(Al_2Fe^{3+})[Si_2O_7][SiO_4]O(OH)$
光澤／玻璃光澤
晶系／單斜晶系　　　解理／完全（單向）
密度／3.3-3.5　　　　硬度／6-7
折射率／1.73-1.77　　色散／0.030

以結晶表面的細微紋理為特徵

　　與丹泉石（黝簾石）類似的雙矽酸鹽（sorosilicate）礦物。典型的顏色為淺綠色到深濃的開心果綠，亦具有強烈的多色性（顯現的顏色會隨著觀察角度不同而改變特性）。但解理差，容易斷裂，因此透明的結晶大多會切割成收藏家珍藏的寶石。鮮豔綠色的矽灰石膏（Thaumasite）是含鉻的綠簾石變種礦物，而綠簾花崗石（unakite）則是一種由綠色綠簾石、粉紅色正長石以及無色石英組成的變質花崗岩，通常採用隨形或凸圓形等切工方式，亦用來製作串珠或雕刻品。綠簾石廣泛分布在變質岩、矽長質火成岩、火成岩與石灰岩的接觸帶以及熱液變質帶中。其柱狀結晶面在形成時一定會有一面比其他面寬，故

奧地利 薩爾茨堡
（Salzburg）產 No.2067

橢圓形 混合切工
肯亞產
2.02ct No.7303

其英文 Epidote 特地以希臘語意指增加的「epidosis」為名。在日本亦稱「綠簾石」。

177

丹泉石（坦桑石） Tanzanite

礦物名／zoisite（黝簾石）
主要化學成分／氫氧化矽酸鈣鋁
化學式／$Ca_2Al_3[Si_2O_7][SiO_4]O(OH)$
光澤／玻璃光澤
晶系／斜方晶系
密度／3.2-3.4
折射率／1.69-1.73
解理／完全（單向）
硬度／6-7
色散／0.030

令人印象深刻的藍色和多色性

丹泉石是在坦尚尼亞發現的黝簾石，顏色從淡紫藍到藍寶石藍都有。多色性強，只要觀賞角度不同，就會呈現灰色、紫色或藍色等色彩。粉紅色的黝簾石則是稱為粉紅黝簾石（Thulite。又稱桃簾石或錳綠簾石）。一般的黝簾石塊狀集合體通常會加工成凸圓面、雕刻品或串珠。這種礦石會在受到廣域變質作用或熱液變質作用的火成岩中產出，見於由含鈣豐富的岩石變質形成的中度片岩、片麻岩、角閃岩和偉晶岩中。可以當作紅寶石原石母岩的鮮綠色黝簾石稱為紅寶黝簾石（Anyolite），是相當受歡迎的雕刻和裝飾用石材。

綠色的稱為綠色黝簾石（green zoisite），1805年於奧地利發現，不過寶石等級的品質卻要到近年才開始在市場上流通。

坦尚尼亞產 No.4037

坦尚尼亞產 No.8133

橢圓形 混合切工
坦尚尼亞產 1.61ct No.7580

綠色黝簾石
梨形 星形

綠色黝簾石的岩石當中含有不透明紅寶石的稱為紅寶黝簾石。

質量量表
丹泉石（加熱）

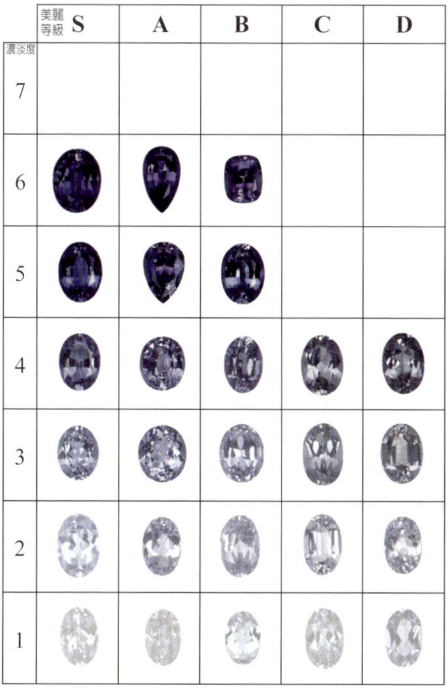

美麗等級＼濃淡度	S	A	B	C	D
7					
6					
5					
4					
3					
2					
1					

質量量表的品質三區域

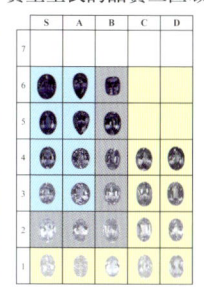

〈價值比較表〉

ct size	GQ	JQ	AQ
10	200	100	50
3	50	25	12
1	10	5	3
0.5			

〈品質辨識方法〉

丹泉石可以得到比藍寶石更美麗、更碩大的顆粒。至於要選擇紫羅蘭藍色還是藍色，端視個人喜好。不過經過切割的大顆寶石通常會顯現淡淡的馬賽克圖案，展現出深邃美麗的藍。特別是在 GQ 等級當中，顆粒碩大的 S、A、濃淡度為 6、5 是公認最美的寶石。

其美固然令人著迷，但丹泉石的摩氏硬度只有 6，相對較軟，故在判斷其作為寶石的價值時，恐怕需要好好考慮到這一點。有時將其鑲嵌在戒指上佩戴時，可能會因為不經意的碰撞而導致稜角破損。

帶灰色調的，或者濃淡度低於 2 的會被歸類為 AQ 等級。選擇凸圓形切工可以欣賞到其美麗的模樣並避免破損。

市場上大多數的勤簾石都是經過加熱處理的棕色勤簾石。

硬度 **6**

相似的寶石

No.7359 → P.78 藍寶石
No.7733 → P.104 藍色尖晶石
No.7154 → P.121 藍柱石
No.7744 → P.138 帕拉伊巴碧璽
No.7731 → P.175 堇青石
No.7732 → P.219 紫螢石

人造合成石
產量多且價格便宜，因此不製作人造合成石。

仿冒品
No.7734 玻璃

179

符山石　　　　Idocrase

礦物名／vesuvianite（維蘇威石）
主要化學成分／氫氧化矽酸鈣鋁
化學式／(Ca, Na)$_{19}$(Al, Mg, Fe)$_{13}$(SiO$_4$)$_{10}$(Si$_2$O$_7$)$_4$(OH, F, O)$_{10}$
光澤／玻璃光澤～樹脂光澤
晶系／正方晶系、單斜晶系
密度／3.3-3.4
折射率／1.70-1.75
解理／不明顯（雙向）
硬度／6-7
色散／0.019-0.025

以過去的礦物名為寶石名

　　寶石等級的透明維蘇威石（Vesuvianite）至今依舊稱為符山石（Idocrase）。其形成於經歷變質作用的大理岩和白雲岩等石灰岩中。除了綠色及明亮的淺黃綠色（夏翠絲黃，Chartreuse yellow）外，還有因為錫、鉛、錳、鉻、鋅、硫黃等各種微量元素造成的多色結晶。例如，含鉍的鮮豔紅（瑞典朗班〔Långban〕產）、含銅的綠藍色（青符山石，Cyprine）等等。如果是塊狀集合體，則以「加州玉」（Californite）這個別名在市場上流通。

圓形 混合切工 肯亞產
0.80ct No.7102

加拿大 魁北克省產
No.4004

加拿大 石棉鎮（現為泉源谷）傑弗里（Jeffrey）產
No.4003

斧石　　　　Axinite

礦物名／axinite-(Fe)（鐵斧石）、axinite-(Mg)（苦土斧石）
主要化學成分／氫硼矽酸鈣鋁鐵
化學式／Ca$_4$(Fe^{2+},Mg,Mn^{2+})$_2$Al$_4$[B$_2$Si$_8$O$_{30}$](OH)$_2$
光澤／玻璃光澤
晶系／三斜晶系
密度／3.2-3.3
折射率／1.66-1.70
解理／良好（單向）
硬度／6½-7
色散／0.018-0.020

形狀和斧頭一樣平坦的結晶

　　斧石指的是包括鐵斧石（Ferro-axinite）、錳斧石（Mangan-axinite）等四種礦物種在內的族群，但通常難以區分。因其結晶尖銳又堅硬，故英文名 Axinite 特地取自希臘語中意指斧頭的「axina」。這種寶石通常產於變質岩和偉晶岩之中。除了常見的深褐色外，還有灰色、藍紫色、黃色、橘色，甚至是紅色，相當豐富。不過這種寶石容易受損，切磨成刻面寶石之後通常僅供收藏家珍藏。

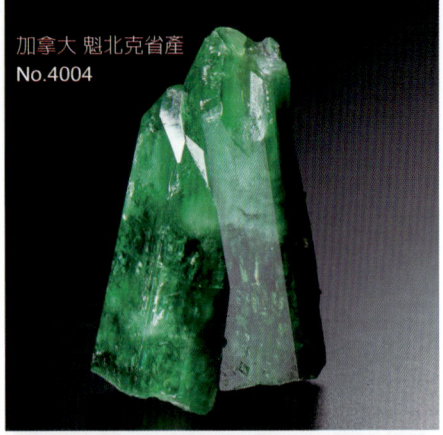

巴基斯坦 吉爾吉特（Gilgit）產
No.8177

橢圓形 星形
法國（舊多芬省〔Old Dauphiné〕）產
4.88ct No.7178

黑曜石　　　　　Obsidian

岩石名 / obsidian（黑曜岩）
主要化學成分 / 二氧化矽
化學式 / SiO$_2$
光澤 / 玻璃光澤
晶系 / 非晶質
密度 / 2.3-2.6
折射率 / 1.45-1.55
解理 / 無
硬度 / 5-6
色散 / 0.010

鋒利的斷面自古用來當作刀刃

　　這是一種來不及結晶的高黏度岩漿凝固而成的天然玻璃，形成於流紋岩質熔岩的其中一部分。從舊石器時代到繩文時代就用來製作箭頭和刀具等石器。通常呈黑色至灰色，也有暗綠色和紅褐色。有時會因為微細的氣泡或內含物的影響而產生金色的貓眼效應、青光白彩（閃光效應）或暈彩。含有赤鐵礦等內含物而呈現紅色或褐色圖案的稱為「桃花心木黑曜石」（Mahogany Obsidian）。伴隨方矽石（Cristobalite）白色放射狀集合體的則是稱為「雪花黑曜石」（Snowflake Obsidian）。

美國 科羅拉多州產
No.8050

心形 凸圓面
96.26ct No.7171B
左邊兩個為墨西哥 哈利斯科州
馬格達萊納（Magdalena）產。

橢圓形 凸圓面
56.20ct No.7171A

橢圓形 凸圓面
北海道 遠輕町（舊白瀧村）產
18.05ct No.7051

硬度 6

莫爾道玻隕石　　Moldavite

岩石名 / tektite（似曜岩、泰國隕石）
主要化學成分 / 含鋁矽酸氧
化學式 / SiO$_2$ (+Al$_2$O$_3$)
光澤 / 玻璃光澤
晶系 / 非晶質
密度 / 2.4
折射率 / 1.48-1.54
解理 / 無
硬度 / 5½
色散 / -

隕石撞擊產生的天然玻璃

　　隕石撞擊地球時，地表的岩石因為衝擊而熔化並飛散到空中，瞬間冷卻後形成的天然玻璃，是「似曜岩」的一種。這種岩石見於世界各地，以黑色不透明者居多。約 1500 萬年前，一顆隕石在德國巴伐利亞州（Bavaria）的里斯（Ries）地區墜落。因其衝擊產生的似曜岩以橄欖綠及原石表面的凹凸紋理為特徵，稱為「莫爾道玻隕石」。其產出的範圍甚至延伸到距離里斯隕石坑 450 公里遠之處。在利比亞沙漠發現的淡黃色玻璃也是一種似曜岩，稱為「利比亞沙漠玻璃」（Libyan desert glass）。

捷克產 No.8261

橢圓形 混合切工
捷克產
5.02ct No.7264

Column

岩石也可以變成首飾？
美麗的岩石

若論及由礦物集合體構成的岩石寶石代表，非「青金石（參見P.192）」莫屬。不過世上還有其他美麗的岩石。接下來要介紹四種可以製成胸針或戒指、欣賞其獨特紋理和質感的岩石。

石灰岩　limestone

岩石名稱／limestone（石灰岩）
主要構成礦物／方解石

主要由溫暖海洋中的生物遺骸沉積而成的碳酸鈣堆積岩。通常呈白色至灰色，不過顏色變化相當豐富，含鐵會偏紅，若含黃鐵礦或石墨則會呈黑色。常含有化石，形成獨特的紋理。傳聞有些國家會將含有珊瑚或海百合化石的石灰岩切磨成寶石。在寶石和石材領域當中，有時也將其歸類為「大理岩」（Marble）。在日本，海百合的化石會形成宛如梅花的白色紋理，這樣的石頭稱為「梅花石」，可用來觀賞。

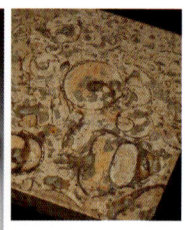

產地不詳 No.8636

包含名為「蛇紋石」的珊瑚化石在內的石灰岩。岩手縣產 私人收藏

橢圓形 凸圓面
美國產 73.01ct No.7635

岩手縣產 No.8641

大理岩　Marble

岩石名稱／crystalline limestone（結晶石灰岩），crystalline dolostone（結晶白雲岩）
主要構成礦物／方解石

大理岩是再次結晶的石灰岩及白雲岩。單純的大理岩呈白色，微量的鐵可使其帶有褐色。但如果是黃鐵礦或石墨的話就會偏黑，顏色變化相當豐富。此外，產自愛爾蘭的「康尼馬拉大理岩」（Connemara Marble）呈現綠色至黃色，而且大多為蛇紋岩。照此看來，雖然稱為「大理岩」，但就地質學的角度來看，其實包含了許多種岩石，就連外觀也是琳瑯滿目。自古人們便將大理岩當作寶石來使用，像是在美索不達米亞遺址中發現的飾品就是用大理岩雕刻而成。大理岩的大塊原石容易取得，又易於加工和雕刻，故現今主要當作裝飾性石材來善加利用。

希臘產 No.8469　義大利產 No.8470b　挪威產 No.8470c

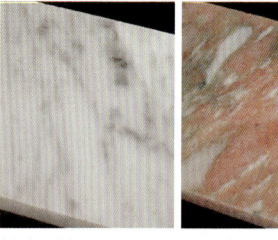

橢圓形 凸圓面
巴基斯坦產 16.39ct
No.7632

橢圓形 凸圓面
巴基斯坦產 78.88ct
No.7633

康尼馬拉大理岩戒指
愛爾蘭產 私人收藏

花崗岩 Granite

岩石名稱 / granite（花崗岩）
主要構成礦物 / 石英、鉀長石、斜長石、雲母

花崗岩是地下深處的岩漿慢慢凝固而成的岩石，是石英、鉀長石、斜長石、黑雲母等多種礦物的集合體。鉀長石會因微量的赤鐵礦而帶有紅色，有時整塊岩石看起來也偏紅。這種岩石在日本稱為御影石，一般會當作石材來使用。不過維多利亞時期的英國卻流行將蘇格蘭亞伯丁（Aberdeen）地區開採的白紅花崗岩組合製成珠寶。最近有一種來自巴基斯坦的花崗岩，裡頭含有沉澱於細微裂痕中的藍銅礦，稱為「K2花崗岩」，亦用來製作飾品。

岡山縣 岡山市 萬成產
No.8463

愛知縣 豐田市產
No.8466a

芬蘭產
No.8466d

茨城縣 笠間市 稻田產 17.06ct。
No.7465

山口縣 周南市產
私人收藏

含有藍銅礦的裸石
巴基斯坦產
私人收藏

花崗岩胸針 英國產 私人收藏

砂岩 Sandstone

岩石名稱 / sandstone（砂岩）
主要構成礦物 / 石英

沙粒固結而成的岩石。在大陸形成的砂岩中有些幾乎是由石英粒子構成，可能會呈現純白色，不過大多數情況都是因為含有少量雜質而呈現不同顏色。經過變質作用而重新結晶的砂岩稱為「石英岩」，其中特別美麗的稱為「灑金石」。有時滲透的地下水中會因為鐵的溶解及沉澱而形成褐色的圖案，這樣的砂岩稱為「畫石」（Picture Stone）。另外，二氧化錳形成的樹枝狀結晶稱為「枝晶」，有時亦會用來製作首飾。此外，名為「金砂石」（Gold sandstone）或「灑金石」的石頭，通常是摻入銅等物質而製成的玻璃。

約旦產 私人收藏

澳洲 安達穆卡
（Andamooka）產
146.43ct No.7491

橢圓形 凸圓面
美國 奧勒岡州產
No.61.04ct No.7493

183

透鋰長石　　　Petalite

礦物名 / petalite（葉長石）
主要化學成分 / 鋁矽酸鋰
化學式 / LiAlSi$_4$O$_{10}$
光澤 / 玻璃光澤
晶系 / 單斜晶系
密度 / 2.4
折射率 / 1.50-1.52
解理 / 完全（單向）
硬度 / 6-6½
色散 / 0.0141

發現鋰元素的關鍵

外觀與長石家族的礦物相似，無色透明的會切磨成刻面寶石供收藏家珍藏，不過質地脆弱，不適合製成首飾。透鋰長石比長石更為罕見，也是鋰的主要來源，但通常呈不透明的塊狀，寶石等級的品質更是稀有。通常會與鋰輝石、鋰雲母、鋰電氣石等一同產於含鋰的偉晶岩中。因沿著解理可以剝成薄片狀，故其英文 Petalite 特地以希臘語中的葉子，亦即「petalon」為名。

巴西 米納斯吉拉斯州產 No.8273

三角形
巴西 米納斯吉拉斯州
伊欽加（Itinga）產 51.79ct No.3014

橢圓形 混合切工
巴西產 8.94ct
No.7313

銫沸石　　　Pollucite

礦物名 / pollucite（銫長石）
主要化學成分 / 水合鋁矽酸銫
化學式 / Cs（Si$_2$Al）O$_6$•nH$_2$O
光澤 / 玻璃光澤
晶系 / 等軸晶系
密度 / 2.7-3.0
折射率 / 1.51-1.53
解理 / 無
硬度 / 6½-7
色散 / 0.014

與雙子座同名的寶石

同時發現的兩種礦物以希臘神話中的雙胞胎英雄，同時也是雙子座中最亮的兩顆星星，卡斯托爾（Castor）和波魯克斯（Pollux）為名。只是卡斯托爾石後來被證明與葉長石（Petalite）屬同種礦物，故不再使用。銫沸石是少數以稀有元素銫為主要成分的礦物之一，通常會在沉積岩和偉晶岩中發現。一般為微細結晶的塊狀集合體，顆粒碩大的結晶反而比較罕見。顆粒更大而且透明度高的結晶更是稀有，不過阿富汗的卡姆代什（Kamdesh）卻曾發現直徑達 60 cm的結晶。

阿富汗產 No.8075

八角形 混合切工
巴基斯坦 辛加斯（Shigar）產
3.79ct No.7147

長石家族的寶石

Feldspar minerals

寶石名	礦物名稱（亞種名）
月長石	正長石（或透長石、微斜長石）、鈉長石、拉長石
日長石	鈉長石（中長石、奧長石〔鈣鈉長石〕）、鈣長石（拉長石）、正長石等
拉長石	拉長石
天河石	微斜長石

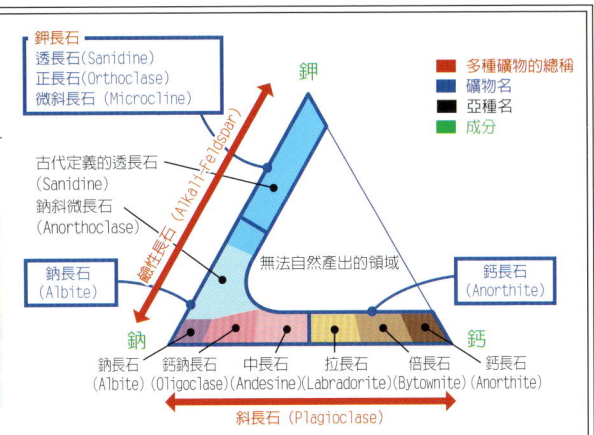

鉀長石
　透長石（Sanidine）
　正長石（Orthoclase）
　微斜長石（Microcline）

多種礦物的總稱
礦物名
亞種名
成分

古代定義的透長石（Sanidine）
鈉斜微長石（Anorthoclase）
鈉長石（Albite）
鈣長石（Anorthite）

鹼性長石（Alkali-feldspar）
斜長石（Plagioclase）
無法自然產出的領域

鈉長石（Albite）　鈣鈉長石（Oligoclase）　中長石（Andesine）　拉長石（Labradorite）　倍長石（Bytownite）　鈣長石（Anorthite）

地殼中最多且種類繁多

　　長石是地殼中最常見的造岩礦物，月長石和日長石等也是其中一種。這些礦物都含有矽、鋁、氧，不過可以根據其他元素的含量，將其分為鉀含量高的鉀長石、鈉含量高的鈉長石，以及鈣含量高的鈣長石。而鉀長石還可以根據原子排列方式細分為玻璃長石、正長石和微斜長石三種。此外，鉀長石和鈉長石（鈣含量較低的）統稱為鹼性長石，鈉長石（鉀含量較低的）和鈣長石統稱為斜長石。鹼性長石常見於花崗岩、花崗閃長岩、閃長岩等岩石中，斜長石則常見於輝長岩、安山岩、玄武岩等岩石中。

　　過去長石的分類更細（如上圖所示），不過在已不再用來劃分礦物種了。儘管如此，這些名稱至今依舊繼續當作寶石名來使用。雖然用來製作首飾的不多，但是透明度高的長石還是會按照以前的分類在市面上流通。

　　另一方面，有些長石則是被賦予獨特的寶石名稱，例如天河石、月長石及日長石。像是天河石對應礦物種是微斜長石，而月長石與日長石就僅是根據外觀所取的名稱，並未特別對應某種長石。

●透長石
和歌山縣 太地町產 
No.8373

方形 階梯形
德國產（前西德）
1.13ct
No.7374

●冰長石（具有獨特形狀、低溫生成的鉀長石亞種名）
阿富汗產 
No.8377

階梯形
奧地利 蒂羅爾（Tyrol）產
14.98ct No.7378

●倍長石
墨西哥 奇瓦瓦（Chihuahua）產 
No.8382

欖尖形 混合切工
5.31ct No.7383

●正長石
馬達加斯加產 No.8129 

橢圓形 混合切工（黃色）
馬達加斯加產
10.75ct
No.7376

●鈣鈉長石
肯亞 蘇丹哈穆德（Sultan Hamud）產
No.8392

圓形 混合切工
肯亞 蘇丹哈穆德 1.02ct No.7392

●鈣長石
三宅島 赤場曉灣產 
No.8386

185

月長石（月光石）Moonstone

礦物名 / orthoclase（正長石）
主要化學成分 / 鋁矽酸鉀
化學式 / $KAlSi_3O_8$
光澤 / 玻璃光澤
晶系 / 單斜晶系
密度 / 2.6
折射率 / 1.52-1.53
解理 / 完全（單向）、良好（單向）
硬度 / 6-6½
色散 / -

正長石 印度 No.8405

結晶在冷卻過程中形成的月光般光芒

擁有如青藍月光般閃耀光芒的寶石。古羅馬人相信那是月光的凝結物，將其與月亮女神聯繫起來。這個白色閃光是礦石內部結構引起的光干涉現象，常見於含鈉和鉀的鉀長石、正長石和微斜長石中。剛從岩漿形成結晶的鉀長石、正長石和微斜長石結晶最初質地相當均勻，但會隨著冷卻分離成兩種長石（離溶），形成膜狀結構（鈉長石和鉀長石的交替層）。在鈣和鈉中間形成組織的斜長石（拉長石和奧長石）中，也經常形成類似的膜狀結構。這種結構會引起光的干涉，產生白色閃光。月長石通常底色明亮，閃光呈藍白單一色調；至於拉長石則常在暗色底色中展現出鮮豔的七彩干涉色。不過最近馬達加斯加等地發現了一種底色明亮且帶有淡藍閃光的拉長石，外觀與月長石難以區分，在市場上以彩虹月長石（Rainbow Moonstone）之名流通。此外，成分相當於鈉長石（主要是鈣鈉長石）的寶石有時也會稱為藍月長石（Blue Moonstone）或藍彩鈉長石（Peristerite）。

150

正長石
橢圓形 凸圓面
55.12ct No.7406b

正長石
圓形 凸圓面
13.36ct No.7406e

圓形 混合切工
No.7399

「藝術工藝戒指」 鑲有五顆橢圓形的月長石。每一顆都展現出亮麗的閃光。1902年左右
國立西洋美術館 橋本收藏品（OA.2012-0469）

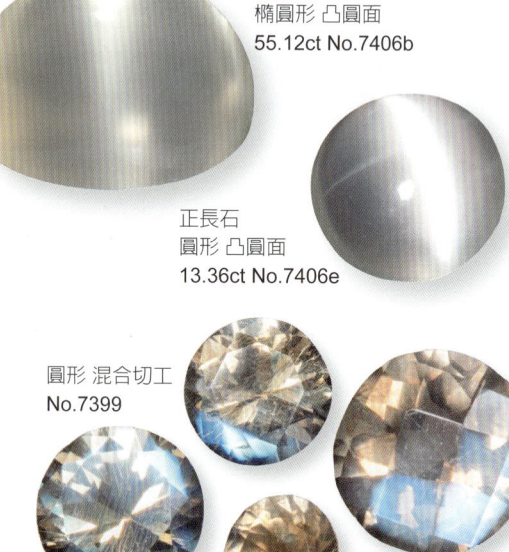

質量量表
月長石（無處理）

美麗等級 濃淡度	S	A	B	C	D
7					
6					
5					
4					
3					
2					
1					

相似的寶石

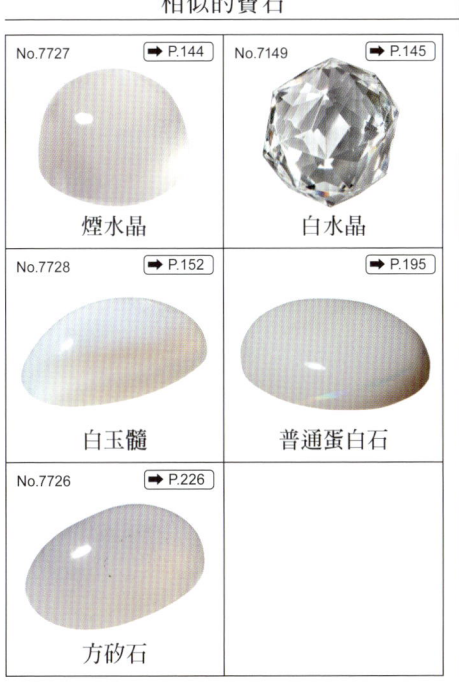

No.7727 ➡ P.144　煙水晶
No.7149 ➡ P.145　白水晶
No.7728 ➡ P.152　白玉髓
➡ P.195　普通蛋白石
No.7726 ➡ P.226　方矽石

質量量表的品質三區域

	S	A	B	C	D
7					
6					
5					
4					
3					
2					
1					

〈價值比較表〉

ct size	GQ	JQ	AQ
10	25	3	1
3	3	1.5	0.5
1	1	0.6	0.3
0.5			

〈品質辨識方法〉

如同月光柔和地在凸圓面上顯現閃光、等級為 2S、2A 的月長石被視為佳品。

2S、2A 的月長石可以看到藍色光芒。高透明度與藍色光澤是其美麗的重點。2B 和 2C 的灰色和淺棕色較為明顯，2D 的話則是缺乏透明度。帶有藍色光澤、閃光顯現的大顆斯里蘭卡月長石也有極為罕見的佳品。

採用凸圓面切工的寶石有個共同點，那就是輪廓、頂部高度、曲線的弧度等整體均衡與否很重要。雖然個人喜好也是一個因素，不過首飾的製作方式也會大大地影響到評價。長石類的共同特性就是易碎，特別是月長石，所以戴戒指時一定要小心，盡量不要碰撞到硬物，以免寶石損壞。

硬度 6

人造合成石	仿冒品
市場上沒有	玻璃 No.7729 / No.7730

187

拉長石　　　Labradorite

礦物名／anorthite（鈣長石）
主要化學成分／鋁矽酸鈉鈣
化學式／(Ca,Na)(Si,Al)$_4$O$_8$
光澤／亞玻璃光澤
晶系／三斜晶系　　解理／完全（單向）、良好（單向）
密度／2.7　　　　　硬度／6-6½
折射率／1.56-1.57　 色散／-（小）

因光的干涉而產生的閃光

以藍色為基調的青光白彩（閃光效應）或豐富的暈彩光澤效應稱為光譜光彩。只要高溫下均質的結晶在冷卻過程中分離成富含鈉及鈣的長石（離溶），就會形成薄膜，引起光的干涉。其英文 Labradorite 是以原產地的加拿大拉布拉多島（Labrador）為名。來自芬蘭的拉長石光澤強烈，有時會稱為光譜石（Spectrolite）。南印度和馬達加斯加亦產出擁有美麗暈彩效應且接近透明的寶石。也有無暈彩效果的透明黃、橘、紅、綠寶石。

馬達加斯加產 No.2071

變彩拉長石
（Parti-color Labradorite）
三角形 階梯形 9.98ct

拉長石（切磨成板狀）
加拿大 拉布拉多產 No.8409

天河石　　　Amazonite

礦物名／microcline（微斜長石）
主要化學成分／鋁矽酸鉀
化學式／K(AlSi$_3$O$_8$)
光澤／玻璃光澤
晶系／三斜晶系　　解理／完全（單向）、良好（單向）
密度／2.6　　　　　硬度／6-6½
折射率／1.51-1.54　 色散／-（小）

鮮豔的藍綠色讓人聯想到大河

青綠色到綠色的微斜長石稱為天河石，自古在埃及和美索不達米亞即為人所使用，印度在西元前三世紀左右亦有相關記載。微斜長石原本無色（白色），亦有黃色、紅色、藍色、綠色，相當繽紛多彩。綠色的致色因素據說是微量的鉛造成，但有時未能檢測出這個元素，因此確切原因尚不清楚。這種寶石解理明顯，處理上要特別小心。色調方面通常是不透明，帶有細小的白色斑紋，大多會切磨成凸圓面。主要產地在巴西的米納斯吉拉斯州，而不是亞馬遜河流域。

美國 科羅拉多州 哈里歐帕克（Hartsel Park）產 No.8092

橢圓形 凸圓面
俄羅斯（前蘇聯）產
83.92ct No.7093

日長石（太陽石） Sunstone

礦物名 / albite（鈉長石）
主要化學成分 / 鋁矽酸鈉鈣
化學式 / $(Na,Ca)Al(Si,Al)_3O_8$
光澤 / 玻璃光澤～珍珠光澤
晶系 / 三斜晶系
密度 / 2.6-2.7
折射率 / 1.53-1.56
解理 / 完全（單向）、良好（單向）
硬度 / 6-6½
色散 / -

硬度 6

顯現灑金效應的長石

　　長石家族中那些帶有灑金效應（因微細的氧化鐵或自然銅內含物而產生的閃爍效果）的礦石均統稱為日長石。紅色較為一般，但亦有黃色、綠色及帶藍色調。有時還會因為內含物的排列而出現貓眼效果（如同貓眼石的白色光帶效果）。當自然銅的內含物大到可以用放大鏡觀察時，赤銅色的灑金效應就會格外顯著。但即使是相同的自然銅，只要以比光波長還要小的膠體粒子形式分散於長石裡，那麼就不會看到灑金效應，而且還會根據粒子大小呈現不同的色調。

　　就礦物學的立場來看，日長石多屬於斜長石，有時與其他成分結合之後，還會再加以細分成各種亞種（如鈣鈉長石、中長石、拉長石）等。偶爾也會有屬於正長石的日長石（Orthoclase Sunstone）。除了俄羅斯、挪威、印度等地，近年來美國奧勒岡州的拉長石日長石（Labradorite Sunstone）和西藏產的中長石日長石（Andesine Sunstone）也開始大量流通。此外，最近市場上還出現了將淡色斜長石與銅一起加熱處理，使其變成紅色調的寶石。

鈣鈉長石 印度產 No.8400

鈣鈉長石
橢圓形 凸圓面
印度 卡納塔克邦
（Karnataka）產
9.99ct No.7402

正長石
橢圓形（Basket cut）混合切工
馬達加斯加產 12.82ct No.7403

中長石（5個）中國產 No.8388

中長石
枕墊形 混合切工
中國 西藏自治區產
2.98ct No.7390

赤鐵礦

Hematite

礦物名／hematite（赤鐵礦）
主要化學成分／氧化鐵
化學式／Fe_2O_3
光澤／金屬光澤、土狀
晶系／三方晶系
密度／5.1-5.3
折射率／2.87-3.22
解理／無
硬度／5-6
色散／-（非常大）

羅馬神話中戰神，馬爾斯之石

一種當作鐵礦石來利用的礦物，化學成分為氧化鐵，也就是俗稱的紅鐵鏽。密集的結晶塊從黑色、暗紅褐色到鋼灰色都有，只要切磨就會發出金屬光澤，黑黝光亮。有時會以大型薄片結晶產出，在這種情況之下就算沒有研磨，結晶面也會發出強烈的反光。但若將其磨成粉末的話會變成紅色，自古便被當作顏料來使用，例如紅土、赭石、紅赭。約1300年前的古墳和2萬年前的拉斯科洞窟（Lascaux Cave）壁畫上都曾留下遺跡，可見4萬年前人們就已經開始使用這種礦物來著色。其英文Hematite源自希臘語，意指血的「αἷμα」（haima），想必是這種礦物若在表面刮下痕跡時會變紅，讓人聯想到血而來，因此它也被稱為象徵羅馬神話的戰神，「馬爾斯」（Mars）的石頭。日本稱其為「赤鐵礦」。火成岩、熱液礦床以及沉積岩中都有發現。

朝鮮半島產 No.2030

由上至下按照順時針方向依序為：
凸圓面 17.41ct、
不規則形 15.13ct、不規則形 9.64ct
三件均為英國產 No.7371

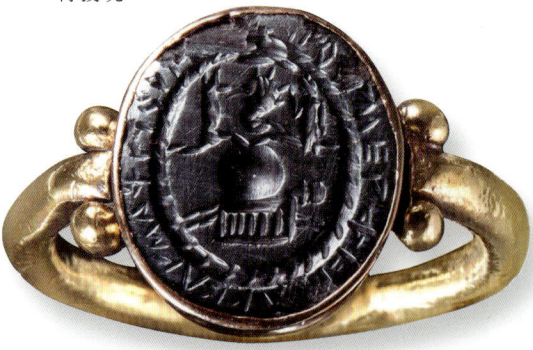

171

「漢斯‧漢森（Hans Hansen）設計的銀與赤鐵礦戒指」赤鐵礦切磨的球可以旋轉。1960年左右
國立西洋美術館 橋本收藏品
（OA.2012-0625）

19

「凹雕戒指」刻在中間的圖案象徵子宮，上方還刻著三位神祇的赤鐵礦戒指。2-3世紀，羅馬帝國時期。
國立西洋美術館 橋本收藏品（OA.2012-0021）

黃鐵礦
白鐵礦

Pyrite
Marcasite

礦物名／pyrite（黃鐵礦）
主要化學成分／硫化鐵
化學式／FeS$_2$
光澤／金屬光澤
晶系／等軸晶系
密度／5.0-5.2
折射率／1.81

解理／不明顯（三向）
硬度／6-6½
色散／無

用來替代鑽石的金色寶石

　　會發出如同黃銅金屬光澤的礦物，常與黃金混淆，因此人稱「愚人金（Fool's Gold）」。雖然色調呈金色及黃銅色，但主要成分既不是金也不是銅，而是鐵的硫化物。這種礦物會在各種環境中形成，並以塊狀、粒狀或團塊狀型態從熱液礦床、偉晶岩、火成岩、變質岩及沉積岩中開採出來。大顆的結晶並不罕見，通常呈現立方體、正八面體、五角十二面體等形狀，晶形彷彿經過切割，相當整齊，因此這些結晶可以直接用來製作珠寶或切磨成串珠。此外，它的天然結晶也是熱門的礦物標本收藏品。這種礦物用錘子等工具用力敲打時會產生火花，故以希臘語中意指火的「pyrites lithos」為英文名，即「Pyrite」。

　　其所擁有的金屬光澤可以強烈反射出光線，在19世紀的英國（主要是維多利亞時代）曾作為鑽石的廉價替代品而風靡一時，人稱白鐵礦（Marcasite）。「白鐵礦」是種硫化物礦物，容易分解，因此不適合用來製作首飾。但因外觀與黃鐵礦相似，經常混淆，故在古董珠寶中通常會特地標記為「白鐵礦」而非「黃鐵礦」。雖然現在鮮少當作寶石來看待，但在寶石史上確實留下輝煌的一頁。

西班牙 洛格羅尼奧（Logroño）產 No.8260

硬度 5

155

「白鐵礦戒指」飽滿的小船形戒臺鑲滿了黃鐵礦。1920年左右
國立西洋美術館 橋本收藏品（OA.2012-0710）

八角形 階梯形
墨西哥產 10.80ct
No.7237

青金石

Lapis lazuli

礦物名 / lazurite（青金石）	
主要化學成分 / 鋁矽酸硫酸硫化鈉鈣	
化學式 / $Na_7Ca(Al_6Si_6O_{24})(SO_4)(S_3)\cdot nH_2O$	
光澤 / 無光澤到玻璃光澤	
晶系 / 等軸晶系	解理 / 不完全（六向）
密度 / 2.4-2.5	硬度 / 5-5½
折射率 / 1.50-1.52	色散 / -

在古代文明中備受珍視的寶石

以青金石為主體，再由多種礦物組成的藍色不透明岩石，藍色之中還混雜著黃銅色的黃鐵礦及白色的方解石。以作為群青色顏料的原料而聞名。雖然質地不是非常堅硬，但緻密的青金石卻具備了足夠的堅固性。

這是歷史最為悠久的寶石。在美索不達米亞約西元前 4000 年、古埃及約西元前 3100 年、中國約西元前 6 至 5 世紀，以及古希臘羅馬（西元前 5 至 2 世紀），皆用來製作串珠、雕刻、鑲嵌和吊墜。這些用途都隱含著各種意義，例如對佛教徒來說，青金石是能獲得心靈平靜和冷靜、驅除邪惡念頭的石頭。在歐洲文藝復興時期，有雕刻的青金石總是深受大家喜愛，到了現代則是用來製作戒指、吊墜及男士珠寶。堪稱藍色寶石代表的青金石在古希臘和羅馬時代稱為 Sapphirus，不過這個名稱後來留給藍寶石使用。之所以顯現藍色，是因為內含的硫磺具有特殊的電子狀態。青金石會在因受熱而變質的石灰岩中生成，不過產地非常有限。歷史上使用的青金石幾乎來自阿富汗的巴達赫尚（Badakhshan）地區。此處是世界上最為古老的寶石產地，6000 多年以來一直不斷地在供應原石。作為礦物的青金石雖然已在世界 10 多個國家產出，但時至今日，依舊以阿富汗出產的青金石評價最高。

青金石
阿富汗
巴達赫尚產
No.8174

青金石
阿富汗 巴達赫尚產
No.8175A

橢圓形 凸圓面
阿富汗 巴達赫尚產
12.22ct No.7176A

12
「駕著四馬戰車的太陽神」上頭雕刻的應該是在二輪戰車上揮鞭的太陽神，赫利俄斯（Helios）。
西元前 1 世紀
國立西洋美術館
橋本收藏品
（OA.2012-0036）

57
「銀製章紋戒」青金石的石板上刻著「永遠信任王」的字樣。
15 世紀末或 16 世紀
國立西洋美術館
橋本收藏品
（OA.2012-0762）

質量量表
青金石（無處理）

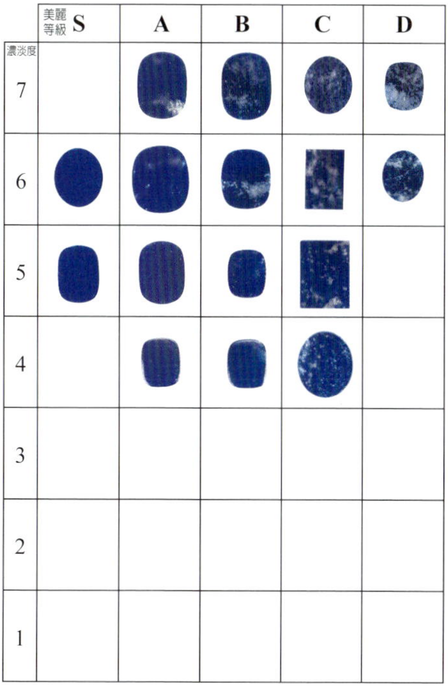

美麗等級 濃淡度	S	A	B	C	D
7					
6					
5					
4					
3					
2					
1					

質量量表的品質三區域

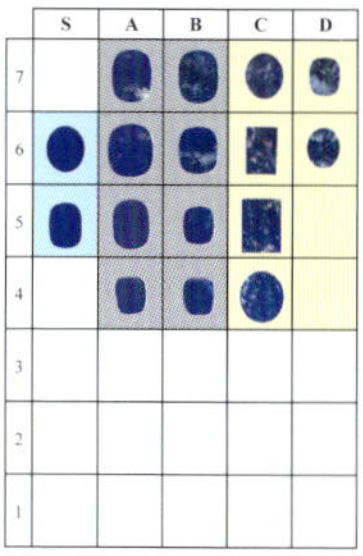

	S	A	B	C	D
7					
6					
5					
4					
3					
2					
1					

〈價值比較表〉

ct size	GQ	JQ	AQ
10	9	3	0.3
5	4.5	1.5	0.15
2.5	2	0.7	0.07
0.5			

〈品質辨識方法〉

眞正的琉璃色，也就是青金石藍的濃淡度是等級5或6。美麗程度如果是S的話，則會富含紫色調。但如果帶有黑色、白色或灰色調的話，這樣的青金石就會被認為是美感不足。

完全不含黃鐵礦，或者是含有適量黃鐵礦且分布均勻的青金石通常會納入GQ等級。不用說，前提當然必須是眞正的青金石藍。

值得注意的是，平面切割的青金石通常會比凸圓面還要更容易展現美麗的色彩。此外，有時青金石還會藉由染色的方式來改變色彩。

硬度 5

相似的寶石

No.7194 → P.175
藍線石

No.7742 → P.194 
方鈉石

No.7024 → P.210 
天藍石

No.7741 → P.223 
藍銅礦

人造合成石

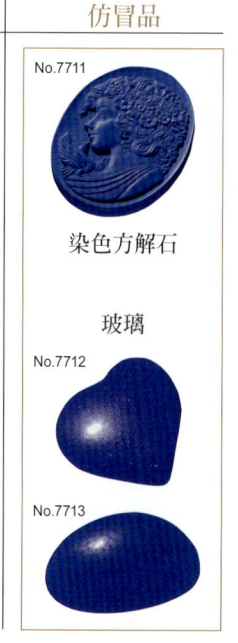

No.7743
人造青金石

仿冒品

No.7711
染色方解石

No.7712
玻璃

No.7713

藍方石　Hauynite

礦物名／haüyne（藍方石）
主要化學成分／鋁矽酸硫酸鈉鈣
化學式／$Na_3Ca(Si_3Al_3)O_{12}(SO_4)$
光澤／玻璃光澤～油脂光澤
晶系／等軸晶系
密度／2.4-2.5
折射率／1.49-1.51
解理／明顯（六向）
硬度／5½-6
色散／無

德國 艾菲爾產 No.2019

梨形 混合切工
德國 艾菲爾產 0.16ct
No.7108

獨一無二的藍

　　藍方石是青金石中的一種藍色礦物，不過適合刻面切割的碩大結晶卻極為罕見。過去德國艾菲爾（Eifel）地區曾是唯一產出寶石級結晶之地。最常見的結晶顏色是藍色，但也有白色、灰色、黃色、綠色及粉紅色。內部通常有許多裂紋及混濁，透明度高的結晶非常稀少，易碎且難切割。通常產於二氧化矽（矽酸）成分較少的火山岩或特定的變質岩中。其英文 Hauynite 是以結晶學之父，勒內・朱斯特・豪伊（René-Just Haüy）為名。

方鈉石（蘇打石）　Sodalite

礦物名／sodalite（方鈉石）
主要化學成分／氯化鋁矽酸鈉
化學式／$Na_4(Si_3Al_3)O_{12}Cl$
光澤／玻璃光澤～油脂光澤
晶系／等軸晶系
密度／2.3
折射率／1.48-1.49
解理／明顯（六向）
硬度／5½-6
色散／0.018

巴西 米納斯吉拉斯州產 No.2017

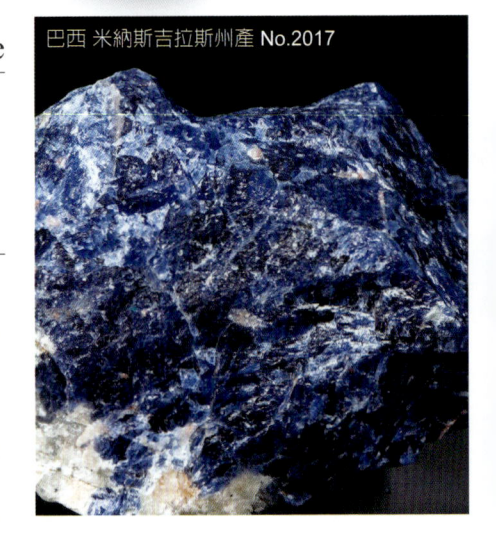

橢圓形 凸圓面
智利產 78.66ct
No.7167s

包在青金石中的藍色礦物

　　包在青金石裡的一種藍色礦物，有時會出現純粹的方鈉石塊。在這種情況下顏色通常會與一般青金石略有不同。方鈉石的藍色底色上帶有方解石的白色網紋，這種礦石通常會切磨成凸圓面或雕刻品。也有無色、淡黃色、粉紅色、淡紫色等結晶，如果是透明的，就會進行刻面切割。另外，在紫外線的照射下，方鈉石有時還會散發出一股鮮豔的橘色螢光。有些顏色較淡的結晶會因為對光產生反應而變色，這樣的結晶就稱為紫方鈉石（Hackmanite）。不過變色的結晶遮光後就會恢復原來的顏色。至於其英文名 Sodalite，則是取自主要成分的鈉（Soda）。

蛋白石（歐珀） Opal

礦物名 / opal（蛋白石）
主要化學成分 / 水合二氧化矽
化學式 / $SiO_2 \cdot nH_2O$
光澤 / 玻璃光澤
晶系 / 非晶質
密度 / 1.9-2.5
折射率 / 1.37-1.52
解理 / 無
硬度 / 5-6
色散 / -

莎士比亞口中的「寶石之后」

具有遊彩效應的蛋白石稱為貴蛋白石（Precious Opal），不具有遊彩效應的稱為普通蛋白石（Common opal）。其主要成分是二氧化矽（矽和氧）和水，是二氧化矽微粒的集合體，微粒間的縫隙吸附了水分子，故在極度乾燥或溼度急遽變化時容易產生裂紋，需特別注意。這種礦物是因為含有二氧化矽的水滲入地下岩盤中空隙、裂縫或是地層中生物遺骸（如貝殼和樹木）等縫隙之中，並在其中沉積出微細球狀二氧化矽而生成的。

貴蛋白石由透明的微小非晶質二氧化矽球構成。若二氧化矽球的大小均勻且排列有規則，光線會發生干涉效應，從而產生遊彩效應。

普通蛋白石多為半透明到不透明。透明度若佳，就會採用刻面切割，以便將其底色突顯出來。

蛋白石作為寶石的歷史可以追溯到2000多年前。通常會採用凸圓面切工或雕刻，但是透明度如果夠，也會採用刻面切割。至於蛋白石的英文 Opal，則是來自梵語及拉丁語中意指「寶石」的「upala」和「opalus」。

硬度 5

巴西 皮奧伊州（Piauí）（產出於硬砂岩中）
No.8333

白蛋白石
橢圓形 凸圓面
巴西 皮奧伊州產
0.91ct No.7346

火蛋白石 衣索比亞產
（在流紋岩中形成的球粒） No.8336

粉紅蛋白石 墨西哥產 No.8339

普通蛋白石 圓形 星形切工
美國 愛達荷州產（黃色）、墨西哥產（其他6種）
1.03～3.16ct No.7349

189
「蛋白石金戒指」
鑲嵌著蛋白石貝殼化石的金戒指。能觀察到遊彩效應。1999年
國立西洋美術館 橋本收藏品
（OA.2012-0679）

195

白蛋白石
黑蛋白石

Light opal
Black opal

根據底色分類

蛋白石根據底色可以分為白蛋白石（白蛋白石，White Opal）、黑蛋白石、火蛋白石及水蛋白石（Water Opal）。白蛋白石的特徵是乳白色或白色的淡色底色。若是半透明且呈半濁狀的話，則稱為乳白蛋白石（Milky Opal）。其所擁有的白色底色是流體內含物所引起的。具有遊彩效應的蛋白石是典型的貴蛋白石。19世紀末以前原本以斯洛伐克（Slovakia）為主要產地，後來為澳洲所取代。黑蛋白石於1887年在澳洲新南威爾斯州的閃電嶺（Lightning Ridge）發現，至今仍是主要產地。深色內含物所造成的暗色背景，使其遊彩效應更加突出。

火蛋白石因內含氧化鐵，故具有黃色、橘色和紅色等豐富底色。若是透明的火蛋白石，通常會切割成刻面寶石。光彩顯著的遊彩效應往往使其看起來像是將火焰封在石頭中。水蛋白石又稱為果凍蛋白石（Jelly opal），幾乎沒有內含物，因此遊彩效應看起來就像是被封在透明的水中。

白蛋白石
澳洲 南澳洲 明塔比（Mintabie）產 No.8330

黑蛋白石
澳洲 新南威爾斯州 閃電嶺（Lightning Ridge）產 No.8329

黑蛋白石
橢圓形 凸圓面
澳洲
新南威爾斯州
閃電嶺產
1.15ct No.7344

109
「蛋白石戒指」主石的蛋白石上方鑲嵌了鑽石，四周圍繞著藍寶石。
1940年左右
國立西洋美術館
橋本收藏品
（OA.2012-0340）

133
「欖尖型戒指」橢圓形 凸圓面切工的閃爍黑蛋白石。遊彩效應相當美麗。19世紀後期
國立西洋美術館 橋本收藏品
（OA.2012-0325）

墨西哥火蛋白石　　Mexican opal

從火山岩的縫隙中產出、宛如火焰的蛋白石

　　蛋白石在墨西哥從阿茲特克帝國（Aztec Empire）時代就已經開始使用，並於 16 世紀初由西班牙征服者帶入歐洲。1960 年代在日本也曾流行過。因多為紅色系的色調，故成為火蛋白石的代名詞。澳洲產的蛋白石都產自沉積岩的縫隙中，而墨西哥蛋白石則以產自火山岩的縫隙中為特徵。與沉積岩中的蛋白石相比，墨西哥蛋白石對於溼度變化更為敏感，容易因乾燥而產生裂紋，故處理時通常需要特別注意。

　　近年來，衣索比亞同樣在火山岩中發現蛋白石，主要產地已慢慢從澳洲轉移。

墨西哥產 No.8332

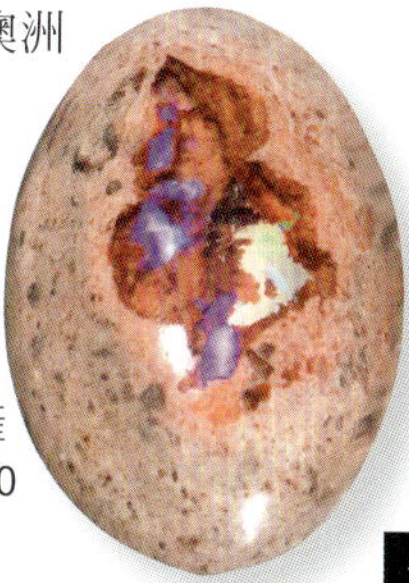

脈石蛋白石（Matrix Opal）
橢圓形 凸圓面
墨西哥產
11.07ct No.7350

145
「植物圖案的新藝術風格戒指」 橢圓形凸圓面的墨西哥蛋白石閃爍動人。紅色色調的遊彩效應相當美麗。1900 年左右國立西洋美術館橋本收藏品
（OA.2012-0462）

硬度 **5**

礫背蛋白石　　Boulder opal

因母岩透視而產生的薄層之美

　　在形成地層的沉積岩中以細脈狀產出的蛋白石稱為礫背蛋白石，主要產於澳洲的昆士蘭州。這種礦石因為蛋白石層薄，通常不會採用凸圓面切工，而是與母岩一起進行平面拋光。切磨時有時也會將一部分的母岩展現出來。色彩濃烈的母岩若能透視，鮮豔的遊彩效應在暗色地底中就會浮現出來。擁有這種品質的礫背蛋白石通常評價甚高。相較於其他蛋白石，礫背蛋白石的另一個特色就是耐乾燥。不過有時候人工合成的背景會與母岩非常相似，很難分辨出來（例如夾層寶石或三層寶石）。

澳洲 昆士蘭州產（褐鐵礦砂岩中）
No.8334

礫背蛋白石
不規則形
澳洲 昆士蘭州產 15.15ct No.7345

質量量表
白蛋白石（無處理）

美麗等級 濃淡度	S	A	B	C	D
7					
6					
5					
4					
3					
2					
1					

質量量表
墨西哥蛋白石（無處理）

美麗等級 濃淡度	S	A	B	C	D
7					
6					
5					
4					
3					
2					
1					

質量量表
黑蛋白石（無處理）

美麗等級 濃淡度	S	A	B	C	D
7					
6					
5					
4					
3					
2					
1					

質量量表
礫背蛋白石（無處理）

美麗等級 濃淡度	S	A	B	C	D
7					
6					
5					
4					
3					
2					
1					

白蛋白石

質量量表的品質三區域

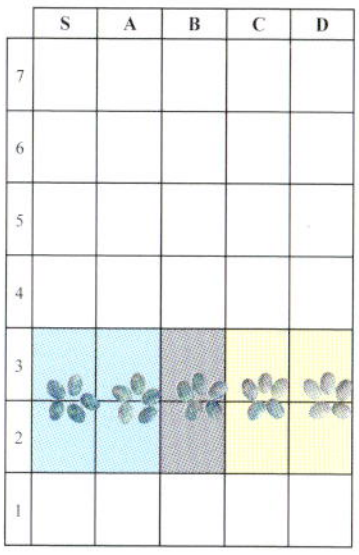

〈價值比較表〉

ct size	GQ	JQ	AQ
10	100	30	3
3	40	10	1
1	5	2	0.3
0.5			

墨西哥蛋白石

質量量表的品質三區域

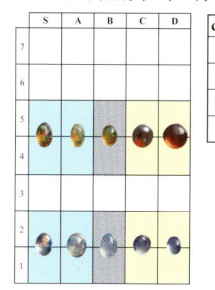

〈價值比較表〉

ct size	GQ	JQ	AQ
10	400	120	25
3	100	30	7
1	15	7	2
0.5			

黑蛋白石

質量量表的品質三區域

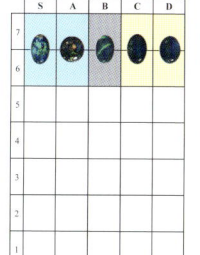

〈價值比較表〉

ct size	GQ	JQ	AQ
10	400	80	12
3	200	40	4
1	30	8	2
0.5			

礫背蛋白石

質量量表的品質三區域

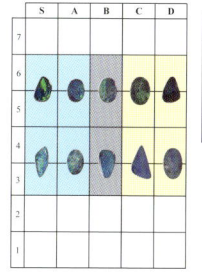

〈價值比較表〉

ct size	GQ	JQ	AQ
10	120	25	4
3	60	12	2
1	15	6	1
0.5			

硬度 5

相似的寶石

No.7715 ➡ P.144 — 石英
No.7716 ➡ P.154 — 火瑪瑙
No.7714 ➡ P.188 — 拉長石
No.7717 ➡ P.241 — 貝殼

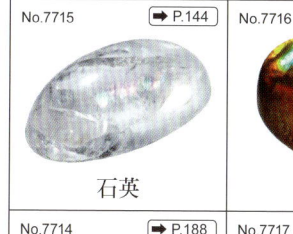

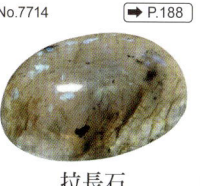

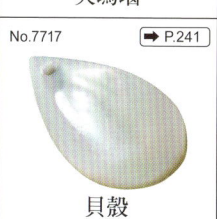

人造合成石

No.7718 人造黑蛋白石
No.7719 人造白蛋白石
No.7720 人造蛋白石

仿冒品

No.7721、No.7722、No.7723、No.7724 玻璃
No.7725 塑膠

〈品質辨識方法〉

　　3ct 大小的蛋白石屬於 GQ 等級，價值高低根據底色依序為：黑蛋白石200、墨西哥蛋白石100、礫背蛋白石60、白蛋白石40。除了底色差異，遊彩效應的強弱與斑紋均衡與否也是決定品質的關鍵，還要檢查有沒有裂紋。蛋白石含有大量的水分，容易因為乾燥或裂開而損失美觀。因其摩氏硬度只有5，脆弱易碎，故在製作成珠寶時需小心處理。另外還有許多貼合的雙層石、三層石，鑲嵌的時候都要注意隱藏的接合點。

土耳其石（綠松石）Turquoise

礦物名／turquoise（土耳其石）
主要化學成分／水合磷酸鋁銅氫氧化物
化學式／$CuAl_6(PO_4)_4(OH)_8 \cdot 4H_2O$
光澤／玻璃光澤

晶系／三斜晶系	解理／完全（單向）、良好（單向）
密度／2.6-2.9	硬度／5-6
折射率／1.61-1.65	色散／無

伊朗 尼沙普爾（Nishapur）產 No.8549

自古珍視的寶飾品

因含銅而呈現鮮豔天藍色的磷酸鹽礦物。其歷史可追溯至西元前5000年左右在美索不達米亞遺址發現的珠子。雖然質地較軟，但易加工，適合雕刻，故可做成浮雕或切磨成凸圓面。鐵和銅的比例會讓顏色從天藍色變化到綠色。黑色至深褐色伴生礦物所形成的網狀紋理（母岩）也頗受好評。土耳其石會以皮殼狀、團塊狀或脈狀的微晶質集合體形式產於銅礦床的氧化帶、受熱液交代變質作用影響的火山岩和沉積岩之中，還容易被汙染物滲透。13世紀以前，人們稱其為「kalais」（譯註：希臘語），意指「美麗的石頭」。但因經由土耳其（Turkey）傳入歐洲，故改以法語turqueise為名，意指「土耳其的」。

梨形 凸圓面（兩種）
伊朗 尼沙普爾產
左：16.79ct
右：6.66ct
No.7550

波斯土耳其石
Persian turquoise

土耳其石的傳統產地

伊朗產的天藍色土耳其石至今依舊是最高品質，並已開採好幾個世紀。以霍拉桑（Khorasan）地區的尼沙普爾為主要產地。以「波斯」為名的土耳其石硬度比美國產還要高，顏色也是均勻的天藍色，但不產出綠色的土耳其石。

波斯土耳其石不僅可以用來製作首飾，還曾留下裝飾王座、劍柄、馬具、短劍、器皿及杯子等其他裝飾品的歷史。

31
「金戒指」 雖然已過千年，仍保留著波斯土耳其石的色彩。
8-10世紀
國立西洋美術館
橋本收藏品
（OA.2012-0764）

98
「金戒指」 帶有蜘蛛網圖案的土耳其石戒指。品質相當出色。
18-19世紀
國立西洋美術館
橋本收藏品
（OA.2012-0771）

質量量表
波斯土耳其石（無處理）

美麗等級 濃淡度	S	A	B	C	D
7					
6					
5					
4					
3					
2					
1					

質量量表的品質三區域

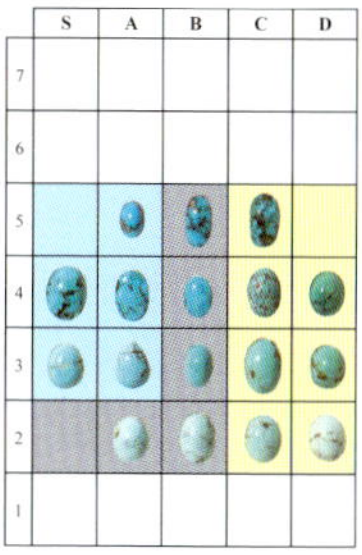

	S	A	B	C	D
7					
6					
5					
4					
3					
2					
1					

〈價值比較表〉

ct size	GQ	JQ	AQ
30	15	8	3
10	4	2	1
5	2	1	0.5

〈波斯土耳其石的品質判斷〉

被稱為土耳其藍的 S4（GQ）等級是最受歡迎、價值最高的土耳其石。伊朗尼沙普爾（Nishapur）產出的土耳其石除了研磨，大多不會再經過人為處理。

至於網狀紋理之有無，端視個人喜好，非品質高低問題。若有，那麼分布的均勻與否就顯得非常重要了。

就像所有採用凸圓面切工的寶石一樣，高度及長寬比例通常會影響品質的好壞。

伊朗（波斯）尼沙普爾產的土耳其石基本上不會經過優化處理。隨著時間推移，有些會從藍色變為綠色。這應該是某些環境變化所引起的。其他產地的土耳其石有些質地脆弱，需要用環氧樹脂等材料固定再打磨，目前市場上流通的也大多是這類產品。

硬度 5

相似的寶石

No.7701 ➡ P.188　天河石
No.7070 ➡ P.206　矽孔雀石
No.7703 ➡ P.215　拉利瑪石（針鈉鈣石）
No.7232 ➡ P.216　菱鋅礦
No.7112 ➡ P.228　霰石
No.7702　Ceruleite

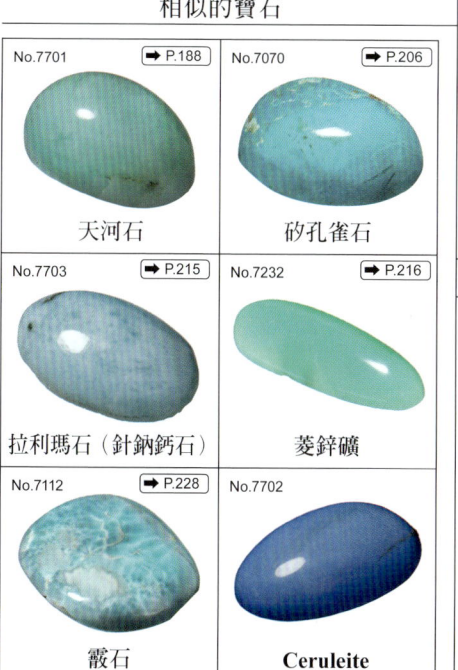

人造合成石

No.7704　人造土耳其石（俄羅斯）
No.7705　人造土耳其石（法國）

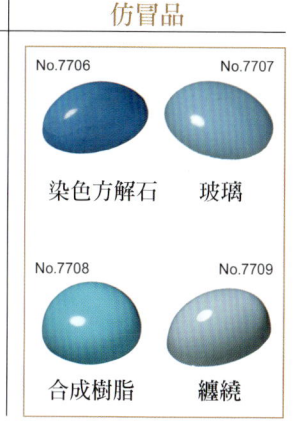

仿冒品

No.7706　染色方解石
No.7707　玻璃
No.7708　合成樹脂
No.7709　纏繞

201

美國亞利桑那土耳其石
Arizona turquoise

美國原住民的寶石

古代墨西哥人將土耳其石視為珍貴的寶石，甚至比黃金還要寶貴。即使墨西哥王國（約1428年至1521年）滅亡，美國原住民中如普韋布洛族（Pueblo）和納瓦霍族（Navajo）仍然相當重視這種寶石。本書雖未刊登照片，不過亞利桑那土耳其石大多會採用合成樹脂注入的方式來處理。

●睡美人礦場（Sleeping Beauty）

亞利桑那州以產量比內華達州（Nevada）還要豐富的土耳其石聞名。此處有一個露天開採的大型銅礦，土耳其石就是該處開採出來的副產品。其他州或其他國家的土耳其石礦脈通常會延伸到地下，但亞利桑那州的土耳其石礦卻大多是露天開採。這些礦山集中的山脈從遠處看就像是一位熟睡的女性，故名「睡美人」。這座礦場位於希拉郡（Gila County）的格洛布（Globe）及邁阿密（Miami）地區，曾經由祖尼（Zuni）和普韋布洛這兩支美國原住民開採。產出的土耳其石色調從淡白藍到透明的天空藍都有，是今日舉世聞名的礦山群，不過多數礦山皆已停產。

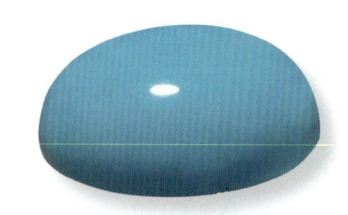

美國 亞利桑那州 睡美人礦場產 No.8551

橢圓形 凸圓面
美國 亞利桑那州 睡美人礦場產 6.79ct No.7552a

174
「海瑞・溫斯頓製的戒指」 鑲嵌著紫水晶與土耳其石的戒指。美國的海瑞・溫斯頓（Harry Winston）公司製造。1960年代
國立西洋美術館 橋本收藏品（OA.2012-0524）

161
「銀戒指」 與美國西南部原住民納瓦霍族頗有淵源的銀戒指。1925年左右
國立西洋美術館 橋本收藏品
（OA.2012-0812）

●金曼礦場（Kingman Mines）

　　1880年代發現的礦山，與睡美人礦場一樣，是當今最著名的美國土耳其石產地。一般來說，從金曼礦產出土耳其石的顏色會比睡美人礦的來得深。諷刺的是，不太熟悉這種寶石的日本有時反而會把它當作最高級的睡美人土耳其石來銷售。金曼礦的母岩是白堊狀的泥岩，顏色與土耳其石正好形成強烈對比，使其原石在美國土耳其石中最具吸引力。

美國 亞利桑那州 金曼礦場產 No.8553

橢圓形 凸圓面
美國 亞利桑那州 金曼礦場產
7.56ct No.7554

硬度
5

● 莫倫西礦場（Morenci）

　　西元前便已在開採的礦山。在開採銅礦的過程中發現了鮮豔的藍色石頭。當中最受歡迎的，就是含有黃鐵礦的土耳其石。

橢圓形 凸圓面
美國 亞利桑那州 莫倫西礦場產 5.75ct No.7556

美國 亞利桑那州 莫倫西礦場產 No.8555

位在美國亞利桑那沙漠、
1800年代的土耳其石礦山。

其他產地的土耳其石

現在最為人所知的土耳其石產地是伊朗與美國,以及人人皆知的埃及與西奈半島這兩個傳統產地。然而只要專門收集,就會發現土耳其石的產地其實不少。近年來市場上較常流通的是中國和西藏的土耳其石,就連曾經認為不產土耳其石的日本亦曾產出。

①櫪木縣產

日本唯一的土耳其石產地。形成於受褐鐵礦染色的風化岩裂縫中,呈薄膜狀,或以滲入母岩的狀態(像被土壤侵蝕般)形成。

櫪木縣日光(舊今市)市產
No.8574

不規則形 凸圓面
23.22ct No.7575

②中國西藏自治區產

形成於受褐鐵礦染色的結核裂縫中。土耳其石的邊緣因為鐵而呈綠色。

中國 西藏自治區產
No.8572

③中國產

填充在地層中形成的空洞裡。因穿過空洞的地下水中沉澱而成、十分罕見的管狀綠松石。

中國 江蘇省產 No.8571

橢圓形 凸圓面(2種)、梨形 凸圓面
(從左到右分別為 17.02ct、11.52ct 和 10.56ct) No.7573

④澳洲產

形成於受褐鐵礦染成褐色的泥岩中。原石通常會連同母岩一起切割。

此處的土耳其石會以團塊的樣態擴張,將基質(母岩)擠開之後,在顆粒邊界形成網狀圖案。

澳洲產 No.8561

梨形 凸圓面
昆士蘭州產
18.44ct No.7562

梨形 凸圓面 19.27ct
No.7564

澳洲產 No.8563

⑤烏茲別克產

以礦化的狀態形成於風化岩中。照片中的切割石材伴有燧石（角岩）。

橢圓形 凸圓面
烏茲別克 阿爾馬雷克產 18.18ct No.7568

烏茲別克 阿爾馬雷克（Almalyk）產 No.8567

⑥英國產

成因非常奇特的土耳其石。是在泥質岩的空洞中以鐘乳石型態形成的。

橢圓形 凸圓面
英國 康沃爾（Cornwall） 8.30ct No.7558

英國 康沃爾產 No.8557

⑦俄羅斯產

質地類似巴西的土耳其石。硬度高，但加工效果不佳，不過這個標本品質不錯。

橢圓形 凸圓面
0.82ct No.7566

俄羅斯 薩哈共和國（Sakha Republic）錫甘斯克（Zhigansk）產 No.8565

⑧維吉尼亞州（美國）產

世界上首次發現土耳其石結晶的礦山。但不用來製作珠寶飾品。

美國維吉尼亞州產 No.8576

硬度 5

⑨墨西哥產

產於火成岩的變質帶，伴有不易見於其他礦床的礦物。標本含有輝鉬礦（Molybdenite）。

橢圓形 凸圓面 7.69ct
No.7578

墨西哥 納科扎里（Nacozari）產 No.8577

⑩智利產

顆粒狀的聚集物形成了一個網狀紋理。幾乎看不到狀態均勻的原石。

橢圓形 凸圓面 9.86ct
No.7560

智利產 No.8559

⑪巴西產

由鵝卵石狀的土耳其石粒集合而成。質地堅硬但多孔隙，接近鋅綠松石（Faustite）。略帶灰色。

橢圓形 凸圓面 13.01ct
No.7570

巴西 巴伊亞州產 No.8569

205

磷鋁石　Variscite

- 礦物名／variscite（磷鋁石）
- 主要化學成分／水合磷酸鋁
- 化學式／Al(PO$_4$)·2H$_2$O
- 光澤／玻璃光澤～蠟狀光澤
- 晶系／斜方晶系
- 密度／2.5-2.6
- 折射率／1.55-1.59
- 解理／良好（單向）
- 硬度／4½
- 色散／-（中等程度）

類似土耳其石的次貴重寶石

　　這種寶石的綠色色調比土耳其石濃，可以加工成凸圓面、雕刻品或裝飾品。美國內華達州產出的磷鋁石因帶有黑色網紋，外觀類似綠色的土耳其石。為了表示這兩者的相似度，日本特地參考土耳其石的日文「ターコイズ」，結合磷鋁石的日文「バリサイト」，為其創造出「バリコイズ」這個暱稱。這種礦石形成於地表附近，只要富含磷的水在富含鋁的岩石生成時發揮作用，就會以脈狀、殼狀或塊狀的細粒結晶集合體型態出現。因為是塊狀微晶，故不需擔心礦石會沿著解理裂開，但卻容易被刮傷。若直接與皮膚接觸，滲入的汙垢可能會使其變色。其英文 Variscite 源自發現地，即德國福格特蘭（Vogtland）的舊稱，巴里西亞（Variscia）。

磷鋁石原石板 美國 猶他州 普爾（Pugh）產 No.8059

不規則形 凸圓面 美國 猶他州 普爾產 20.08ct No.7060

矽孔雀石　Chrysocolla

- 礦物名／chrysocolla（矽孔雀石）
- 主要化學成分／水合鋁銅矽酸鹽氫氧化物
- 化學式／(Cu$_{2-x}$Al$_x$)H$_{2-x}$Si$_2$O$_5$(OH)$_4$·nH$_2$O
- 光澤／玻璃光澤～土狀
- 晶系／斜方晶系
- 密度／1.9-2.4
- 折射率／1.58-1.64
- 解理／無
- 硬度／2-4
- 色散／無

貌似土耳其石的水藍色寶石

　　一種色調為淺藍到淺藍綠色的不透明寶石，可以加工成凸圓面。成分單純的塊狀矽孔雀石質地非常軟，不適合加工，但若是有矽（矽酸成分）滲透，就會增加硬度及耐久性。含有豐富二氧化矽成分的矽孔雀石大多呈半透明狀，是備受重視的雕刻物料。其英文 Chrysocolla 源自希臘語中意指黃金的「chrysos」和黏著劑的「kolla」。西元前 315 年，柏拉圖的學生泰奧佛拉斯特斯（Theophrastus）因這種礦石在當時是用於焊接黃金的材料，故以此為名。矽孔雀石主要在乾燥地區的地表附近生成，是銅礦物分解而來的礦石。

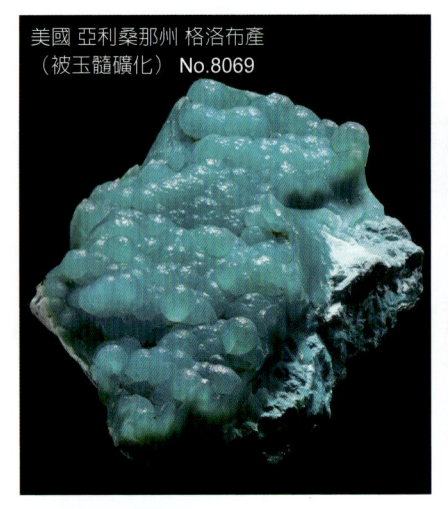

美國 亞利桑那州 格洛布產（被玉髓礦化） No.8069

凸圓面 臺灣產 2.29ct No.7070

206

紫矽鹼鈣石（紫龍晶） Charoite

- 礦物名／charoite（查羅石）
- 主要化學成分／水合鈣鉀矽酸鹽氫氧化物
- 化學式／$(K,Sr,Ba,Mn)_{15-16}(Ca,Na)_{32}[Si_{70}(O,OH)_{180}](OH,F)_4 \cdot nH_2O$
- 光澤／玻璃光澤、絲絹光澤
- 晶系／單斜晶系
- 密度／2.5-2.8
- 折射率／1.55-1.56
- 解理／明顯（三向）
- 硬度／5-6
- 色散／無

常用來製作串珠和項鍊的迷人礦石

僅產於俄羅斯阿爾丹地區（Aldan Region）查羅河（Charo River）流域、以鮮豔的紫色和大理岩圖案而聞名的美麗寶石。紫色的致色因素是錳。鱗片狀的結晶會與其他礦物的晶體交織在一起，只要研磨，就會呈現宛如絲綢的深淺紫色或與其他顏色交織的紋理。這種礦石早在 1940 年代就已經被發現，但由於成分和晶體結構非常複雜，直到 1978 年才正式登記為全新的礦物。通常產於閃長岩和石灰岩接觸帶的鉀長石交代變質岩中。

紫矽鹼鈣石（花瓶）
俄羅斯 查羅河產 No.7096

不規則形 凸圓面
俄羅斯 查羅河產 31.36ct No.7233b

硬度 5

舒俱徠石 Sugilite

- 礦物名／sugilite（杉石）
- 主要化學成分／鋰鐵鈉鉀矽酸鹽
- 化學式／$KNa_2(Fe^{3+}, Al, Mn^{3+})_2(Li_3Si_{12})O_{30}$
- 光澤／玻璃光澤
- 晶系／六方晶系
- 密度／2.7-2.8
- 折射率／1.59-1.61
- 解理／不明顯（單向）
- 硬度／5½-6½
- 色散／-

發現於日本，
以岩石學者命名的寶石

南非產出的紫色塊狀寶石，可進行凸圓面切工或切磨成裝飾品。身為礦物的舒俱徠石（杉石）於 1944 年在瀨戶內海愛媛縣岩城島的深成岩（閃長岩）中發現時是黃綠色的小顆粒。經過多年研究，終於在 1976 年正式記載為新的礦物種，並以當時第一個發現者，也就是岩石學家杉健一（Ken-ichi Sugi）為名。1975 年，南非的變質錳礦床中亦發現了因錳而呈粉紅色至紫色的寶石級杉石。

南非產 No.8040

橢圓形 凸圓面
南非產 41.57ct
No.7324

橢圓形 凸圓面
南非產 4.42ct
No.7041

207

Column

因國而異的生日石

生日石的起源，眾說紛紜。例如有的是根據聖經的記述，有的是以寶石相關事物為名。國家不同，生日石亦隨之而異，故有時會出現各具特色的寶石。接下來要介紹日本、美國、英國和法國所使用的生日石。

日 = 日本
美 = 美國
英 = 英國
法 = 法國

1月
石榴石 日美英法

2月
紫水晶 日美英法
金綠貓眼石※ 日

3月
海藍寶 日美英
紅斑綠玉髓 日美英
珊瑚 日
紅寶石 法
菫青石※ 日

7月
紅寶石 日美英
紅玉髓 英法
亞歷山大變色石 美
榍石※ 日

8月
貴橄欖石 日美英
纏絲瑪瑙 日美英法
尖晶石 日

9月
藍寶石 日美英
青金石 英
貴橄欖石 法
紫鋰輝石※ 日

標有 ※ 的生日石是 2021 年 12 月由日本全國寶石批發商協同組合追加的。不過有些摩根石與紫鋰輝石會為了改善顏色而進行輻射照射處理，要注意。

208

紅斑綠玉髓：茨城縣自然博物館 收藏

日本的全國寶石批發協同組合在 1958 年基於美國寶石業界所制定的誕生石，另增珊瑚和翡翠，隨後又按照慣例增加了一些寶石。到了時隔 63 年的 2021 年 12 月，該組織又重新修訂誕生石的內容，並在當時引起話題。

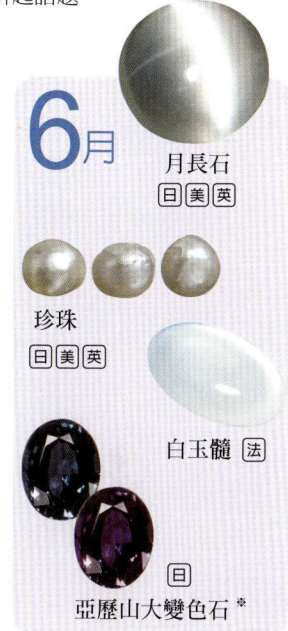

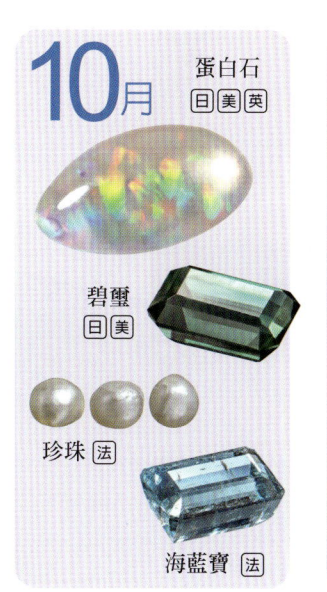

4月
- 鑽石 日美英法
- 白水晶 英
- 摩根石* 日
- 藍寶石 法

5月
- 祖母綠 日美英法
- 翡翠 日
- 綠玉髓 英

6月
- 月長石 日美英
- 珍珠 日美英
- 白玉髓 法
- 亞歷山大變色石* 日

10月
- 蛋白石 日美英
- 碧璽 日美
- 珍珠 法
- 海藍寶 法

11月
- 托帕石 日美英法
- 黃水晶 日美

12月
- 土耳其石 日美英法
- 孔雀石 法
- 丹泉石 日
- 青金石 日
- 鋯石* 日美

天藍石 Lazulite

礦物名／lazulite（天藍石）
主要化學成分／鋁鎂磷酸鹽氫氧化物
化學式／$MgAl_2(PO_4)_2(OH)_2$
光澤／玻璃光澤
晶系／單斜晶系
密度／3.1-3.3
折射率／1.61-1.66
解理／不明顯
硬度／5½-6
色散／0.014

深藍色到藍綠色的寶石

　　天藍石的英文 Lazulite，源自阿拉伯語的「天上」及德語中意指「藍色石頭」的 Lazurstein。其結晶會隨著觀察角度及方向不同而呈現藍色或白色等變化（多色性顯著）。這種礦物的大顆結晶相當罕見，不過集合體卻常用來雕刻、研磨成隨形，或者加工製成串珠等裝飾品。天藍石常被誤認為是青金石（P.192）或藍銅礦（P.223），但成分與其完全不同。這種礦物形成於富含鋁和磷的變質岩及偉晶岩中，通常以尖銳的八面體結晶或塊狀集合體的形式產出。

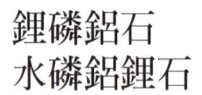

加拿大 育空準州（Yukon Territory）道森（Dawson）產 No.2028

橢圓形 星形
巴西
米納斯吉拉斯州產
1.16ct No.7024

鋰磷鋁石 Amblygonite
水磷鋁鋰石 Montebrasite

礦物名／amblygonite（鋰磷鋁石）
主要化學成分／氟磷酸鋰鋁
化學式／$LiAl(PO_4)F$
光澤／玻璃光澤～脂肪光澤，解理面具珍珠光澤
晶系／三斜晶系
密度／3.0-3.1
折射率／1.57-1.61
解理／完全
硬度／5½-6
色散／0.014-0.015

礦物名／montebrasite（水磷鋁鋰石）
主要化學成分／鋰鋁磷酸氫氧化物
化學式／$LiAl(PO_4)(OH)$
光澤／玻璃光澤，解理面具珍珠光澤
晶系／三斜晶系
密度／3.0-3.1
折射率／1.59-1.64
解理／完全
硬度／5½-6
色散／-

水磷鋁鋰石
八角形 階梯形
法國產 1.25ct
No.7361

水磷鋁鋰石
巴西 米納斯吉拉斯州產
No.2027

類似長石的透明寶石

　　無色、淡黃色、淡綠色、淡紫色等透明結晶通常會被切割成適合收藏家的寶石。磷鋰鈉石和水磷鋁鋰石在成分及各種性質上宛如兄弟，幾乎一模一樣，唯一的區別在於氟化物離子及氫氧化物離子的比例。含氟的鋰磷鋁石英文為 Amblygonite，源自希臘語「amblus（鈍的）」和「gonia（角度）」這兩個字，如實反映這種礦石的結晶外形特徵；而屬於氫氧化物的磷鋰鎂石英文為 Montebrasite，是以原產地的法國蒙布拉（Montbras）來命名。鋰磷鋁石是鋰的資源礦物，常與其他鋰礦物一起以白色半透明的塊狀形式產於偉晶岩中。但因耐久性較差，適合切磨成寶石來使用的結晶相當罕見，而且原石常被誤認為是鈉長石等長石。

方柱石　　　　　Scapolite

礦物名／scapolite（方柱石）
主要化學成分／氯化鋁矽酸鈉、碳酸硫酸鋁矽酸鈣
化學式／Na$_4$(Al$_3$Si$_9$O$_{24}$)Cl—Ca$_4$(Al$_6$Si$_6$O$_{24}$)(CO$_3$,SO$_4$)
光澤／玻璃光澤～珍珠光澤或樹脂光澤
晶系／正方晶系　　　　解理／明顯（三向）
密度／2.5-2.9　　　　硬度／5-6
折射率／1.53-1.60　　色散／0.017

繽紛色彩非常迷人

　　以寶石來講硬度略低且知名度不高，但有無色、黃色、紫色、紫紅色，以及粉紅色等繽紛色彩，切磨之後相當美麗，而且還具有顯著的多色性，只要觀察角度不同，顏色就會隨之改變。含有內含物的礦石只要經過凸圓面切工，有時還會展現貓眼效果（貓眼效應），有些在紫外線下還會產生螢光。方柱石非單一種礦物，而是三種成分不同的礦物總稱，但作為寶石時，一律稱為「方柱石」。其英文Scapolite源自希臘語的「skapos」，意指柱子。通常以結晶石灰岩（大理岩）等柱狀結晶的形式產於變質岩中。

坦尚尼亞產
No.8179

硬度 5

八角形 階梯形
坦尚尼亞產
49.00ct No.7001

葡萄石　　　　　Prehnite

礦物名／prehnite（葡萄石）
主要化學成分／氫氧化矽酸鈣鋁
化學式／Ca$_2$Al(Si$_3$Al)O$_{10}$(OH)$_2$
光澤／玻璃光澤
晶系／斜方晶系　　　　解理／良好（單向）
密度／2.8-2.9　　　　硬度／6-6½
折射率／1.61-1.67　　色散／-

產出形狀宛如葡萄

　　完全透明的結晶非常罕見，不過淡綠色、淡青綠色、黃色等半透明的塊狀結晶可以切磨成寶石。纖維狀結晶的集合體通常會切磨成凸圓面，有時還會呈現貓眼效應。雖然刻面切割不會產生火彩（反射光的七彩光芒），但是半透明的獨特質感卻相當有趣。板狀或單柱狀結晶會聚集成球狀，而這些球狀結晶又常常像葡萄串一樣集合在一起，故在日本才會稱為「葡萄石」。至於其寶石名的英文 Prehnite，則是取自荷蘭的亨德里克·馮·普林上校（Hendrik von Prehn）之名。葡萄石通常會與沸石類礦物一起產於安山岩、玄武岩等火山岩的孔隙中。亦可經由低溫低壓的變質作用形成。

馬里 卡伊區（Kayes Region）產 No.8083

橢圓形 星形
澳洲產 0.81ct No.7084

透視石 Dioptase

礦物名／dioptase（翠銅礦）
主要化學成分／水合矽酸銅
化學式／$CuSiO_3·H_2O$
光澤／玻璃光澤
晶系／三方晶系
密度／3.3-3.4
折射率／1.65-1.72
解理／完全（三向）
硬度／5
色散／0.036

被誤認為翡翠，獻給皇帝

　　美麗光澤可媲美祖母綠的綠色寶石。18世紀後半，透視石首次在哈薩克發現時，因其色澤被誤認為是祖母綠，故獻給當時的俄羅斯沙皇，但這種寶石其實比翡翠還要容易受損且脆弱。因具有相當高的透明度，故英文Dioptase以希臘語的「透明」（dia）和「看見」（optos）為字源。這種礦物通常以顆粒狀或短柱狀的結晶形式產出，有時為塊狀，與白色的方解石或石英一起發現。主要產地為納米比亞及哈薩克，通常於銅礦床的氧化帶生成，尤其是沙漠等乾燥的地表。

納米比亞 楚梅布（Tsumeb）產 No.4038

橢圓形 星形
納米比亞產
2.76ct No.7234

藍晶石 Kyanite

礦物名／kyanite（藍晶石）
主要化學成分／氧化矽酸鋁
化學式／Al_2OSiO_4
光澤／玻璃光澤
晶系／三斜晶系
密度／3.5-3.7
折射率／1.71-1.73
解理／完全(單向)、良好（單向）
硬度／4½-7
色散／0.020

宛如藍寶石的深藍色寶石

　　這種礦物長久以來以藍色至灰藍色的型態為人所知，但因內部通常有裂紋或內含物，直到近幾十年才發現其實是適合切磨成寶石的透明素材。致色元素和藍寶石（P.78）一樣，是微量成分的鐵和鈦。本質上無色，但有時會呈現綠色或橘色。藍晶石有個特殊性質，那就是結晶方向對硬度有顯著影響，有的方向硬度足夠，有的方向則是容易受損，故又稱為「二硬石」。由於具解理，容易破損，故要特別留意。除了因泥岩等沉積岩受到變質作用生成之外，這種礦石也會在穿過雲母片岩和片麻岩的熱液石英礦脈中產出，且通常以細長扁平的刃狀結晶，或放射狀，或柱狀微細結晶集合體形式出現。就地質學角度來看，是一種參考變質作用溫度及壓力的重要指標。

巴西 米納斯吉拉斯州 薩利納斯（Salinas）產 No.8094

橢圓形 混合切工
尼泊爾產
2.09ct No.7095

榍石 Sphene

- 礦物名／titanite（楔石）
- 主要化學成分／矽酸鈣鈦
- 化學式／$CaTi(SiO_4)O$
- 光澤／鑽石光澤～樹脂光澤
- 晶系／單斜晶系
- 密度／3.5-3.6
- 折射率／1.84-2.11
- 解理／良好（雙向）
- 硬度／5-5½
- 色散／0.051

硬度 5

宛如鑽石般璀璨耀眼的含鈦礦石

　　這是一種折射率高、光的色散超越鑽石、透明結晶內部散發出的光彩彷彿在「熊熊燃燒」的寶石。原本無色，但因含有鐵等微量成分，故經常呈現黃色、綠色、棕色等色調，有時還會出現黑色、粉紅色、紅色及藍色，色彩變化相當豐富。Sphene原本是榍石的舊礦物名，因其結晶形狀呈楔形，故以希臘語的楔子「Sphene」來命名。這是一種富含二氧化矽（矽酸）的火成岩及其偉晶岩的伴生礦物，同時也是變質岩（片麻岩、大理岩、片岩）中的礦物，分布相當廣泛，同時還是鈦的一種資源。

奧地利 蒂羅爾州產
No.2011

橢圓形 星形
尚比亞產 1.47ct
No.7114

磷鋁鈉石（巴西石） Brazilianite

- 礦物名／brazilianite（磷鋁鈉石）
- 主要化學成分／磷酸氫氧化鋁鈉
- 化學式／$NaAl_3(PO_4)_2(OH)_4$
- 光澤／玻璃光澤
- 晶系／單斜晶系
- 密度／3.0
- 折射率／1.60-1.62
- 解理／良好（單向）
- 硬度／5½
- 色散／0.014

巴西 米納斯吉拉斯州產
No.8035

在巴西發現的黃綠色礦石

　　1945年發現的新寶石。它的顏色從夏翠絲綠黃色（明亮的淡黃綠色）到淡黃色都有。就磷酸鹽礦物而言相對較硬，但容易碎裂，加上產量稀少難切割，故主要在收藏家市場中流通。除了巴西，美國的緬因州和新罕布什爾州富含磷酸的偉晶岩中亦少量產出，並以有條紋的柱狀結晶、球狀及放射狀的纖維狀結晶集合體出現。

橢圓形 混合切工
巴西 米納斯吉拉斯州產
0.91ct No.7282

213

磷灰石　　　　　　Apatite

礦物名 / fluorapatite（氟磷灰石）
主要化學成分 / 氟化磷酸鈣
化學式 / $Ca_5(PO_4)_3F$
光澤 / 玻璃光澤、蠟狀光澤
晶系 / 六方晶系、單斜晶系
密度 / 3.1-3.2
折射率 / 1.63-1.65
解理 / 不明顯（四向）
硬度 / 5
色散 / 0.013-0.016

類似綠柱石且容易混淆的礦石

「磷灰石」這種礦物也是構成牙齒和骨骼的物質。其英文 Apatite 源自希臘語的「Apate」，意為「欺騙」，因為它常被誤認為其他礦物，故名。其實部分磷灰石在顏色及形狀上與綠柱石（如海藍寶或摩根石）極為相似，而且往往在相同的岩石中產出。但由於硬度低，易碎裂，在堅固性上遠遠不如綠柱石，因此處理時需小心謹慎。儘管如此，精心切割的透明結晶仍可展現出媲美海藍寶或電氣石等其他寶石。這種礦石本質上無色（白色），不過微量成分的影響可使其呈現綠色、黃色、水藍色、藍色、紫色、粉紅色等各種色調。

磷灰石是各種火成岩的伴生礦物，寶石等級的結晶通常產於偉晶岩或高溫的熱液礦床中，亦產於大理岩等變質岩礦床裡。嚴格來講，磷灰石是多種礦物的總稱，包括含氟量高的氟磷灰石、含有大量氯的氯磷灰石，以及含有大量氫氧化物離子的氫氧基磷灰石等種類。絕大多數的礦物（寶石）屬於含氟磷灰石，而構成骨骼等生物硬組織則相當於氫氧基磷灰石。

墨西哥產 No.2033

俄羅斯 貝加爾產 No.8099

圓形 星形
墨西哥 杜蘭戈（Durango）產
13.33ct No.7100

拉利瑪石　　　Larimar

礦物名 / pectolite（針鈉鈣石）
主要化學成分 / 氫氧化矽酸鈣鋁
化學式 / NaCa$_2$Si$_3$O$_8$(OH)
光澤 / 亞玻璃光澤，有時為絲絹光澤
晶系 / 三斜晶系
密度 / 2.8-2.9
折射率 / 1.59-1.65
解理 / 完全（雙向）
硬度 / 4½-5
色散 / -（小）

多明尼加產 No.8054

以暱稱「加勒比海寶石」而聞名

　　拉利瑪石是1974年於多明尼加共和國發現的天藍色針鈉鈣石。獨特美麗的藍白相間網紋宛如搖曳的波浪，讓人以為是海洋孕育而來的，故在多明尼加稱為「藍石」。一般的針鈉鈣石大多為白色纖維狀結晶，並以放射狀集合體的形式產出。除了拉利瑪石，其他的針鈉鈣石很少切磨成寶石，但有時帶有條紋的秘魯拉利瑪石還是會切磨成凸圓面。有些礦石標本甚至還會因摩擦而發光。拉利瑪的英文名Larimar，是由沿巴奧魯科河（Bahoruco River）上游發現礦脈的米格爾·門德斯（Miguel Méndez）所創。他將自己女兒的名字「拉麗莎」（Larissa）與西班牙語中表示「海洋」的「mar」結合而成。至於其學名pectolite，則是取自希臘語中意指「凝固」或「凝聚良好」的pektos。

橢圓形 凸圓面 多明尼加產 95.89ct No.7140

硬度 5

矽硼鈣石　　　Datolite

礦物名 / datolite（硼鈣石）
主要化學成分 / 氫氧化硼鈣矽酸鈣
化學式 / CaB(SiO$_4$)(OH)
光澤 / 玻璃光澤、樹脂光澤
晶系 / 單斜晶系
密度 / 2.9-3.0
折射率 / 1.62-1.67
解理 / 無
硬度 / 5-5½
色散 / 0.016

俄羅斯產 No.2024

在挪威發現的含硼寶石

　　含有硼和鈣、1806年由挪威奧斯陸大學教授的延斯·艾斯馬克（Jens Esmark）命名的礦物。其英文Datolite源於希臘語的datéomai，意指「分割」，這可能是因粒狀結晶在集合體中非常容易分離，故名。不管是無色、淡黃色、綠色還是粉紅色，美麗的結晶都可以切割成寶石，顆粒碩大的透明結晶能琢磨出刻面，至於半透明的微細粒集合體則可切磨出凸圓面。這種礦物通常產出於火山岩、偉晶岩及矽卡岩的空隙或礦脈中。

三角形 星形
俄羅斯產 2.07ct No.7283

菱鋅礦 Smithsonite

礦物名／smithsonite（菱鋅礦）
主要化學成分／碳酸鋅
化學式／$Zn(CO_3)$
光澤／玻璃光澤～珍珠光澤
晶系／三方晶系
密度／4.3-4.5
折射率／1.62-1.85
解理／完全（三向）
硬度／4-4½
色散／0.014-0.031

以創辦史密森尼博物館之貢獻者為名的寶石

這種礦物呈半透明狀，有青綠色、黃色、粉紅色、紫色及無色等各種色彩，通常以結晶微細的緻密集合體型態產出，大多採用凸圓面切工或雕刻成裝飾品。大小可以研磨成寶石的結晶非常稀少，而且缺乏堅固性，不過納米比亞‧楚梅布產出的美麗結晶有時會切磨成刻面寶石供收藏家珍藏。這種礦物常見於鋅礦床的氧化帶，是鋅的主要礦石。其學名 smithsonite 源自英國化學家和礦物學家詹姆斯‧史密森（James Smithson）之名。他不僅發現這種礦物含有止癢藥「卡拉明」（Calamine）的成分，之後還慷慨捐贈他的收集品，成立了史密索尼安博物館群（The Smithsonian museums）。

美國 新墨西哥州產
No.8030

圓形 凸圓面
11.63ct No.7231

橢圓形 凸圓面
墨西哥 索諾拉州（Sonora）產
15.89ct
No.7089

長梨形 凸圓面
墨西哥產 60.27ct No.7232

異極礦 Hemimorphite

礦物名／hemimorphite（異極礦）
主要化學成分／水合氫氧化矽酸鋅
化學式／$Zn_4(Si_2O_7)(OH)_2 \cdot H_2O$
光澤／玻璃光澤
晶系／斜方晶系
密度／3.4-3.5
折射率／1.61-1.64
解理／完全（雙向）
硬度／4½-5
色散／0.020

含鋅的淡綠色至水藍色、質地緻密的寶石

含鋅的礦物原本無色，但因含有微量的銅而呈現淡綠色至水藍色。通常以板柱狀結晶的放射狀集合體，或是結晶微細的半球狀、葡萄狀集合體形式產出，後者往往與菱鋅礦相似。其學名 hemimorphite 源於板柱狀結晶兩端形狀不同（一端尖銳、一端平）的特徵而得名，不過能看出晶體形態的碩大結晶非常稀少，通常以微細緻密的形態出現，並且切磨成凸圓面或珠子。大多以次生礦物的形式產於鋅礦床中。

中國 雲南省產 No.2032

橢圓形 凸圓面
中國雲南省產 16.71ct
No.7098

蛇紋石　　　Serpentine

礦物名／serpentine（蛇紋石）
主要化學成分／氫氧化矽酸鎂
化學式／$Mg_3Si_2O_5(OH)_4$
光澤／蠟狀光澤、油脂光澤、絲絹光澤、樹脂光澤、土狀、無光澤
晶系／單斜晶系、六方晶系、斜方晶系、三斜晶系、正方晶系
密度／2.5-2.6
折射率／1.53-1.57
解理／完全
硬度／2½-3½
色散／無

令人聯想到蛇的獨特圖案

這種礦物與閃玉（P.168）相似，通常以綠色至黃色的塊狀型態產出。質地柔軟，容易雕刻。自古以來人們便以其緻密的微細結晶集合體來製作珠寶飾品和石材。若屬半透明且光澤良好，通常會切磨成凸圓面，亦廣泛用於裝飾石材。蛇紋石不是單一礦物，而是由16種晶體結構相似的礦物組成族群，只要化學成分不同，就會呈現白色、黃色、綠色等多種顏色。蛇紋石是橄欖石、輝石、角閃石等礦物變質生成的，岩石表面的圖案看起來像蛇紋，故名「蛇紋石」。

含有碳鎂鉻石（Stichtite）
塔斯馬尼亞（Tasmania）鄧達斯（Dundas）產
No.8126

橢圓形 凸圓面
塔斯馬尼亞產 66.39ct
No.7127

碳鎂鉻石
塔斯馬尼亞產 6.08ct No.7128

硬度 4

白紋石　　　Howlite

礦物名／howlite（白紋石）
主要化學成分／氫氧化矽酸硼酸鈣
化學式／$Ca_2SiB_5O_9(OH)_5$
光澤／亞玻璃光澤
晶系／單斜晶系
密度／2.6
折射率／1.58-1.61
解理／無
硬度／3½
色散／無

容易染色，可用於雕刻及珠寶製作

以微細粒的白色集合體型態產出，切磨後可做裝飾品。白色塊狀物中常有其他礦物細脈形成的網狀紋理。容易染色，有時會模仿土耳其石（P.200），染成藍色。結晶以尖銳呈矛狀（扁平柱狀）的形態為特徵，但相當稀有，目前尚未發現可以切磨、顆粒碩大的結晶。這種礦石會與其他硼酸鹽礦物一起產出於硼酸鹽礦床中。其英文Howlite是為了紀念發現而且將這種礦物記載下來的加拿大化學家、地質學和礦物學家，亨利·豪（Henry How）而命名。

美國 加州產 No.2006

橢圓形 凸圓面
美國 加州產
33.54ct No.7047

217

白鎢礦　　　Scheelite

礦物名 / scheelite（白鎢礦）
主要化學成分 / 鎢酸鈣
化學式 / Ca(WO$_4$)
光澤 / 玻璃光澤～鑽石光澤
晶系 / 正方晶系
密度 / 6.1
折射率 / 1.92-1.94
解理 / 明顯（四向）
硬度 / 4½-5
色散 / 0.038

中國 四川省產 No.2034

透明度高且美，可惜耐久性差

　　無色透明的結晶閃耀如鑽石，色調多為黃色到橘色，但在堅固性上完全無法與鑽石匹敵。在短波紫外線的照射下會發出青白色的獨特螢光，有助於區分與外觀相似的礦物。除了受到熱變質作用影響的岩石（接觸變質礦床）及高溫熱水礦脈，白鎢礦也會在偉晶花崗岩中生成。鎢是主要的資源，有時也是金礦床的指標。其英文礦物名 Scheelite 是為了紀念瑞典化學家卡爾・威廉・舍勒（Carl Wilhelm Scheele）而取的，因為他是首位從這種礦物中分離出鎢的氧化物的科學家。

圓形 階梯形
山梨縣 乙女礦山產
9.04ct
No.7043

矽鋅礦　　　Willemite

礦物名 / Willemite（矽鋅礦）
主要化學成分 / 矽酸鋅
化學式 / Zn$_2$SiO$_4$
光澤 / 玻璃光澤～樹脂光澤
晶系 / 三方晶系
密度 / 3.9-4.2
折射率 / 1.69-1.73
解理 / 明顯～不明顯
硬度 / 5½
色散 / -（小）

橢圓形 星形
納米比亞產
1.89ct No.3007

深受大家喜愛的螢光礦物

　　當作寶石切割的情況較為罕見，但在紫外線照射下因會發出鮮豔的綠色螢光，故為礦物收藏家所珍藏。本為無色，因含有微量的銅而呈現淡淡水藍色，可見微量成分可使其顯示出各種色彩。矽鋅礦是閃鋅礦的次生礦物，產於鋅礦床的氧化帶或受變質作用的石灰岩中，通常以塊狀或纖維狀的集合體產出，有時則是透明的柱狀結晶。19世紀中葉為紀念荷蘭國王威廉一世（Willem I），故以 Willemite 為名。

橢圓形 星形
納米比亞產 0.74ct
No.3005

下圖是發出螢光的模樣。
美國 紐澤西州產
No.2010

三角形 星形
美國 紐澤西州產 1.12ct
No.3006

螢石

Fluorite

- 礦物名／fluorite（螢石）
- 主要化學成分／氟化鈣
- 化學式／CaF_2
- 光澤／玻璃光澤
- 晶系／等軸晶系
- 密度／3.0-3.3
- 折射率／1.43-1.45
- 解理／完全（四向）
- 硬度／4
- 色散／0.007

不易出現色散的彩色石頭

人稱「世界上最繽紛的寶石」，常因微量元素的影響而產出紫色、綠色、黃色等豐富多彩的結晶。但這種寶石硬度低，易刮傷，容易朝特定方向劈裂（解理），故在進行刻面加工時要避免解理所帶來的影響，慢慢打磨，而且還要避免熱與震動。只要利用這種特性切磨成正八面體（解理片），通常可得到買家青睞。有些結晶內部顏色不均，若能巧妙切割，就可欣賞到五彩繽紛的條紋圖案。若能善用其色散極低、光線幾乎可以直接穿透的特性，就採納人工方式，合成高純度且無色透明的結晶，並用來製作高級相機的鏡頭。

螢石的英文 Fluorite 源自拉丁語的 fluere，意指「流動・融化」。自古人們將其當作助熔劑，用來溶解製鐵的爐渣。因螢石曾被發現在紫外線照射下會發光，故以這種礦物之名，將這種發光現象稱為螢光（fluorescence），日語亦然。不過螢火蟲的光是發光物質出現化學反應而產生，與螢光無關。關於「螢石」一詞在日本，比較有力的說法是古人將其加熱或摩擦時所產生的發光現象比擬成螢火蟲的光而來。這種礦石在偉晶岩、熱液礦床及接觸交代礦床中可見大型塊體，有時還會出現立方體及正八面體的自形晶。

英國製 No.8121

解理 美國 伊利諾伊州產 No.8352

左邊是日光，右邊是在長波紫外線（黑光燈）照射下發光的螢石。巴基斯坦北部 洪扎（Hunza）產。No.8658

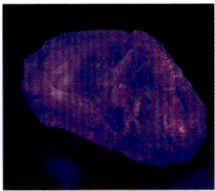

硬度 4

枕墊形 星形
英國 羅傑里礦山（Rogerley Mine）產
9.43ct No.7248

不規則形
巴西 米納斯吉拉斯州產
42.04ct No.7244

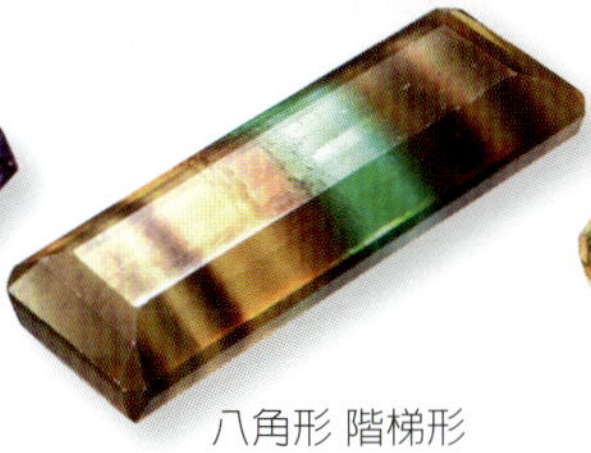

八角形 階梯形
阿根廷產 59.51ct
No.7192

橢圓形 混合切工
美國 伊利諾伊州產
4.55ct No.7243

玫瑰石

Rhodonite

礦物名 / rhodonite（薔薇輝石）
主要化學成分 / 矽酸錳
化學式 / CaMn$_3$Mn(Si$_5$O$_{15}$)
光澤 / 玻璃光澤
晶系 / 三斜晶系
密度 / 3.4-3.7
折射率 / 1.71-1.75
解理 / 完全（雙向）
硬度 / 5½-6½
色散 /

紅豔華麗如玫瑰的寶石

　　玫瑰石的英文 Rhodonite 取自希臘語中意指「薔薇」的「rhodon」，是一種玫瑰粉色到深紅色的寶石。紅色致色因素與紅紋石（P.221）相同，主要因錳而產生。不過紅紋石硬度較低，而且容易刮傷，相形之下玫瑰石的硬度反而較高。透明結晶所展現的美可媲美紅寶石與石榴石，但產量稀少，硬度也較差。此外，這種寶石解理完整，容易破裂，不易切割。但若是結晶細小的塊狀集合體，質地就相當堅固而且還會呈現美麗的粉紅色，不僅適合當作雕刻的素材，還可加工切磨成凸圓面或串珠。這種礦石可以當作錳資源來使用，在澳洲、秘魯、巴西、日本等地皆有產出。

　　但要注意的是，這種礦石只要受到陽光直射或長時間暴露在風雨之下，表面就會因氧化而覆蓋一層黑色的氧化錳。化學結構和晶體結構相似的礦物有錳輝石（Pyroxmangite），肉眼觀察時，幾乎無法區分其與玫瑰石的差異。錳輝石美麗的結晶比玫瑰石更加罕見，過去曾在愛知縣的田口礦山產出，有時會切磨成寶石供收藏家珍藏。

秘魯產 No.4026

櫪木縣產 No.8013

橢圓形 凸圓面 澳洲產 5.36ct No.7014

不規則形 巴西產 0.49ct No.7209

紅紋石　Rhodochrosite

礦物名 / rhodochrosite（菱錳礦）
主要化學成分 / 碳酸錳
化學式 / Mn(CO_3)
光澤 / 玻璃光澤～珍珠光澤
晶系 / 三方晶系
密度 / 3.7
折射率 / 1.58-1.82

解理 / 完全（三向）
硬度 / 3½-4
色散 / 0.015

以「印加玫瑰」而聞名的寶石

以玫瑰紅（Rose pink）的美麗粉紅為特徵的寶石。1800 年從希臘語中意指玫瑰色的「rodon」衍生出「rhodochrosite」這個學名。粉紅色的致色因素主要是錳造成的，透明且厚實的結晶會呈現深邃的粉紅色，外形以菱形六面體居多，但在大多數情況下，通常是以細小結晶的集合體產出，而且顆粒越細，粉紅色就越淡。

鮮豔的櫻桃紅且透明度高的大顆結晶產於美國科羅拉多州及南非的霍特澤爾（Hotazel），但是硬度低，易刮傷，因此少見切磨出刻面的寶石。

由深淺粉紅色構成條紋圖案的紅紋石大多產於阿根廷，故名「印加玫瑰」（Inca Rose）。這種類型的礦石除了利用凸圓面切工方式將條紋圖案展現出來之外，還可製作串珠或雕刻。近年來除了阿根廷以外的產地，以及一些沒有條紋圖案的玫瑰石也開始以「印加玫瑰」之名在市面上流通，而且比「紅紋石」這個名稱還要普遍。

除了在含有錳的熱液礦床和變質礦床中發現外，亦以沉積性錳礦床中的變質物（二次礦物）形式產出。因表面會逐漸氧化變色，故長期保存時需多加注意。

青森縣 尾太礦山產 No.8200

阿根廷 聖路易斯（San Luis）產 No.8017

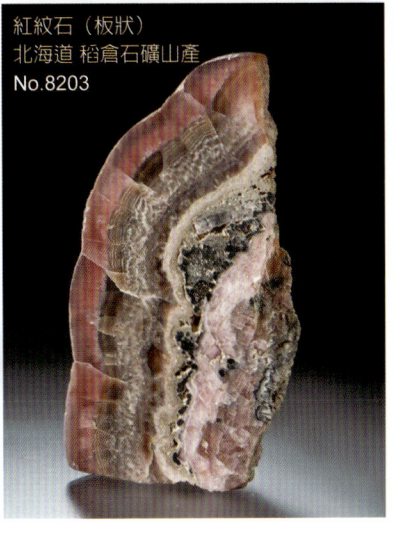

硬度 3

紅紋石（板狀）
北海道 稻倉石礦山產
No.8203

八角形 階梯形
南非產 10.02ct No.7206

印加玫瑰
橢圓形 凸圓面
阿根廷 聖路易斯產
29.53ct No.7016

孔雀石 Malachite

礦物名 / malachite（孔雀石）
主要化學成分 / 氫氧化碳酸銅
化學式 / $Cu_2(CO_3)(OH)_2$
光澤 / 鑽石光澤～玻璃光澤，纖維狀結晶為絲絹光澤
晶系 / 單斜晶系
密度 / 3.9-4.1
折射率 / 1.65-1.91
解理 / 完全（單向）
硬度 / 3½-4
色散 / -

也可當作天然礦物顏料的綠色石頭

自古以來，用來當作綠色天然礦物顏料中的「綠青色」、珠寶飾品，以及含有銅的碳酸鹽礦物。在日本亦稱為「孔雀石」。濃淡不一的綠色條紋圖案相當美麗，在寶飾品和雕刻品中通常能得以展現。四千多年前的古埃及人將磨成粉末的孔雀石當作眼影塗抹在女性的臉上，古希臘羅馬還將其當作顏料及裝飾石來使用。到了19世紀，俄羅斯的烏拉山脈產出大量的孔雀石，並將其加工製成桌子及花瓶等各類器具，廣受大眾歡迎。聖彼得堡的宮殿（現為艾爾米塔什博物館，The State Hermitage Museum）內還有一間用孔雀石裝飾柱子和家具的「孔雀石廳」。烏拉山脈的礦床現在已經開採殆盡，目前裝飾用的孔雀石以剛果民主共和國為主要供應國。其他產地包括南澳洲、摩洛哥、美國的亞利桑那州及法國的里昂等。

孔雀石也是銅礦資源之一，通常會與藍銅礦一同在銅礦床的變質帶中產出。纖維狀結晶呈放射狀集合體，並以葡萄狀、皮殼狀或鐘乳狀等形態出現。綠色的濃淡差異並非成分不同所引起，而是晶粒大小不同所造成的。只要粒子越細，顏色就會越明亮。顆粒碩大的結晶顏色相當深濃，不過產量稀少。

剛果民主共和國（前薩伊）產 No.8081

橢圓形 凸圓面
剛果民主共和國（前薩伊）產 No.7082

在歐洲深受喜愛的孔雀石珠寶盒

藍銅礦　Azurite

- 礦物名 / azurite（藍銅礦）
- 主要化學成分 / 氫氧化碳酸銅
- 化學式 / $Cu_3(CO_3)_2(OH)_2$
- 光澤 / 玻璃光澤～亞鑽石光澤、無光澤、土狀
- 晶系 / 單斜晶系
- 密度 / 3.7-3.9
- 折射率 / 1.72-1.84
- 解理 / 完全（雙向）
- 硬度 / 3½-4
- 色散 / -

可當作天然礦物顏料的群青色礦石

可以當作藍色釉藥及天然礦物顏料、含有銅的碳酸鹽礦物。其英文「Azurite」這個名稱和青金石（P.192）一樣，皆源於波斯語中意指「藍色」的「lazhuward」。目前已知這種礦石有柱狀、厚板狀等結晶，形狀複雜，且呈深藍色，在擁有玻璃光澤的結晶面上通常會反射光線，閃閃發亮。但在大多數的情況之下會以塊狀、鐘乳狀或葡萄狀等細粒結晶集合體的形式產出。雖然沒有什麼光澤，但研磨過後藍色會更加顯眼。

切磨成寶石之後，通常會以凸圓面或切磨成薄片的形式在市面上流通。藍銅礦是由含二氧化碳的水與銅礦物反應而成。水的反應如果持續下去，就會轉變為更加穩定的綠色孔雀石（P.222），因此採礦時通常會發現藍銅礦和孔雀石混在一起，這樣的礦石就稱為「藍銅孔雀石」（Azurmalachite）。形成條紋圖案的藍銅礦與孔雀石通常會切磨成裝飾品，並根據發現地的法國謝西（Chessy），取名為「謝西石」（Chessylite）。另外，許多以孔雀石繪製的歷史畫作原本應該是用藍銅礦繪製的藍色，但因使用的孔雀石出現變化，所以才會變成綠色。

美國 亞利桑那州產 No.2005

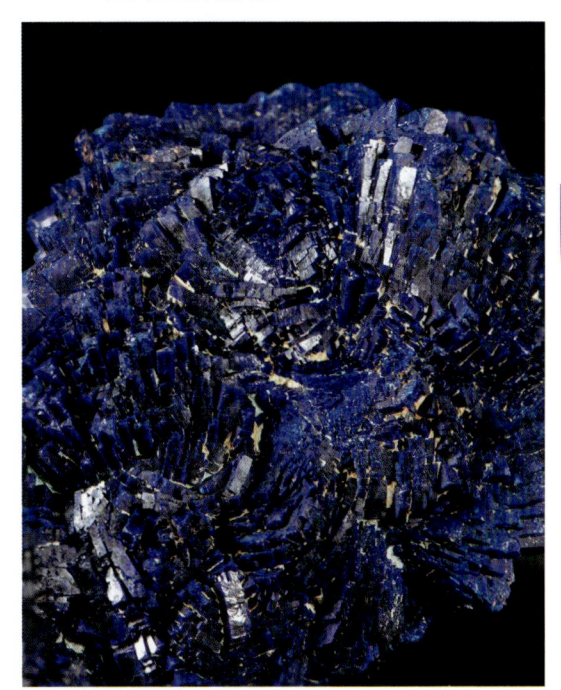

中國 廣東省產 No.2029

橢圓形 凸圓面
美國 亞利桑那州產 16.69ct No.7132

硬度 3

閃鋅礦　　　Sphalerite

礦物名／sphalerite（矽鋅礦）
主要化學成分／硫化鋅
化學式／(Zn,Fe)S
光澤／樹脂光澤、鑽石光澤、金屬光澤
晶系／等軸晶系　　解理／完全（六向）
密度／3.9-4.1　　　硬度／3½-4
折射率／2.36-2.37　色散／0.156

彩虹光芒閃耀，但卻難以切割

閃鋅礦擁有高折射率，色散甚至凌駕鑽石，只要切割，就會散發出極其強烈的暈彩光芒。但即使是寶石切割名人，在切磨時也會深覺棘手，因此完美的切割寶石相當稀少。純淨的硫化鋅是無色的，但是閃鋅礦卻會展現黃色、橘色、紅色、褐色（玳瑁色）、綠色和黑色，相當多種，而且取代鋅的鐵含量越多，呈現的顏色就會越深。閃鋅礦是鋅的主要礦石，除了熱液礦床、矽卡岩礦床，偉晶岩及煤層亦有產出，就連在隕石及月球的岩石中亦能找到少量。其學名 sphalerite 源自希臘語的 sphaleros，意思是「不可靠」。

秋田縣 北秋田市產 No.2001

圓形 混合切工／
（黃色）西班牙產 9.16ct No.7018、
（紅色）西班牙產 23.12ct 及
（綠色）保加利亞 埃爾馬雷卡礦山
（Erma Reka mine）產 24.63ct No.7222

赤銅礦　　　Cuprite

礦物名／cuprite（赤銅礦）
主要化學成分／氧化銅
化學式／Cu_2O
光澤／鑽石光澤、亞金屬光澤
晶系／等軸晶系　　解理／無
密度／6.1-6.2　　　硬度／3½-4
折射率／2.85　　　　色散／-

擁有鮮紅色的光芒，但卻難以處理

赤銅礦因其閃耀的深紅色而備受收藏家青睞，但卻易受損，難以切割，而且曝露於光線下時表面還會變成暗灰色，因此處理起來相當棘手。由於其內部反射呈現獨特的洋紅色調，故又稱為「紅寶石銅」（Ruby Copper）。納米比亞是能產出碩大顆粒的唯一產地，無奈礦源已經枯竭，現僅在澳洲、玻利維亞、智利還有少量開採小顆原石。是具代表性的銅礦石。其學名 cuprite 來自拉丁語的「cuprum」，意思是「銅」。生成於伴隨銅礦物礦床的氧化帶之中。

剛果民主共和國（前薩伊）產 No.2020

圓形 星形
納米比亞 楚梅布產
3.34ct No.7053

224

磷葉石　Phosphophyllite

- 礦物名／phosphophyllite
- 主要化學成分／水合磷酸鋅鐵
- 化學式／$Zn_2Fe^{2+}(PO_4)_2 \cdot 4H_2O$
- 光澤／玻璃光澤，解理面為珍珠光澤
- 晶系／單斜晶系
- 解理／完全（單向）、明顯（單向）
- 密度／3.1
- 硬度／3-3½
- 折射率／1.59-1.62
- 色散／-（小）

以寶石為漫畫題材而備受矚目

磷葉石是鐵和鋅的磷酸鹽礦物，以略帶細膩藍色的綠色為特徵。不僅產量稀少，寶石等級的結晶更是罕見，絕大多數的頂級品都是玻利維亞波托西（Potosí）市附近已經關閉的礦山開採而來。這種礦石硬度低，解理完全，容易剝落成葉片狀，雖然難以切割，但其所有的稀有性和美麗色調往往受到博物館及收藏家青睞。寶石等級的結晶通常產於熱液礦床中，但亦以閃鋅礦（Sphalerite）及鐵──錳磷酸鹽的變質物（次生礦物）等形式產於偉晶花崗岩中。

玻利維亞 波托西（Potosí）產 No.2008

三角形 星形
玻利維亞 波托西產
1.39ct
No.3010

硬度 3

朱砂　Cinnabar

- 礦物名／cinnabar（辰砂）
- 主要化學成分／硫化汞
- 化學式／HgS
- 光澤／鑽石光澤～無光澤
- 晶系／三方晶系
- 解理／完全（三向）
- 密度／8.0-8.2
- 硬度／2-2½
- 折射率／2.91-3.26
- 色散／-

高折射率、鮮紅閃亮的寶石

鮮豔的深紅色至暗紅色礦石，自古便當作顏料來使用。折射率遠遠高於鑽石，故能呈現出接近金屬光澤的鑽石光彩。除了刻面切割，塊狀礦石有時也會被切磨成凸圓面，但皆缺乏堅固性，故要特別小心處理。它是汞硫化礦物，通常以塊狀或薄膜狀的微粒子集合體形式存在於火山岩脈或熱泉周圍的礦床中，不過顆粒碩大的結晶相當罕見。其學名 cinnabar 源自阿拉伯語和波斯語，意指「龍血」。

中國 湖南省產 No.2091

圓形 階梯形
中國 貴州省產 7.65ct
No.3021

重晶石　　Baryte

礦物名／baryte（重晶石）
主要化學成分／硫酸鋇
化學式／Ba(SO$_4$)
光澤／玻璃光澤～樹脂光澤，有時是珍珠光澤
晶系／斜方晶系　　解理／完全（單向）、明顯（雙向）
密度／4.5　　　　硬度／3-3½
折射率／1.63-1.65　色散／-（小）

頗有人氣的金色及藍色透明寶石

　　這種礦石常以透明的大型結晶型態大量產出，但硬度低，加上具有解理，因此容易破裂。美國科羅拉多州產出的金黃色透明結晶評價甚高，其次是類似海藍寶的藍色結晶。不透明的重晶石鐘乳石有時會加工切磨出條紋圖案。除了伴隨鉛、鋅礦床出現，亦產出於石灰岩等沉積岩或火成岩等孔隙中。重晶石是鋇的重要資源，其英文 Baryte 源自希臘語的「Barys」，意指「沉重的」，與照胃部 X 光檢查時飲用的「鋇劑」為相同物質。

德國產 No.2035

矩形 階梯形
美國 科羅拉多州 斯特林韋爾德
（Stoneham-Weld）產 3.93ct No.7029

美國 科羅拉多州產
No.8188

天青石　　Celestine

礦物名／celestine（天青石）
主要化學成分／硫酸鍶
化學式／Sr(SO$_4$)
光澤／玻璃光澤，解理面為珍珠光澤
晶系／斜方晶系　　解理／完全（單向）、明顯（雙向）
密度／4.0　　　　硬度／3-3½
折射率／1.62-1.63　色散／-

在寶石中看見天空

　　這種礦石大多以透明美麗的天藍色結晶形態出現，其英文 Celestine 源自拉丁語的「celestis」，意指「天空的」，故名天青石。除了天藍色，有時也會呈現無色，偶爾還會顯現粉紅色或淡綠色。雖然缺乏硬度和耐久性，但是獨特的顏色依舊令收藏家著迷。天青石會以顆粒碩大的結晶、纖維狀、塊狀或團塊狀的集合體形式產於石灰岩、白雲岩等沉積岩中，有時也出現在熱液礦脈裡。當中最有名的就是產自馬達加斯加沉積岩中的晶洞（即中心部分有空隙而且可見球狀結晶）標本。

晶洞 馬達加斯加產
No.8019

矩形 階梯形
馬達加斯加產 5.51ct
No.7020

鉛礬　　Anglesite

- 礦物名／anglesite（硫酸鉛礦）
- 主要化學成分／硫酸鉛
- 化學式／$Pb(SO_4)$
- 光澤／鑽石光澤～樹脂光澤、玻璃光澤
- 晶系／斜方晶系　　解理／完全（單向）、明顯（雙向）
- 密度／6.4　　硬度／2½-3
- 折射率／1.88-1.89　　色散／0.044

收藏家專屬的稀有寶石

擁有極高的折射率及色散，光澤相當亮麗，但因有解理，硬度低，堅固性難免不足。除了無色，還有因微量成分而呈現的黃、綠、藍等色彩，結晶若是透明，有時也可切磨成寶石供收藏家珍藏。若是受到紫外線照射，有時還會發出黃色的螢光。這樣的鉛礬通常會在鉛礦床表層附近生成，是含鉛礦物與地下水反應形成的二次礦物。鉛礬的英文 Anglesite 是以其模式產地，即英國威爾斯地區的安格爾西島（Anglesey Island）為名。

澳洲 新南威爾斯州 布羅肯希爾（Broken Hill）產　No.2074

不規則形 階梯形
摩洛哥產 9.43ct No.3012

不規則形 三角形
摩洛哥產
2.19ct No.3011

白鉛礦　　Cerussite

- 礦物名／cerussite（白鉛礦）
- 主要化學成分／碳酸鉛
- 化學式／$Pb(CO_3)$
- 光澤／鑽石光澤～玻璃光澤
- 晶系／斜方晶系　　解理／良好
- 密度／6.6　　硬度／3-3½
- 折射率／1.80-2.08　　色散／-（大）

透明度高，光澤亮麗，但易碎

折射率可媲美鑽石，光澤亦相當出色，可惜硬度較低，且有解理，容易破裂，因此堅固性不足，難以切割，只能當作專供收藏家珍藏的寶石。本質上無色（白色），因含微量的銅，故呈現藍到綠的色彩。其英文 Cerussite 源自拉丁語的「cerussa」，意指白色鉛顏料，是一種自古即為人所知的鉛礦石，通常生成於鉛礦床地表附近。

納米比亞 楚梅布產 No.2004

硬度 3

227

霰石

Aragonite

- 礦物名 / aragonite（霰石）
- 主要化學成分 / 碳酸鈣
- 化學式 / $Ca(CO_3)$
- 光澤 / 玻璃光澤
- 晶系 / 斜方晶系
- 密度 / 2.9-3.0
- 折射率 / 1.53-1.69
- 解理 / 明顯（單向）
- 硬度 / 3½-4
- 色散 / -（小）

主要成分與珍珠相同的礦物

　　和方解石一樣以碳酸鈣為成分的礦物，基本上無色（白色），但會受到微量成分或內含物的影響而呈現水藍色、紫色及褐色。質地柔軟且易碎，難以進行刻面切割。不過來自捷克的透明結晶有時會為收藏家切割成寶石。另外，淺藍色的塊狀霰石和拉利瑪石（P.215）一樣，會採用凸圓面切工。

　　至於貝殼（P.241）、珍珠（P.234）及珊瑚（P.238）等源自生物的寶石，則是由霰石及同質物質所構成，常見於礦床的氧化帶、熱泉和鐘乳洞中，有時還會形成類似珊瑚的集合體，稱為「山珊瑚」。霰石的結晶通常呈六角形的厚板狀、柱狀或針狀，端部大多為錐狀，或和「鑿子」的刀刃一樣尖銳。筒狀或放射狀的集合體也會出現。其學名 aragonite 取自模式產地（首次發現新種並採集到標本的所在地），即西班牙莫利納・德・阿拉貢（Molina de Aragón）。

義大利 西西里島產 No.2031

中國 雲南省產 No.8111

雙晶 西班牙產 No.8195

隨形 岐阜縣 神岡礦山產 23.02ct No.7112

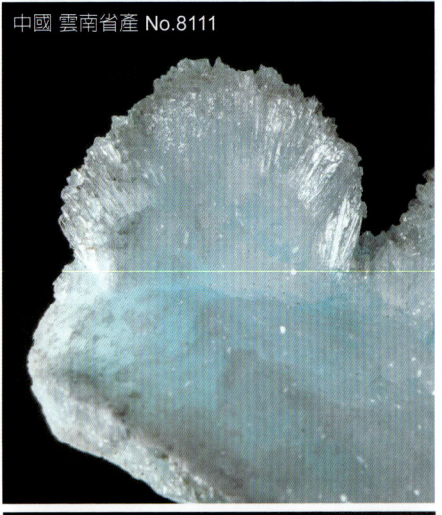

228

方解石　　　　　Calcite

礦物名／calcite（方解石）
主要化學成分／碳酸鈣
化學式／$Ca(CO_3)$
光澤／玻璃光澤
晶系／三方晶系
密度／2.7
折射率／1.48-1.66
解理／完全（三向）
硬度／3
色散／0.008-0.017

結晶美麗，卻不適合切磨成寶石

由碳酸鈣組成的常見礦物，就連石灰岩（P.182）、石灰華（Travertine，一種化學沉積岩）以及大理岩（P.182）的主要成分也都是方解石。這種礦石經常產出透明而且顆粒碩大的美麗結晶。有時會為收藏家切割成寶石，但因硬度低，加上擁有三個方向的完全解理，容易沿著固定角度裂成平行四邊形，因此鮮少製成珠寶。微量成分可使其產生不同的顏色，例如鐵是橙色，錳是粉紅色，鈷則是紅色。各種顏色的方解石會形成有條紋圖案（層狀結構）的美麗石灰華，稱為縞瑪瑙大理岩（Onyx Marble），經常用來製作裝飾品或雕刻品。方解石的折射率和色散都不高，但因具有極為明顯的雙折射（光線進入結晶後分裂成兩種不同折射率之光線）性質，只要透過結晶看物體，就會看到雙重影像。

方解石亦以碩大單晶或雙晶形式產於變質礦床、熱液礦床及火成岩中。這種礦物的結晶形態相當多樣，有尖銳的「犬牙狀」和扁平的「釘頭狀」。

只要善用這個顯著的雙折射特性，將薄的解理片組合在一起，就能製成偏光濾鏡（尼科爾稜鏡，Nicol prism）。

美國 密蘇里州產 No.2018

硬度
3

解理 墨西哥產
綠色 No.8252，無色 No.8255，
金色 No.8254，粉紅色 No.8253

（綠色）解理 階梯形 墨西哥產 43.21ct No.7256
（金色）矩形 階梯形 墨西哥產 11.82ct No.7258
（粉紅色）八角形 不規則形 墨西哥產 19.84ct No.7257

海泡石　　Meerschaum

礦物名／ sepiolite（海泡石）
主要化學成分／ 水合氫氧化矽酸鎂
化學式／ Mg₄Si₆O₁₅(OH)₂•6H₂O
光澤／ 亞玻璃光澤、絹絲光澤、無光澤～土狀
晶系／ 斜方晶系　　　　　　解理／ 無
密度／ 2.1-2.3（乾燥體積密度不足1）　硬度／ 2-2½
折射率／ 1.50-1.58　　　　色散／ 無

多孔質且輕巧，長久以來的煙具材料

白色且成土狀的細緻塊狀材料經過雕刻後可用來製作煙斗等物品。屬於礦物的海泡石通常呈纖維狀塊體，但在土耳其安納托利亞高原（Anatolian Plateau）的埃斯基謝希爾（Eskişehir）附近卻可以開採到適合雕刻的緻密土狀塊體。剛採掘而出時可以輕鬆進行切割或雕刻，但是只要一乾燥，就會變硬而且堅固。其外觀雖然緻密，不過微細的纖維縫隙裡含有空氣，因此輕到可以浮在水面上。其礦物名的英文 sepiolite，是以墨魚（Sepia，或烏賊）骨骼多孔質而且輕巧的特性為名；至於英文 Meerschaum 則來自德語，意指「海泡沫」。

中國 河北省產 No.2021

海泡石（雕刻）
土耳其 埃斯基謝希爾產
148.22ct No.7015

鈉硼解石　　Ulexite

礦物名／ ulexite（硼灰石）變種名：TV stone（電視石）
主要化學成分／ 水合氫氧化硼酸鈉鈣
化學式／ NaCaB₅O₆(OH)₆•5H₂O
光澤／ 玻璃光澤、絲絹光澤
晶系／ 三斜晶系　　　解理／ 完全（單向）、明顯（單向）
密度／ 2.0　　　　　硬度／ 2½
折射率／ 1.49-1.52　　色散／ -

能顯示貓眼效應的白色寶石

鈉硼解石通常以纖維狀結晶平行排列的塊狀型態產出，只要切磨成凸圓面，就會出現貓眼效應。這種礦石硬度非常低，不適合切磨成寶石，但可以與纖維狀結晶垂直切磨，以便觀察光纖效果，這就是廣為人知的「電視石」。鈉硼解石的產地僅限於過去曾為湖泊或內海，不過現已乾涸的地區。產量豐富，是硼的主要資源礦物之一。其礦物名的英文 ulexite，則取自德國化學家，喬治・路德維希・烏萊克斯（Georg Ludwig Ulex）之名。

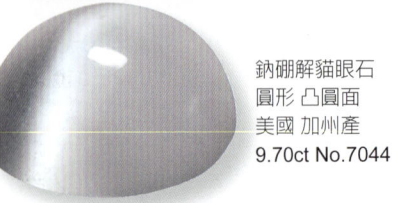

美國 加州產 No.8045

鈉硼解貓眼石
圓形 凸圓面
美國 加州產
9.70ct No.7044

透石膏
雪花石膏

Selenite

Alabaster

礦物名／gypsum（石膏）
主要化學成分／水合硫酸鈣
化學式／Ca(SO$_4$)・2H$_2$O
光澤／亞玻璃光澤～珍珠光澤
晶系／單斜晶系　　解理／完全（單向）、明顯（三向）
密度／2.3　　　　　硬度／1½-2
折射率／1.52-1.53　色散／-

不同形式的石膏

透石膏和雪花石膏皆為「石膏」礦物。石膏的學名 gypsum 源自希臘語（譯註：Gypsos），意思是「白堊」、「灰泥」及「水泥」。古代人相信透明的石膏結晶會隨著月亮盈虧而變化，故以希臘神話中的月亮女神塞勒涅（Selene）命名，稱之為 Selenite（透石膏）。另一方面，石膏的細粒結晶集合體則是以希臘語的花瓶「alabastos」來命名，稱為 Alabaster（雪花石膏）。雖然當作寶石來切磨太過柔軟，但因外觀美麗，自古便是雕刻、花瓶等容器、裝飾品以及工具的材料。此外，細長的纖維狀結晶聚集體會呈現絲綢光澤，稱為纖維石膏（Satin spar）。只要切磨成凸圓面，就能呈現貓眼效應。

石膏是海水或鹽湖的水蒸發形成，在富含鈣及硫酸鹽離子的地下水或溼潤黏土中也會形成大型結晶。呈玫瑰花瓣狀的結晶則以「沙漠玫瑰」（Desert rose）而聞名。

透石膏 墨西哥 奇瓦瓦州產 No.8002

硬度 2

纖維石膏貓眼石
圓形 凸圓面 9.09ct No.7287

透石膏
圓形 混合切工 墨西哥 奈卡（Naica）產
1.69ct No.7240

雪花石膏
橢圓形 凸圓面 美國 猶他州 華盛頓產
15.27ct No.7288

231

塊滑石　　Steatite

礦物名 / talc（滑石、凍石）
主要化學成分 / 氫氧化矽酸鎂
化學式 / $Mg_3Si_4O_{10}(OH)_2$
光澤 / 珍珠光澤、脂肪光澤、無光澤
晶系 / 三斜晶系、單斜晶系
密度 / 2.6-2.8
折射率 / 1.54-1.60
解理 / 完全（單向）
硬度 / 1
色散 / -

從古至今易於加工的平滑石頭

　　塊滑石是一種純度高而且緻密的滑石。滑石這種礦物本身還算普遍，只要是變質岩分布的地區，絕大多數都可以找到這種礦石的蹤影，通常以超鹼性岩石的變質物形式出現，並且伴隨著蛇紋石、透閃石、鎂橄欖石產於極微細葉片狀結晶的塊狀集合體中。其光滑的觸感有時會與葉蠟石（Pyrophyllite）和皂沸石（Saponite）等一起稱為皂石（Soapstone）。滑石的摩氏硬度只有1，質地太過柔軟，成型後往往需要焙燒的方式來增加堅固性，有時還會施釉後再燒成。

　　這種礦石易加工，自史前時代以來便被用來雕刻、製成裝飾品或工具來使用，是最古老的寶石加工材料之一。在遠古中東不僅被用於製作雕像、印章及聖骨箱，還用來製造器皿、壺罐、金屬鑄模、烹飪工具和煙斗等工具。現在滑石依舊為工藝品的製作原料，除了加拿大及阿拉斯加因紐特人（Inuit）的雕刻作品外，淡綠色的半透明雕刻在中國等地亦頗受歡迎。

滑石 美國產 No.8220

美國 德州產 No.8110

滑石
橢圓形 凸圓面
美國 喬治亞州產
21.07ct No.7318

2
「聖甲蟲」　古埃及的聖甲蟲可以旋轉的章紋戒。
西元前 1539-1069 年左右，新王國時代
國立西洋美術館。
橋本收藏品
（OA.2012-0004）

第 3 章
源自生物的有機寶石

文藝復興時期 飛翔天使的墜飾
1590-1620 年左右 德國或荷蘭 鑽石、紅寶石、珍珠、琺瑯、黃金
私人收藏,協助:Albion Art Jewellery Institute

珍珠　　　　　　　Pearl

化學名 / 碳酸鈣
光澤 / 珍珠光澤
密度 / 2.6-2.9
折射率 / 1.52-1.69
硬度 / 2½ -4½

在貝殼中形成並被發現的寶石

　　西元前 2200 年以前的中國曾經當作報酬來使用，在古代波斯則是當作衣物裝飾品的珍珠自古至今受到各地皇族和富商的喜愛，甚至還有神的眼淚及朝日化身的傳說，是一顆充滿神祕歷史的寶石。

　　在動物體內生成的「石頭」當中，有些具有美麗的光澤和色調，當中最具代表性的就是珍珠。其所擁有的光滑曲面和珍珠光澤經常用來製作寶飾品。珍珠是在海洋裡的鶯蛤類及淡水中的珠蚌類等貝類體內形成的。當異物進入貝類體內時，牠們就會啟動排出異物或在體內進行無毒化（無害化）的生理機能。其中一種無毒化的生體機能，是用本身的硬組織（如貝殼）物質來覆蓋異物。珍珠的硬殼由珍珠層構成，這層結構由等同霰石的碳酸鈣結晶和外套膜分泌的複合蛋白質（珍珠質）所組成。當遇到異物時，這些生物就會分泌相同的珍珠層物質來包覆。這層珍珠層會因為光學干涉而產生獨特的暈彩及珍珠光澤，並將異物轉變成「美麗的石頭」，包裹在體內。這樣的珍珠光澤在日本特地用「テリ」來稱呼，和色彩一樣，是構成珍珠之美的要素之一。最常見的珍珠顏色是白色，不過母貝種類及棲息環境等因素若是不同，有時也會呈現黃色、綠色、藍色、紫色、紅色、黑色等顏色，色彩相當豐富。珍珠層位於表面，從貝殼中出現時就具有珍珠光澤，因此無需打磨，通常也不會進行整形加工。形狀圓潤的珍珠適合用來製作首飾，但自然形成的珍珠形狀因受到「異物」影響而呈現各種獨特的形狀，故名「巴洛克珍珠」（Baroque Pearl），這也是建築界和音樂界中使用的「巴洛克」一詞字源。

　　天然珍珠經常見於雙殼貝中，因為牠們以濾食為生，在攝入大量的水和食物同時，將異物帶入體內的機率也會增加，而且它們的貝殼內壁和軟組織間也有足夠的空間讓珍珠成長。擁有珍珠光澤的珍珠通常在貝殼，特別是內側有珍珠層的貝類中發現，這說明外套膜的分泌物與珍珠層的形成有關。因此，天然珍珠不僅會在被外套膜覆蓋的軟組織內形成，有時也會在接觸外套膜的貝殼內壁中生成。像呈半球狀隆起的水泡狀珍珠（Blister Pearl）就是在貝殼內壁形成的典型天然珍珠。

　　天然珍珠相當稀少，難以單靠採珠維生。雖然今日在巴林（Bahrain）及澳洲等地仍有潛水員下海採集天然珍珠，無奈偶然遇到形狀完美的大顆天然珍珠機會非常渺茫。

42

「派盤戒指」一顆珠圓玉潤的珍珠鑲嵌在圓形派盤狀的金戒指上，不過珍珠已磨損。13 世紀
國立西洋美術館 橋本收藏品（OA.2012-0117）

GIA 的珍珠鑑定報告。以右下方第二顆珍珠為例，報告中就寫著「天然珍珠，海水養殖，粉紅蛤種，未經處理」。這 10 顆皆為天然珍珠，顏色、形狀、尺寸及光澤各不相同。

在 2016 年 9 月的香港展覽會上從天然珍珠商人手上收集的阿拉伯海天然珍珠。這些珍珠是漁民在眾多珍珠貝中偶然發現，並集中運送至杜拜而來。當發現這種找到機率幾乎是微乎其微的珍珠時，得到的感動想必是超乎想像。打開貝殼一看，發現「裡面竟然有顆珍珠」的機率，簡直就是地球孕育出的奇蹟。珍珠不需切磨，但有時會視情況鑽孔，串連成項鍊。至於品質，則取決於光澤、顏色、形狀和大小。

● 珍珠的處理方法

汗水、皮脂、化妝品、香水等造成的變質，以及過度的乾燥或潮溼都會縮短珍珠的壽命。珍珠的質地並不是非常堅硬，嚴禁與其他硬質寶石摩擦接觸。

仿冒品

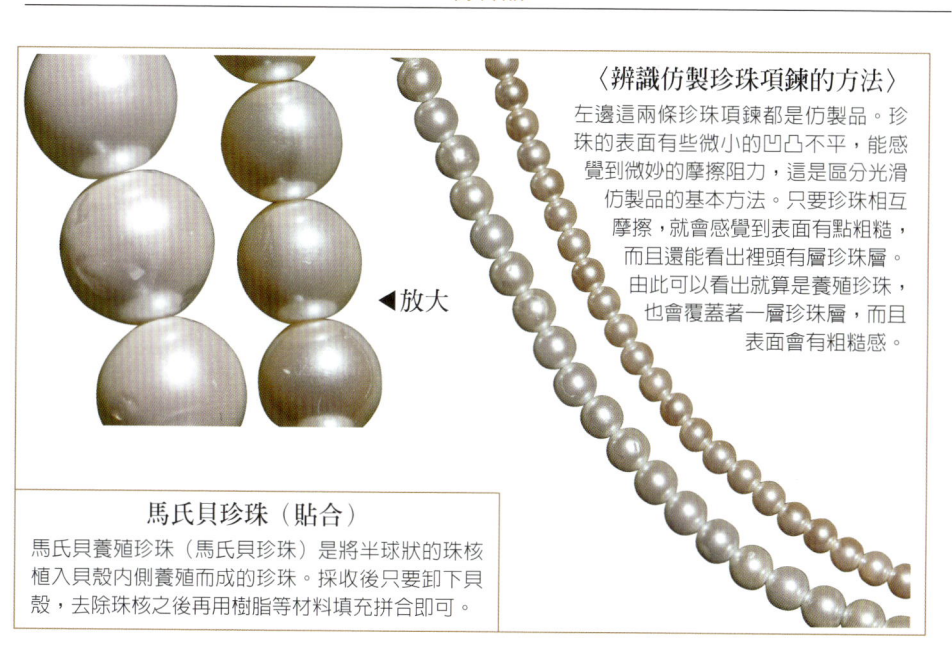

生物起源

◀ 放大

〈辨識仿製珍珠項鍊的方法〉

左邊這兩條珍珠項鍊都是仿製品。珍珠的表面有些微小的凹凸不平，能感覺到微妙的摩擦阻力，這是區分光滑仿製品的基本方法。只要珍珠相互摩擦，就會感覺到表面有點粗糙，而且還能看出裡頭有層珍珠層。由此可以看出就算是養殖珍珠，也會覆蓋著一層珍珠層，而且表面會有粗糙感。

馬氏貝珍珠（貼合）

馬氏貝養殖珍珠（馬氏貝珍珠）是將半球狀的珠核植入貝殼內側養殖而成的珍珠。採收後只要卸下貝殼，去除珠核之後再用樹脂等材料填充拼合即可。

235

Column

養殖珍珠
Cultured pearls

渾然天成的珍珠非常稀少，僅為少數人所擁有。觀察珍珠形成的過程並將此應用於養殖技術上且奠定養殖產業的是日本人。這種養殖技術有以下幾個步驟：選擇適合產出養殖珍珠的貝類品種，從幼貝開始培育，並且將形狀理想的「珠核」當作異物植入活貝外套膜附近的軟組織中以養殖貝類，直到珠核的周圍充分地被珍珠層覆蓋為止。這項技術能夠供應精選的珍珠，滿足大量需求，讓更多人為珍珠的魅力所傾迷。

阿古屋蚌貝 Akoya Oyster

擁有黃色光澤的珍珠層，能生成相同顏色的珍珠。棲息於西太平洋沿岸內灣地區寧靜海域水深約5至60公尺的岩礁上。殼長約10公分。日本是海水養殖珍珠的主要產地。與錫蘭珠母貝（Ceylon Pearl Oyster）及墨西哥珠貝（Mexican Pearl Oyster）不同種。

No.7604
阿古屋蚌貝（梨形）No.8604

白蝶珍珠蛤 South Sea Oyster

現存的珍珠貝中，殼長最大可達30公分。南太平洋採集白蝶珍珠蛤的目的通常是為了取殼。整體呈銀白色的稱為銀唇貝（Silver-lip），貝殼末端部分（離韌帶區較遠的一側）呈金黃色的稱為金唇貝（Gold-lip）。前者在澳洲主要用於養殖銀色珍珠，後者則在菲律賓、緬甸和日本用於養殖相應金色珍珠。

（白色） 
銀唇貝
No.7605

澳洲產 No.8605

（金色） 
金唇貝
No.7606

No.8606

黑蝶珍珠蛤　　Tahitian Oyster

No.7608、
大溪地產 No.8609

在現存珍珠貝當中分布範圍最為廣泛的一種。殼長約15cm，擁有黑色的珍珠層，培養的珍珠多為灰色，並帶有綠色、藍色和紅色泛光，純黑的珍珠反而稀少。在紅海採得的大顆黑珍珠稱為「薩達夫」（Sadaf），曾經獻給印度及波斯的國王。主要在大溪地及其他熱帶太平洋海域養殖。在進行養殖之前，大多數的黑珍珠是從加勒比海的巴拿馬珍珠貝（Panamanian pearl oyster）中採集。

墨西哥鶯蛤（馬氏貝）　　*Mabé* Oyster

鹿兒島縣 奄美大島產 No.7610、半圓珍珠（白色、灰色）
No.8611

殼長約15公分，分布於熱帶和亞熱帶的淺海地區。半球珍珠是模仿水泡狀珍珠將半球形珠核植入貝殼與軟組織表面的外套膜之間養殖而成。墨西哥鶯蛤是最常見的半球珍珠養殖貝，不過有時也會產出圓形珍珠。

池蝶蚌　　Freshwater Mussel

茨城縣 霞浦產 No.8614

殼長23公分，外型為翼卵圓形或翼長卵形的淡水種貝類，是琵琶湖與淀川水系的特有種。與外來種交配的情況越來越普遍，已被納入瀕危物種中。現正進行養殖的「琵琶珍珠」（Biwa Pearl）是與原產於中國的近親種——翼蚌（*Hyriopsis cumingii*）的交配種，曾經風靡一時。

〈品質辨識方法〉

　養殖珍珠（養珠）之所以為圓形，是因為這是將削圓的貝珠（珠核）放入阿古屋貝中，並藉助貝類的力量在其周圍形成珍珠層。想要達到充滿光澤品質佳的狀態，通常需要花上2到4年的時間才行。珍珠的好壞取決於養殖技術及海洋狀況等環境變化。另外，從貝殼中取出之後的處理方法也相當多樣，從幾乎沒有經過人工處理到過度加工的都有，因此選擇一家值得信賴的商店很重要。自然界中幾乎難得一見、顆粒勻稱的養殖珍珠項鍊則是價格相對便宜，而且品質優良的商品。

※ 池蝶蚌 珍珠 真鶴町立遠藤貝類博物館 收藏

珊瑚

Coral

化學名 / 碳酸鈣
光澤 / 玻璃光澤、蠟狀光澤
密度 / 2.6-2.7
折射率 / 1.48-1.66
硬度 / 3½

深海的粉紅～紅色的珊瑚骨骼

用於寶飾品的寶石珊瑚通常會與在淺海中形成珊瑚礁的「造礁珊瑚」（如石珊瑚〔Stony coral〕和水螅珊瑚〔Hydrocoral〕等）有所區別。寶石珊瑚生長在陽光無法到達的深海，具耐久性，以迷人的粉紅色到紅色色調為特徵。紅珊瑚（Corallium rubrum）產於地中海，日本紅珊瑚（Corallium japonicum）和桃紅珊瑚（Corallium elatius）則主要在包含日本近海在內的西太平洋地區採集。棲息在海底的小型珊瑚蟲（類似海葵的小生物）會分泌碳酸鈣，形成樹枝狀的集合組織。寶石珊瑚堅硬的集合組織相當於礦物方解石的碳酸鈣塊，因其所含的胡蘿蔔素色素而呈現紅色。適合當作寶石素材的部分經過切割研磨之後只要塑整成形，便可用於裝飾。

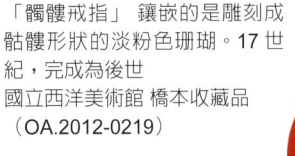

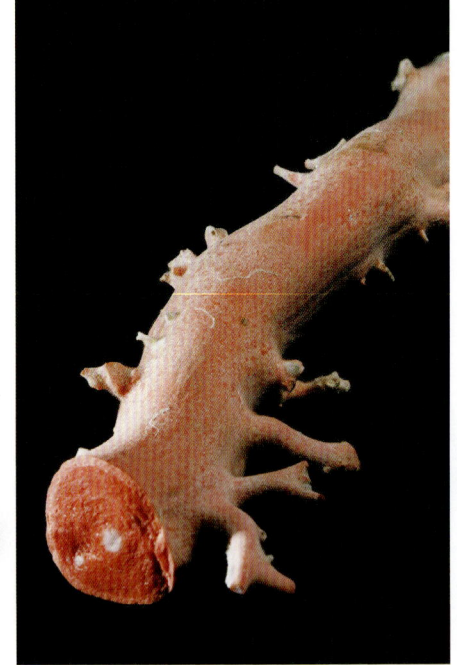

赤血紅珊瑚 高知縣 土佐近海產
No.8071

桃紅珊瑚 原木 小笠原產 No.8073

75 「骷髏戒指」 鑲嵌的是雕刻成骷髏形狀的淡粉色珊瑚。17世紀，完成為後世
國立西洋美術館 橋本收藏品
（OA.2012-0219）

橢圓形 凸圓面
小笠原產
16.93ct No.7072

自古在世界各地備受重視的珊瑚

珊瑚通常會採用凸圓面切工，以便將色彩毫不保留地展現出來。然而汗水、果汁、酸性化妝品、溫泉水以及入浴劑等物品卻會導致珊瑚變質。珊瑚的歷史相當悠久，不管是德國舊石器時代遺物、古代羅馬人的護身符、念珠和項鍊等飾品，甚至是東方的藥品，皆曾在歷史上出現蹤跡。地中海的紅珊瑚因靠近代表產地的撒丁島（Sardinia），故名「沙丁珊瑚」（Sargi）。在奈良時代經由絲路傳入日本之後，改名為「胡渡」，至今依舊是正倉院的寶物。人稱「天使肌」（Angel's Skin）的品質，所指的是部分美麗的淡粉色珊瑚。

桃紅珊瑚雕刻板 小笠原產
51.73ct No.7074

無論色澤還是形狀，皆深受歐洲歡迎的天使肌。

Column

人類日常生活帶給珊瑚的損害

珊瑚對酸性物質非常敏感，一旦浸泡在檸檬汁或醋汁中就會溶解。下面照片是對珊瑚侵蝕狀態進行實驗的結果。

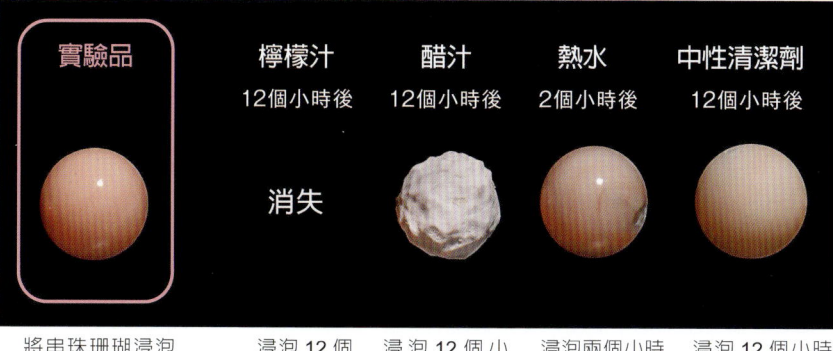

實驗品	檸檬汁 12個小時後	醋汁 12個小時後	熱水 2個小時後	中性清潔劑 12個小時後
	消失			

將串珠珊瑚浸泡在各種液體中進行實驗後得到的右側結果。

浸泡12個小時之後徹底消失匿跡。

浸泡12個小時之後表層崩落，顏色變白。表面也變得粗糙，凹凸不平。

浸泡兩個小時後顏色不均的情況變得明顯。有些地方還會出現裂縫。

浸泡12個小時之後形狀雖然沒有出現變化，但卻完全失去光澤，顏色也變得黯淡。

生物起源

質量量表
珊瑚（未處理）

濃淡度 \ 美麗等級	S	A	B	C	D
7					
6	●●	●●	●●		
5	●●	●●	●●	●●	
4	●●	●●	●●	●●	●●
3	●●	●●	●●	●●	●●
2	●●	●●	●●	●●	●●
1	●	●		●	

為了清楚顯示品質的差異，特地每四顆為一個單位來展示。

質量量表的品質三區域

（圖表）

〈價值比較表〉

mm size	GQ	JQ	AQ
15	30.0	5.0	0.4
10	6.0	1.0	0.1
5	1.0	0.2	0.02

以 10 mm 的 JQ 等級為基準值 1，再根據大小及品質差異所顯示的價值指數

研磨與處理

珊瑚可以在保持原木的狀態下進行雕刻，也可打磨成串珠或採用凸圓面切工。紅色系珊瑚的話，有時則會為了美觀而在表面裂縫處進行填蠟或染色處理。如果是粉紅色珊瑚，有時則會抹油以掩蓋刮痕。不過這些處理方式都會因為時間的推移而讓珊瑚的美流逝。另外，珊瑚遇酸會非常容易腐蝕，因此現在都會採用特殊的加工技術來保護表面。

人造合成石

※ 珊瑚沒有合成。

仿冒品

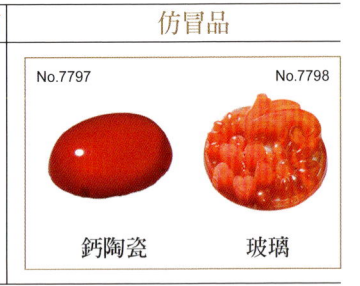

No.7797 鈣陶瓷
No.7798 玻璃

顏色不均等。色調不均勻的地方非常明顯。

蟲蛀的孔洞相當顯眼，損壞了品質

〈品質辨識方法〉

切磨成串珠及凸圓面的珊瑚品質要點包括「形狀」、名為「蟲蛀」的孔洞及裂紋之有無，以及「色差」的程度。形狀方面，串珠的品質取決於形狀是否夠圓潤。如果是凸圓面，那麼輪廓和弧面的高度是否均衡就顯得很重要了。「蟲蛀」雖然是致命缺陷，然而完全沒有「色差」或「斑點」的產品其實是不存在。只要這些缺點不損及肉眼所見的美感，觀賞時以整體平衡來判斷好壞即可。

質量量表的 S 級珊瑚極其稀少，在只有 1% 的 GQ 等級當中僅占一成。特別是直徑超過 10 mm 的數量更是屈指可數。嚴格來講，大自然創造的每顆珊瑚都是獨一無二，各具特色。只要裂紋與色差不構成重大缺陷，就能作為此世僅此一件的證明。但若做成珊瑚項鍊的話，整個色調與串珠大小就需要統一，而且穿線的孔洞也要貫穿珠子正中央才行。

240

貝殼　　　　　　　　　　Shell

化學名／碳酸鈣
光澤／珍珠光澤
密度／2.6-2.9
折射率／1.52-1.66
硬度／3-4

層次結構所產生的美感

　　貝殼的主要成分為碳酸鈣，是由霰石和方解石的微細礦物晶體以及有機化合物形成的層狀結構，至於結構和物理性，通常因物種而異。自古以來，人們利用不同顏色的層次結構將貝殼當作浮雕的材料來使用。

　　棲息在海洋裡的鶯蛤類和淡水裡的蚌類等雙殼貝內側有一層珍珠層，是能產生光學干涉的層狀硬組織。只要具有暈彩，就會廣泛運用於各種裝飾用途上，例如螺鈿工藝、珠寶首飾、鈕扣、家具、器具、容器，甚至建築等。這種貝殼又稱為珍珠母，成分與珍珠幾乎同質。

大鶉螺（Tonna galea）
產地不詳
No.8591

珍珠母

貝殼墜飾
私人收藏

貝殼浮雕 35.72ct
No.7593c

海螺珍珠（孔眞珠）Conch Pearl

化學名／碳酸鈣
光澤／玻璃光澤
密度／2.2-2.8
折射率／1.52-1.66
硬度／2½-4

沒有螺貝層狀結構的珍珠

　　從在巴哈馬群島及西印度群島的加勒比海等南洋生長的大型螺貝「粉紅鳳凰螺（女王鳳凰螺）」中產出的稀有珍珠，顏色相當豐富，除了粉紅色，還有紅色、橘色、黃色、棕色及白色。雖然是珍珠，卻沒有珍珠的光澤，但能展現宛如陶瓷的獨特光彩，有時還會顯現如同烈火燃燒的「火焰圖案」。由於是螺貝，難以將珠核放入外套膜內養殖，故通常不會特地研磨修整，而是保留原有的形狀來製作首飾。主要由霰石的結晶所組成，但要小心處理，盡量避免受到熱、光及酸的影響，以免變質或褪色。

加勒比海產 No.8615

生物起源

不規則形 凸圓面
加勒比海產 2.46ct
No.7615

象牙　Ivory

化學名 / 羥磷灰石
光澤 / 樹脂光澤
密度 / 1.7-2.0
折射率 / 1.54-1.57
硬度 / 2-3

自古以來的雕刻材料

　　大象上顎有兩根長長的牙齒（門牙），呈淡淡的米黃色，擁有美麗的木紋圖案，觸感佳，容易進行精細加工，是自古至今常用的雕刻材料，若是當作寶石，則可用來製作浮雕。然而在 1970 年代中期，人們為了禁止象牙貿易而制定了條約；到了 1990 年，則因為華盛頓公約而禁止在國際上交易。象牙是由羥基磷灰石及有機物所組成，與珍珠和珊瑚等其他源自生物的寶石相比，反而顯得更加堅硬耐用。

產地不詳 No.2800

85 「象牙雕刻的庭院景觀」 覆蓋的玻璃讓象牙雕刻看起來格外立體。1770 年左右 國立西洋美術館 橋本收藏品（OA.2012-0256）

玳瑁　Tortoiseshell

化學名 / 角蛋白
光澤 / 樹脂光澤
密度 / 1.3-1.4
折射率 / 1.54-1.56
硬度 / 2-3

日本傳統工藝材料「玳瑁」

　　「玳瑁」是其中一種海龜的甲殼加工而成。成分與人類的指甲及頭髮一樣，主要由蛋白質中的角蛋白組成，是一種天然塑膠（樹脂），加熱後會軟化，可以塑形。玳瑁在古代的埃及、希臘、羅馬以及 15 世紀的西班牙等地頗受重視。至於日本，早在正倉院時期即有收藏，17 世紀傳入長崎之後便開始廣泛流傳。江戶時代末期為了逃避禁奢令，人們謊稱玳瑁為鱉，因而取名為「鱉甲」。順帶一提，玳瑁來自海龜（sea turtles），而非陸龜（tortoise）。但根據華盛頓公約，現在玳瑁已經禁止交易。

海龜的一種 玳瑁 No.2801

玳瑁髮簪

124 「玳瑁戒指」 玳瑁加工而成的戒指。經過一番歲月，顏色似乎已經變了。19 世紀中葉至後期 國立西洋美術館 橋本收藏品（OA.2012-0345）

242

斑彩菊石　　Ammolite

化學名 / 碳酸鈣
光澤 / 玻璃光澤
密度 / 2.7-2.9
折射率 / 1.52-1.68
硬度 / 3½-4

散發暈彩光芒的菊石化石

　　在眾多菊石化石之中，來自加拿大亞伯達省（Alberta）那些閃耀著暈彩光芒的菊石稱為「斑彩菊石」。加拿大的原住民黑腳聯盟（Blackfoot）相信狩獵時這塊石頭會吸引水牛，故名「Iniskim（水牛石）」。斑彩菊石大多數為閃亮的綠色或紅色，散發出藍色或紫色光芒的反而比較罕見。

　　斑彩菊石是一種在約 7500 萬至 7000 萬年前（中生代白堊紀晚期）地層中發現的菊石類，也就是「胎盤菊石」（Placenticeras）的外殼化石。這原本是在外殼上擁有微細層狀結構的珍珠層，在地層中雖然遭到壓縮，卻能完善地保存下來，讓會引起光學干涉的暈彩結構得以保留下來。

　　菊石的殼並不厚實，原石本身大多較薄。另外，其主要成分與霰石相同，以寶石來說硬度並不高（摩氏硬度 =3½-4）。最常見的作法就是將兩塊菊石壓接在一起，或在上面貼層透明石英或尖晶石當作保護層。

加拿大 亞伯達省產
Canada Business Services 收藏

Canada Business Services 收藏

馬眼形 加拿大產 7.53ct No.7022

Canada Business Services 收藏

生物起源

243

矽化木化石 Petrified wood

化學名／二氧化矽
光澤／玻璃光澤
密度／2.5-2.9
折射率／1.54
硬度／6½-7

埋在地下成為寶石的樹木化石

　　石化的樹木化石在日本通常稱為「矽化木」。這有可能是因為埋藏在地下的樹木被地下水滲透，使得溶解的二氧化矽（矽酸）成分在細胞壁及細胞內沉澱形成的，因此樹木的組織結構通常能得以保存。就礦物學的角度來看，矽化木化石主要由玉髓（P.152）及蛋白石（P.195）所構成，有時也會形成細小的石英結晶（水晶）。微量元素的存在可讓矽化木化石呈現白、灰、紅、黃、綠、棕等各種不同的顏色，有時還會因為木紋而看起來像彩色的瑪瑙。這種化石在化學和物理上具有耐久性，外觀較美麗的通常會切磨成寶石。另外，圓木狀的矽化木化石還可以切片製成桌板來使用。

　　只要來到美國亞利桑那州的石化森林國家公園（Petrified Forest National Park），就可以一邊散步，一邊欣賞因為侵蝕而從約2億2500年前地層中暴露出來的大量矽化木化石。附近城鎮還有人將在自家土地採集而來的矽化木化石切磨成寶石來使用。在澳洲發現的矽化木化石名為花生木（peanut wood，或稱船蛆木〔teredo wood〕），以類似花生的偏白橢圓形圖案為特徵，有人認為這是船蛆類生物（teredo。一種海洋軟體動物）在針葉樹的漂流木上鑽孔所留下的痕跡。

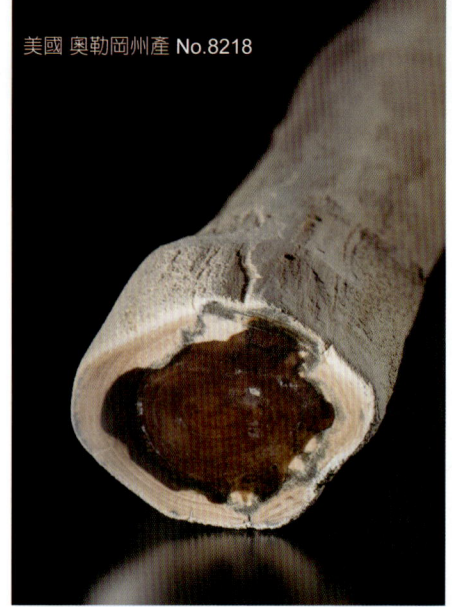

美國 奧勒岡州產 No.8218

美國 亞利桑那州產 No.8215

美國 奧勒岡州產
44.96ct No.7219

美國 亞利桑那州 霍爾布魯克
（Holbrook）產 No.8216

美國 亞利桑那州 霍爾布魯克產
No.8217

煤玉   Jet

化學名／碳、烴
光澤／樹脂光澤、亞金屬光澤
密度／1.3
折射率／1.66
硬度／2½-4

漆黑的樹木化石

　　南洋杉科（Araucariaceae）樹木的化石，屬於褐煤（碳化程度較低的煤炭）。只要切磨，就會呈現光澤柔和的漆黑色，這叫做「烏黑」（jet black）。摩擦後會帶有靜電的特性與琥珀（P.246）相同，故又稱為「黑色琥珀」。煤玉從青銅器時代就已經開始使用，但要到英國維多利亞女王為其夫阿爾伯特親王守喪時，因佩戴煤玉飾品才正式普及開來。英國惠特比（Whitby）的煤玉並不是在煤層中開採得來，而是以漂流木化石的形式產出。不過煤玉表面會因為歲月的變遷而非常容易出現裂痕，故在處理上要特別小心。

英國 惠特比產
No.8066

雕刻 英國 惠特比產
89.96ct No.7065

無煙煤   Anthracite

化學名／碳、烴
光澤／金屬光澤、亞金屬光澤
密度／1.4
折射率／1.64-1.68
硬度／2½-3

充滿光澤且美麗的煤炭

　　煤炭的一種，被歸類在碳化程度較高的無煙煤。不易點燃，可是一旦點燃非但不會冒煙，還會產生藍色的火焰，緩慢燃燒，並且釋放大量的熱能，故常當作室內燃料來使用。無煙煤的質地非常緻密，打磨後不僅會產生光澤，亦不易磨損，有時會切磨成串珠或當作雕刻的材料。無煙煤只要經過研磨就會呈現光澤，有時還可當作煤玉的替代品來使用。就礦物學的角度來看，其主要成分幾乎完全由碳所組成，相當於石墨。

生物起源

蒙古產 No.8057

串珠切磨 蒙古產
40cm No.7058

琥珀

Amber

化學名 / 含氧碳氫化合物
光澤 / 樹脂光澤
密度 / 1.0-1.1
折射率 / 1.54
硬度 / 2–2½

木頭樹脂的化石，琥珀

　　琥珀最古老的起源可追溯到石炭紀（3億2千萬年前）至2千5百萬年前的樹脂化石。密度低，能浮在海水上，經常在海邊發現。知名的產地有波蘭的格但斯克、丹麥及瑞典的波羅的海沿岸。顏色以褐色為主，亦有淡淡的檸檬黃、茶色及幾乎接近黑色，範圍相當廣泛，偶爾也會看到紅色、綠色和藍色。歐洲和北美產的琥珀來源至少有三種針葉樹。此外，琥珀還可以根據成分中的有機化合物分為五大類，而且幾乎都與植物化石中的褐煤（lignite）一起發現。除了從地下開採，暴風雨過後亦可在海岸上收集。有時裡頭會包含植物和昆蟲的化石在內，而且保存效果極佳，在古生物學研究上地位舉足輕重。希臘人發現用毛皮或羊毛摩擦琥珀時會產生靜電，故以「elektron」來指稱，這就是今日意指電力的英文「electricity」詞源。不過琥珀非常脆弱，鮮少切磨出刻面。

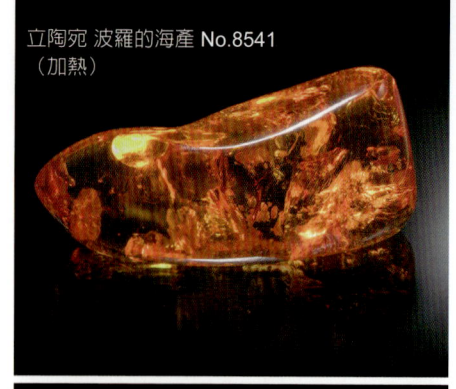

立陶宛 波羅的海產 No.8541
（加熱）

立陶宛 波羅的海產 18.75ct No.7543

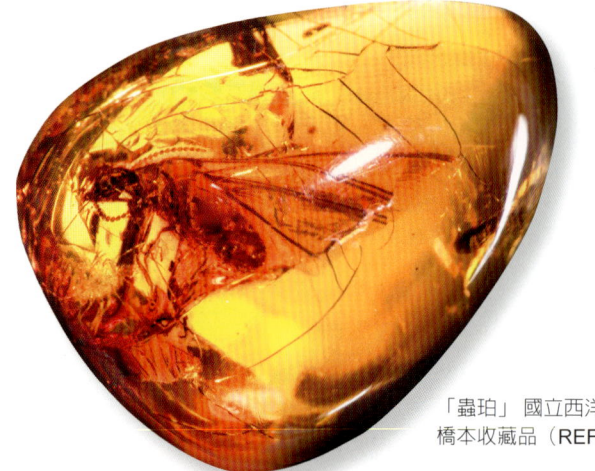

僅有品質較佳的部分加工
立陶宛 波羅的海產
165.18ct No.7542

「蟲珀」國立西洋美術館
橋本收藏品（REF. 2012-0006）

柯巴脂 Copal

化學名 / 含氧碳水化合物
光澤 / 樹脂光澤
密度 / 1.0-1.1
折射率 / 1.54
硬度 / 2-2½

含昆蟲的柯巴脂
哥倫比亞產
No.8547

類似琥珀的熱帶樹脂化石

　　琥珀是針葉樹的樹脂經過數百萬年的時間生成，而柯巴脂則是由十萬年前，也就是年代較近的熱帶樹木樹脂生成的。從深處開採的柯巴脂與琥珀幾乎難以區分，因而普遍成為琥珀的替代品。通常呈蜂蜜色，不過濃淡範圍非常廣。柯巴脂在馬雅文明中是獻給神明的供品，墨西哥等地將其當作焚香來使用，而 19 世紀到 20 世紀的歐洲則是將其當作天然的清漆原料，而且非常容易溶於有機溶劑之中。以坦尚尼亞的桑給巴爾島（Zanzibar）為主要產地。

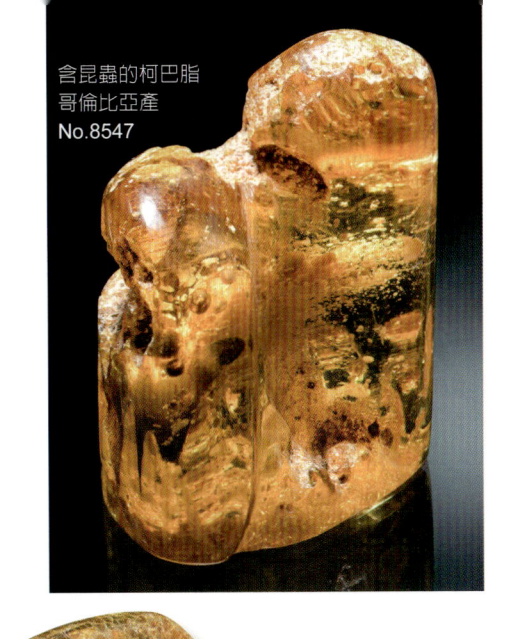

經研磨後變質的表面
不規則形 凸圓面
哥倫比亞產
77.52ct No.7548

生物起源

Column

不透明蜂蜜色的乳白琥珀（蜜蠟）

提到「琥珀色」，通常會讓人聯想到透明的蜂蜜色，但其實也有乳白色及褐色的不透明琥珀。在波羅的海岸沖上岸的琥珀通常外表髒汙，即使削去表層，內部也往往混濁不透明。但是只要一加熱，透明度就會增加，就連顏色也會變深，有時還能看到封存在內的化石。只是這麼做會產生明顯的裂痕，所以一眼就能看出這是經過了加熱處理的琥珀。

琥珀是從古至今人氣不滅的念珠（佛珠）材料。

圓形、桶形、橄欖形的琥珀串珠。
只要經過加熱處理，透明度就會提高。

247

中文索引

二劃
- 二氧化矽⋯⋯⋯⋯⋯⋯⋯29
- 十字石⋯⋯⋯⋯⋯⋯⋯157

三劃
- 三色寶石⋯⋯⋯⋯⋯⋯⋯26
- 三角印記⋯⋯⋯⋯⋯⋯⋯53
- 土耳其石⋯⋯⋯⋯200、209
- 大色相環⋯⋯⋯⋯⋯⋯⋯44
- 大理岩⋯⋯⋯⋯⋯⋯⋯182

四劃
- 中長石⋯⋯⋯⋯⋯185、189
- 丹泉石⋯⋯⋯⋯⋯178、209
- 內含物⋯⋯⋯⋯28、69、107
- 切工方式⋯⋯⋯⋯⋯34、67
- 勾玉⋯⋯⋯⋯⋯⋯⋯⋯14
- 反射率⋯⋯⋯⋯⋯⋯⋯28
- 天河石⋯⋯⋯⋯⋯⋯⋯188
- 天青石⋯⋯⋯⋯⋯⋯⋯226
- 天藍石⋯⋯⋯⋯⋯⋯⋯210
- 孔雀石⋯⋯⋯⋯⋯209、222
- 巴西祖母綠⋯⋯⋯⋯⋯109
- 花崗岩⋯⋯⋯⋯⋯⋯⋯183
- 方位⋯⋯⋯⋯⋯⋯⋯⋯21
- 方柱石⋯⋯⋯⋯⋯⋯⋯211
- 方鈉石⋯⋯⋯⋯⋯⋯⋯194
- 方解石⋯⋯⋯⋯⋯182、229
- 日本產輝玉⋯⋯⋯⋯⋯163
- 日長石⋯⋯⋯⋯⋯⋯⋯189
- 月長石⋯⋯⋯⋯⋯186、209
- 水晶⋯⋯⋯⋯⋯⋯⋯145
- 水鋁石⋯⋯⋯⋯⋯⋯⋯177
- 水磷鋁鋰石⋯⋯⋯⋯⋯210
- 火成岩⋯⋯⋯⋯⋯⋯⋯17
- 火彩⋯⋯⋯⋯⋯25、27、48
- 片麻岩⋯⋯⋯⋯⋯⋯⋯18

五劃
- 他形晶⋯⋯⋯⋯⋯⋯⋯21
- 半自形晶⋯⋯⋯⋯⋯⋯21
- 古銅輝石⋯⋯⋯⋯⋯⋯161
- 未加工鑽石⋯⋯⋯⋯⋯59
- 正長石⋯⋯⋯185、186、189
- 母岩⋯⋯⋯⋯⋯⋯⋯23
- 玉髓⋯⋯⋯⋯⋯⋯⋯152
- 生日石⋯⋯⋯⋯⋯⋯⋯208
- 白蛋白石⋯⋯⋯⋯⋯⋯196
- 白水晶⋯⋯⋯⋯⋯145、209
- 白玉髓⋯⋯⋯⋯⋯⋯⋯209
- 白色閃光⋯⋯⋯⋯29、186
- 白紋石⋯⋯⋯⋯⋯⋯⋯217
- 白鉛礦⋯⋯⋯⋯⋯⋯⋯227
- 白蝶珍珠蛤⋯⋯⋯⋯⋯236
- 白鎢礦⋯⋯⋯⋯⋯⋯⋯218
- 白鐵礦⋯⋯⋯⋯⋯⋯⋯191
- 石灰岩⋯⋯⋯⋯⋯⋯⋯182
- 石英⋯⋯⋯⋯⋯⋯144、183
- 石英脈⋯⋯⋯⋯⋯⋯⋯17
- 石英貓眼石⋯⋯⋯⋯⋯151
- 石榴石⋯⋯⋯⋯15、124、208
- 石膏⋯⋯⋯⋯⋯⋯⋯231
- 立方氧化鋯⋯⋯⋯⋯⋯123

六劃
- 光澤⋯⋯⋯⋯⋯⋯⋯28
- 冰長石⋯⋯⋯⋯⋯⋯⋯185
- 合成鑽石⋯⋯⋯⋯⋯⋯63
- 回流⋯⋯⋯⋯⋯⋯⋯38
- 地函⋯⋯⋯⋯⋯⋯19、22
- 多色性⋯⋯⋯⋯⋯⋯⋯26
- 尖晶石⋯⋯⋯⋯⋯103、208
- 托帕石⋯⋯⋯⋯⋯97、209
- 朱砂⋯⋯⋯⋯⋯⋯⋯225
- 次生礦床⋯⋯⋯⋯⋯⋯23
- 池蝶蚌⋯⋯⋯⋯⋯⋯⋯237
- 自色⋯⋯⋯⋯⋯⋯⋯25
- 自形晶⋯⋯⋯⋯⋯⋯⋯21
- 色心⋯⋯⋯⋯⋯⋯⋯26
- 色散⋯⋯⋯⋯⋯⋯25、27
- 血玉髓⋯⋯⋯⋯⋯⋯⋯155

七劃
- 角閃石⋯⋯⋯⋯⋯⋯⋯170
- 似曜岩⋯⋯⋯⋯⋯⋯⋯181
- 克拉⋯⋯⋯⋯⋯⋯⋯32
- 克拉尺寸⋯⋯⋯⋯⋯⋯32
- 形狀⋯⋯⋯⋯⋯34、66、68
- 折射率⋯⋯⋯⋯⋯25、28
- 沙弗萊⋯⋯⋯⋯⋯⋯⋯130
- 貝殼⋯⋯⋯⋯⋯⋯⋯241
- 赤銅礦⋯⋯⋯⋯⋯⋯⋯224
- 赤鐵礦⋯⋯⋯⋯⋯⋯⋯190
- 辰砂⋯⋯⋯⋯⋯⋯⋯225

八劃
- 乳藍寶石⋯⋯⋯⋯⋯⋯115
- 亞利桑那土耳其石⋯⋯⋯202
- 亞歷山大貓眼石⋯⋯⋯⋯93
- 亞歷山大變色石⋯92、208
- 刻面⋯⋯⋯⋯⋯⋯28、36
- 孟蘇紅寶石 加熱⋯⋯⋯72
- 尚比亞祖母綠⋯⋯⋯⋯110
- 帕拉伊巴碧璽⋯⋯⋯9、138
- 拉利瑪石⋯⋯⋯⋯⋯⋯215
- 拉長石⋯⋯⋯⋯⋯⋯⋯188
- 斧石⋯⋯⋯⋯⋯⋯⋯180
- 波斯土耳其石⋯⋯⋯⋯200
- 玫瑰石⋯⋯⋯⋯⋯⋯⋯220
- 玫瑰榴石⋯⋯⋯⋯⋯⋯126
- 矽化木化石⋯⋯⋯⋯⋯244
- 矽孔雀石⋯⋯⋯⋯⋯⋯206
- 矽硼鈣石⋯⋯⋯⋯⋯⋯215
- 矽硼鎂鋁石⋯⋯⋯⋯⋯174
- 矽硼鎂鋁礦⋯⋯⋯⋯⋯174
- 矽鈹石⋯⋯⋯⋯⋯⋯⋯120
- 矽線石⋯⋯⋯⋯⋯⋯⋯171
- 矽鋅礦⋯⋯⋯⋯⋯⋯⋯218
- 花崗岩⋯⋯⋯⋯⋯⋯⋯183
- 虎眼石⋯⋯⋯⋯⋯⋯⋯151
- 金色綠柱石⋯⋯⋯⋯⋯118
- 金紅石⋯⋯⋯⋯⋯⋯⋯173
- 金紅石結晶⋯⋯⋯⋯⋯151
- 金絲雀黃碧璽⋯⋯⋯⋯140
- 金綠柱石⋯⋯⋯⋯⋯⋯118
- 金綠貓眼石⋯⋯⋯⋯⋯208
- 金綠寶石⋯⋯⋯90、92、95
- 長石⋯⋯⋯⋯⋯⋯⋯185
- 阿古屋蚌貝⋯⋯⋯⋯⋯236
- 青金石⋯⋯⋯⋯⋯192、208
- 東菱石⋯⋯⋯⋯⋯⋯⋯151

九劃
- 亭部⋯⋯⋯⋯⋯⋯34、66
- 冠部⋯⋯⋯⋯⋯⋯34、66
- 帝王托帕石⋯⋯⋯⋯15、98
- 星光紅寶⋯⋯⋯⋯⋯⋯76
- 星光藍寶⋯⋯⋯⋯⋯⋯84
- 星彩⋯⋯⋯⋯⋯⋯⋯28
- 查羅石⋯⋯⋯⋯⋯⋯⋯207
- 柯巴脂⋯⋯⋯⋯⋯⋯⋯247
- 柱星葉石⋯⋯⋯⋯⋯⋯176
- 柱晶石⋯⋯⋯⋯⋯⋯⋯172
- 氟磷灰石⋯⋯⋯⋯⋯⋯214
- 玳瑁⋯⋯⋯⋯⋯⋯⋯242
- 玻璃長石⋯⋯⋯⋯⋯⋯185
- 珊瑚⋯⋯⋯⋯⋯⋯208、238
- 珍珠⋯⋯⋯⋯⋯⋯209、234
- 砂岩⋯⋯⋯⋯⋯⋯⋯183
- 砂積礦床⋯⋯⋯⋯⋯⋯23

十劃
- 紅玉髓⋯⋯⋯⋯⋯152、208
- 紅色尖晶石⋯⋯⋯⋯⋯104
- 紅色綠柱石⋯⋯⋯⋯⋯117
- 紅柱石⋯⋯⋯⋯⋯⋯⋯171
- 紅紋石⋯⋯⋯⋯⋯⋯⋯221
- 紅寶碧璽⋯⋯⋯⋯⋯⋯136
- 紅斑綠玉髓⋯⋯⋯⋯155、208
- 紅寶石⋯⋯⋯⋯⋯70、208
- 重晶石⋯⋯⋯⋯⋯⋯⋯226
- 風信子石⋯⋯⋯⋯⋯⋯122
- 倍長石⋯⋯⋯⋯⋯⋯⋯185
- 剛玉⋯⋯⋯⋯20、26、70、78
- 哥倫比亞綠寶石⋯⋯⋯108
- 泰國紅寶石 加熱⋯⋯⋯72
- 海王石⋯⋯⋯⋯⋯⋯⋯176
- 海泡石⋯⋯⋯⋯⋯⋯⋯230
- 海泡沫⋯⋯⋯⋯⋯⋯⋯230
- 海螺珍珠⋯⋯⋯⋯⋯⋯241
- 海藍寶⋯⋯⋯⋯11、114、208
- 祖母綠⋯⋯⋯⋯⋯106、209
- 粉紅色鑽石⋯⋯⋯⋯⋯60
- 粉紅托帕石⋯⋯⋯⋯⋯100
- 粉紅碧璽⋯⋯⋯⋯⋯⋯136
- 粉晶⋯⋯⋯⋯⋯⋯⋯150
- 草莓紅綠柱石⋯⋯⋯⋯120
- 配鑽⋯⋯⋯⋯⋯⋯⋯58
- 針鈉鈣石⋯⋯⋯⋯⋯⋯215
- 閃光效應⋯⋯⋯⋯⋯⋯29
- 閃鋅礦⋯⋯⋯⋯⋯⋯⋯224
- 閃玉⋯⋯⋯⋯⋯⋯⋯168
- 馬克西米塞綠柱石⋯⋯115
- 馬拉雅石榴石⋯⋯⋯⋯126
- 馬達加斯加藍寶石⋯⋯⋯81

十一劃
- 假色（他色）⋯⋯⋯25、26
- 偉晶岩⋯⋯⋯⋯⋯⋯11、18
- 董青石⋯⋯⋯⋯⋯⋯⋯175
- 彩色藍寶石⋯⋯⋯⋯⋯87
- 彩虹石榴石⋯⋯⋯⋯⋯132
- 彩鑽⋯⋯⋯⋯⋯⋯⋯60
- 斜長石⋯⋯⋯⋯⋯⋯⋯183
- 異極礦⋯⋯⋯⋯⋯⋯⋯216
- 硫酸鉛礦⋯⋯⋯⋯⋯⋯227
- 符山石⋯⋯⋯⋯⋯⋯⋯180
- 莫三比克紅寶石⋯⋯⋯73
- 莫谷紅寶石⋯⋯⋯⋯⋯76
- 莫谷紅寶石 無處理⋯⋯⋯⋯⋯⋯⋯⋯8、71

莫爾道玻隕石 ………181	鈉長石 ………185、189	碧璽 ………133、209	磷葉石………………225
寄生隕石……………19	鈉硼解石 ………230	綠玉髓………………153	磷鋁石………………206
處理…………………43	鈣長石 ………185、188	綠色綠柱石…………119	磷鋁鈉石……………213
蛇紋石………………217	鈣鈉長石 ………185	綠柱石	薔薇輝石……………220
蛇紋岩………13、182	鈣鉻榴石 ………132	………20、26、106、114	賽黃晶………………157
蛋白石………195、209	鈣鋁榴石 ……129、130	綠碧璽………………18	鎂榴石………125、128
軟玉…………………168	鈣鐵榴石 ………129	綠簾石………………177	鎂橄欖石……………141
透石膏………………231	陽起石 ………170	維氏硬度……………30	鴿血紅 ………8、70
透長石………………185	雲母 ………183	維蘇威石……………180	黝簾石………………178
透閃石………168、170	韌性 ………30	翠榴石………………129	
透視石………………212	黃水晶 ……148、209	翠綠鋰輝石…………160	十八劃
透綠柱石……………119	黃色綠柱石 ………118	翠銅礦………………212	藍方石………………194
透輝石………………160	黃色藍寶石 ………87	翡翠 …………162、209	藍玉髓………………152
透鋰長石……………184	黃鐵礦 ………191	鉋沸石………………184	藍石英………………121
雪花石膏……………231	黑蛋白石 ………196	鉋長石………………184	藍色尖晶石…………104
	黑蝶珍珠蛤 ………237	鉋柱石………………120	藍色托帕石…………102
十二劃	黑曜岩 ………181		藍柱石………………121
菫青石………175、208	黑鑽石 ………60	十五劃	藍晶石………………212
喀什米爾藍寶石……80		墨西哥火蛋白石……197	藍銅礦…………10、223
斑彩菊石……………243	十三劃	墨西哥鶯蛤…………237	藍線石………………175
斯里蘭卡紅寶石……73	圓明亮形鑽石 ………58	慶伯利岩……22、52、54	藍錐礦………………176
斯里蘭卡藍寶石 加熱 79	塊滑石 ………232	摩氏硬度……………30	藍寶石………78、208
斯里蘭卡藍寶石 無處理 79	微斜長石 ……185、188	摩根石………117、209	雙色…………………26
晶形…………………21	楔石 ………213	熱液礦床……………17	雙色碧璽……………136
晶洞…………………18	滑石 ………232	緬甸產輝玉…………164	雙色藍寶石…………84
晶相…………………21	煙水晶 ………150	緬甸藍寶石…………80	
無色托帕石…………102	煤玉 ………245	蓮花剛玉……………86	二十劃
無處理………………43	硼灰石 ………230	靛藍碧璽……………140	礫背蛋白石…………197
無煙煤………………245	硼鈣石 ………215	輝石…………………167	霰石…………………228
琥珀…………………246	硼鋁石 ………174	輝玉…………………162	
硬水鋁石……………177	硼鋁鎂石 ………172	鋯石…………122、209	二十一劃
硬玉…………………162	葉長石 ………184	鋰電氣石……………133	纏絲瑪瑙………153、208
硬度…………………30	葡萄石 ………211	鋰輝石………158、160	鐵斧石………………180
紫水晶………146、208	解理 ………31	鋰磷鋁石……………210	鐵鋁榴石……………128
紫水晶洞……………18	遊彩效應 ………29	養殖珍珠……………236	
紫色藍寶石…………86	達碧茲祖母綠 ………109		二十二劃
紫矽鹼鈣石…………207	鈹鋁鎂石 ………96	十六劃	灑金效應……………29
紫矽鹼………………146	鈹鋁鎂鋅石 ………96	橄欖岩………………22	灑金石………………151
紫鋰輝石………158、208	鉀長石 ………183	橋本收藏品…………37	
紫羅蘭翡翠…………166	鉛礬 ………227	縞瑪瑙………………153	二十三劃
紫蘇輝石……………161	電氣石 ………133	螢石…………………219	變色…………………26
結晶白雲岩…………182	電視石 ………230	螢光 ………26、52	變質岩………………18
結晶石灰岩…………182	頑火輝石 ………161	貓眼石………………90	
舒俱徠石……………207	暈彩 ………29	貓眼效應……………29	二十七劃
菫青石………………175	暈彩效應 ………29	貓眼效果……………29	鑽石 ……39、48、209
菱鋅礦………………216		錫石…………………173	
菱錳礦………………221	十四劃	錳鋁榴石……………128	
象牙…………………242	楣石 ………208、213	錳斧石………………180	
貴橄欖石………141、208	瑪瑙 ………12、154		
光譜光彩……………29	碧璽貓眼 ………134	十七劃	
	碧玉 ………156	磷灰石………………214	

249

英文索引

A
Actinolite…170
Agate…154
Akoya oyster…236
Alabaster…231
Albite…189
Alexandrite…92
Alexandrite cats-eye…93
Almandine…128
Almandine garnet…128
Amazonite…188
Amber…246
Amblygonite …210
Amethyst…146
Ametrine…146
Ammolite…243
Andalusite…171
Andradite…129
Andradite garnet…129
Anglesite…227
Anorthite…188
Anthracite…245
Apatite…214
Aquamarine…114
Aragonite…228
Aventurine quartz…151
Axinite…180
Azurite…223

B
Baryte…226
Benitoite…176
Beryl…106,114,117
Bi-color sapphire…84
Bi-color tourmaline…136
Black opal…196
Bloodstone…155
Blue spinel…104
Blue topaz…102
Boulder opal…197
Brazilianite…213
Bronzite…161

C
Calcite…229
Canary tourmaline…140
Carnelian…152
Cassiterite…173
Cats-eye…90
Celestine…226
Cerussite…227
Chalcedony…152
Charoite…207
Chrysoberyl…90,92,95
Chrysocolla…206
Chrysoprase…153
Cinnabar…225
Citrine…148
Colorless topaz…102
Conch pearl…241
Copal…247
Coral…238
Cordierite…175
Corundum…70,78

Crystalline dolostone…182
Crystalline limestone…182
Cuprite…224

D
Danburite…157
Datolite…215
Demantoid garnet…129
Diamond…48
Diaspore…177
Diopside…160
Dioptase…212
Dumortierite…175

E
Emerald…106
Enstatite…161
Epidote…177
Euclase…121

F
Fancy color diamond…60
Fancy colored sapphire…87
Fluorapatite…214
Fluorite…219
Forsterite…141
Freshwater mussel…237

G
Garnet…124
Golden beryl…118
Goshenite…119
Grandidierite…174
Granite…183
Green beryl…119
Green tourmaline…134
Grossular …130
Grossular garnet…130
Gypsum…231

H
Hauynite…194
Heliodor…118
Hematite…190
Hemimorphite…216
Hiddenite…160
Howlite…217
Hypersthene…161

I
Idocrase…180
Imperial topaz…98
Indicolite…140
Iolite…175
Ivory…242

J
Jadeite…162
Jasper…156
Jeremejevite…174
Jet…245

K
Kornerupine…172
Kunzite…158
Kyanite…212

L
Labradorite…188
Lapis lazuli…192
Larimar…215
Lavender jade…166
Lazulite…210
Lazurite…192
Light opal…196
Limestone…182

M
Mabé oyster…237
Magnesiotaaffeite…96
Malachite…222
Malaya garnet…126
Mandarin garnet…128
Marble…182
Marcasite…191
Meerschaum…230
Mexican opal…197
Microcline…185,188
Milky aqua…115
Moldavite…181
Montebrasite…210
Moonstone…186
Morganite…117
Musgravite…96

N,O
Nephrite…168
Neptunite…176
Obsidian…181
Onyx…153
Opal…195
Orthoclase…186

P
Padparadscha sapphire…86
Paraiba tourmaline…138
Pearl…234
Pectolite…215
Peridot…141
Petalite…184
Petrified wood…244
Pezzottaite…120
Phenakite…120
Phosphophyllite…225
Pink diamond…60
Pink topaz…100
Pink tourmaline…136
Pollucite…184
Prehnite…211
Purple sapphire…86
Pyrite…191
Pyrope…125
Pyrope garnet…125

Q,R
Quartz…144
Quartz cats-eye…151
Rainbow Garnet…132
Red beryl…117
Red spinel…104
Rhodochrosite…221
Rhodolite garnet…126
Rhodonite…220
Rock crystal…145

Rose quartz…150
Rubellite …136
Ruby…70
Rutilated quartz…151
Rutile…173

S
Sandstone…183
Sapphire…78
Sapphirine…121
Sardonyx…153
Scapolite…211
Scheelite…218
Selenite…231
Sepiolite…230
Serpentine…217
Shell…241
Sillimanite…171
Sinhalite…172
Smithsonite…216
Smoky quartz…150
Sodalite…194
South sea oyster…236
Spessartine…128
Sphalerite…224
Sphene…213
Spinel…103
Spodumene…158,160
Star ruby…76
Star sapphire…84
Staurolite…157
Steatite…232
Sugilite…207
Sunstone…189

T
Taaffeite…96
Tahitian oyster…237
Talc…232
Tanzanite…178
Tektite…181
Tiger's eye…151
Titanite…213
Topaz…97
Tortoiseshell…242
Tourmaline…133
Tourmaline cats-eye…134
Tremolite…170
Tsavorite garnet…130
Turquoise…200
TV stone…230

U,V
Ulexite…230
Uvarovite…132
Variscite…206
Vesuvianite…180

W,Y,Z
Willemite…218
Yellow beryl…118
Yellow sapphire…87
Zircon…122
Zoisite…178
Zultanite…177

参考文献

- Max Bauer (1896), *Precious Stones*, Trans. By L. J. Spencer, Charles E. Tuttle Company, Rutland, Vermont, USA
- Gemological Institute of America (1995), *GEM REFERENCE GUIDE*, GIA, California, USA
- Walter Schumann, *Gemstones of the world* (*Fourth Edition*), Sterling
- Gemological Institute of America, Gem Property, Chart A & B (1992)
- Peter G. Read, *Gemmology Second Edition* Butterworth Heinemann (1999)
- Anna S. Sofianides, George E. Harlow, *GEMS & CRYSTALS*: *From the American Museum of Natural History* (*Rocks, Minerals and Gemstones*), Simon & Schuster
- George E. Harlow and Anna S. Sofianides American Museum of Natural History (2015), *GEMS & CRYSTALS from one of the world's great collections* Sterling
- Kurt Nassau, *Gemstone Enhancement* (1984), Butterworths

《鉱物・宝石の科学事典》，日本鉱物科学会 編集，宝石学会（日本）編集協力，朝倉書店，2019 年
《天然石のエンサイクロペディア》，飯田孝一著，亥辰舎
《Historic Rings: Four Thousand Years of Craftsmanship》，ダイアナ・スカリスブリック著，講談社インターナショナル，2004 年
《ダイヤモンド一原石から装身具へ》，諏訪恭一／アンドリュー・コクソン著，世界文化社
《決定版 宝石 品質の見分け方と価値の判断のために》，諏訪恭一著，世界文化社
《岩石と宝石の大図鑑一 ROCK and GEM》，ロナルド・ルイス ボネウィッツ著，誠文堂新光社
《指輪 88 一四千年を語る小さな文化遺産たち》，宝官優夫／諏訪恭一共同監修，淡交社
《価値がわかる宝石図鑑》，諏訪恭一著，ナツメ社
《品質がわかるジュエリーの見方》，諏訪恭一著，ナツメ社
《決定版 アンカットダイヤモンド》，諏訪恭一著，世界文化社
《宝石と鉱物の大図鑑》，スミソニアン協会 諏訪恭一／宮脇律郎 監修，日東書院本社，2017 年
《宝石品質ガイド～クオリティスケール》，諏訪恭一著，アーク出版
《アヒマディ博士の宝石学》，阿依アヒマディ著，アーク出版

用語解說

●星光效應（Asterism）
宛如星光四射的效果。將寶石切磨成凸圓面之後所釋放的六條星芒（三道光線）。

●冰長石暈彩（adularescence）
→閃光效應

●灑金效應（aventurescence）
寶石內部的細小片狀或葉片狀內含物反射光線時所產生的閃爍光芒，見於東菱石（灑金石）及部分長石等寶石中。

●原生礦床
寶石原石及有用礦物數量富集，開採可獲利之地。

●暈彩（iridescence）
寶石內部的薄膜狀內含物因為反射光的干涉而產生的鮮豔光輝。

●內含物（inclusion）
含晶。寶石結晶在成長過程中，夾帶在晶體內部其他固體、液體或氣體物質。

●凹雕（intaglio）
凹刻的裝飾品。⇆浮雕（cameo）

●淺晶質
結晶細微到用顯微鏡也無法看清集合狀態的礦物。

●AQ
三個寶石品質當中的第三等級。又稱為裝飾級。雖然美麗不足，但品質還是可以做成配飾。

●油脂含浸
→泡油處理

●取代
→替換

●暈彩效應（珍珠光澤）
珍珠呈現的暈彩。是表面附近珍珠層因為光線干涉而產生。

●寶石切割師（cutter）
切割寶石原石的人。切磨工。

●切割（cut）
將寶石切割並打磨。形狀、輪廓、刻面琢磨這三個要素的組合就決定石的種類。切割的比例、輪廓及成品的優劣往往會影響成品的美。

●加熱處理
藉由將礦物或寶石加熱的方式來改變其發色狀態的處理方法。

●凸圓面切工（cabochoncut）
將寶石切磨成圓頂形的切工方式。有雙面和單面。

●浮雕（cameo）
在瑪瑙和貝殼上雕刻圖紋的裝飾品。⇆凹雕

●彩寶（color stone）
相對於無色寶石的有色寶石之總稱

●色心（color center）
構成礦物的原子排列（晶格）因為出現缺陷而使得特定波長的光被吸收，導致礦物顏色產生的變化。

●變色效應（color change）
顏色在不同光源之下看起來不同的現象。見於亞歷山大變色石及石榴石。

●克拉（carat）
寶石的重量單位，1克拉（ct）＝0.2g。或者以24分率來表示黃金純度的單位 K（例如：24金=24K）

●泡油處理
在寶石表面的裂紋（瑕疵）上滲入與該寶石折射率相近的油脂或樹脂，好讓瑕疵不易被察覺的手法。

●回流
使用者手上的寶石因為經濟等因素而重回到寶石市場。

●假色
因微小晶粒之間的夾雜物而產生的顏色變化（P.375）。

●質量表
以寶石的美為橫軸，顏色的濃淡為縱軸，排列出來的寶石品質圖表。

●折射率
光線在穿過物質之間的邊界時改變方向的程度。通常以「真空中的光速／物質中的光速」來表示。每種寶石都有其特定的折射率。

●螢光性
某種物質在紫外線或X射線的照射下，以該物質特有的波長發光的特性。螢光性之有無與強弱通常會對寶石的品質有極大影響。

●晶體方位
以三次元表示的晶面方向。

●原石
從地底開採、尚未加工成寶石的原始礦石。

●晶體缺陷
→色心

●光澤
寶石表面的光澤。

●礦物
受到地質作用影響渾然天成的固體。礦物種類是從組成成分（元素）及原子排列（結晶構造）來決定的，目前認定的礦物已經超過5700種。

●固溶體
兩種以上的成分在保持原子排列規則性情況下混合在一起的物質。

●飽和度
色彩的鮮豔程度。色彩的飽和度越高，顏色看起來就會越鮮豔；飽和度越低，顏色就越黯淡。

●GIA／美國寶石研究院
正式名稱是 Gemological Institute of America。

●GQ
三個寶石品質當中的最高等級。又稱為珍寶級。非常美麗且罕見的品質。

●JQ
三個寶石品質當中的第二等級。又稱為首飾級。可廣泛應用在首飾上的寶石。

●形狀（shape）
→輪廓

●色相
顏色的種類。有紅、橘、黃、綠、青、藍、紫等顏色。將色相排列成圓環狀的就是色相環。

●自形晶
該礦物特有的原子排列所形成的結晶外形。⇆多形現象

●自色
礦物不受微量成分影響著色的本質顏色。

●CIBJO（世界珠寶聯合會）
正式名稱為 Confe de ration Internationale de la Bijouterie de la Joaillerie de l'Orfe`vrerie。在聯合國的諮詢機構中負責制定寶飾品相關的國際規則。

●貓眼效果（chatoyancy）
貓眼效應。只要採用凸圓面切工，就會產生一條宛如貓眼的光帶。

●首飾（jewely）
利用寶石及貴金屬製成的飾品。

●晶系
根據晶體對稱性進行的分類。結晶可以根據結晶軸的數量、長度及角度等特徵，分為等軸晶系、六方晶系、三方晶系、斜方晶系、正方晶系、單斜晶系和三斜晶系這七種。

●優化處理
可以分為市場認同其寶石價值的加工處理方式，以及不認同其寶石價值的加工處理方式。

●二氧化矽（silica）
矽酸成分（SiO$_2$）。以二氧化矽為主要成分的礦物包括石英和蛋白石。有關二氧化矽微粒子的說明請參閱P.29。

●人造合成石
存在於大自然的寶石（礦物）以及具有相同化學結構或晶體結構的結晶，透過人工合成或培育的方式產出的寶石。

●閃爍（scintillation）
移動採用明亮式切割方式的鑽石時，所見的如同鏡球般閃耀的馬賽克光芒。

●造岩礦物
構成岩石的礦物。有時只指構成主要岩石的主體礦物（石英、長石、雲母、角閃石、輝石、橄欖石）。

●雙晶
兩個或兩個以上不同方位的結晶在保持化學鍵規則性情況下接合在一起的礦物。

●他形晶
礦物的外形不是依據本身的原子排列，而是受到外在因素的限制，呈現出特定的結晶形態。可在已有其他晶體的狹小空間內生長，形成結晶。⇆自形晶

●多色性
從不同的角度觀看時會顯現不同顏色的特性。

●假色（他色）
寶石（礦物）因其所含微量元素而顯現的色彩

●夾層寶石（doublet）
多種寶石及玻璃等材料貼合而成的寶石。

252

●替換
礦物中的部分原子被另一種元素的原子取代的情況。

●色散（光的分散）（dispersion）
因為波長不同而導致的折射率差異，使得光線在稜鏡中被分成七種顏色的現象。分散的程度因寶石種類而異（P.27）。

●熱水作用
高溫的熱水將礦物溶解、運輸、使其產生化學反應，進而沉澱的作用。通常會促成熱水變質或熱水礦脈的形成。

●富集
意指濃度增加。

●濃淡度
色調（tone）。基於亮度和飽和度的顏色深淺。顏色太深或太淺都會影響品質等級。

●雙色（bicolor）
一顆寶石有兩種顏色的現象（P.26）。

●光的波長
光是一種電磁波，具有波的性質，從波谷到波谷（或從波峰到波峰）的長度稱為波長。人眼可感知（能看到）的波長光稱為「可見光」。波長比可見光長的電磁波有紅外線和微波，而波長比可見光短的電磁波則有紫外線和X光。

●非晶質
指原子排列不具有無規則性及週期性的物質狀態，亦稱為非晶態。

●砂積礦床（次生礦床）
因為風化作用而從母岩分離的原石在河流、海流、風等自然力量運輸之下，堆積在特定地點所形成的礦床。

●微量成分
在不改變基本結構的情況下，微量（不得超過必需成分的範圍）取代必需成分的成分。

●火彩（fire）
光線透過色散（稜鏡效應）顯著的寶石時所產生的虹彩光芒。

●刻面（facet）
寶石研磨後所形成的光滑平面。只要妥善切磨表面，就可以利用光線的折射或反射來增加光芒。

●彩鑽（fancy color）
無色的天然寶石通常會展現的美麗色調。

●正上方（face up）
從切磨的寶石正面（桌面）看到的狀態（參見圖示）。

●不完整性
瑕疵，傷痕。有時候是缺點，有時候不是。

●雙折射
寶石內部的光線分裂成兩道折射光的現象。

●伴生礦物
或稱附生礦物或共生礦物。請參考「造岩礦物」。

●亮光（brilliance）
特別是採用明亮形或梯形等切工方式的鑽石格外顯著，而且經過折射與反射之後所帶來的強烈光芒。

●解理
英文為 Cleavage，意指容易沿著平滑表面朝特定方向裂開的性質。通常出現在原子結合較弱的方向。對寶石的耐久性（韌性）影響甚大。

●變質作用
在壓力和溫度等作用之下，岩石中的礦物未完全熔解而重新結晶，或者變成另一種岩石。有因為接觸岩漿而遭受高溫的「接觸變質作用」、因為板塊俯衝或碰撞所產生的壓力而在廣大範圍內發生的「廣域變質作用」，以及地下深處的斷層運動所導致的「動力變質作用」等。

●母岩
包含原石在內的岩石。在某些情況下也可能是基質（Matrix）。

●閃光效應
（青白色彩、白色閃光）月長石中出現的內部反射，通常帶有青色調的乳白色。結晶中的某些薄膜狀內含物會因為交錯反射的光線互相影響，進而引起的其中一種暈彩效應。

●無處理
未經加熱、油脂含浸、照射放射線等優化處理（切割或拋光打磨不算在內）。

●明亮度
色彩的鮮豔程度。明亮度越高就越亮，越低就越暗。

●摩氏硬度
10個等級的指標礦物之抗刮傷性相對評價。

●馬賽克圖案
切割成明亮形或階梯形的透明寶石所呈現深淺圖案，是寶石的美麗精髓。只要一擺動，就能展現深淺色彩和馬賽克圖案。

●遊彩效應（play of color）
色彩隨著觀看角度不同而出現變化，進而呈現宛如暈彩的閃爍現象。可見於蛋白石中。只要二氧化矽的微粒子整齊排列，在光線繞射下就會產生這種現象。

●光譜暈彩
拉長石特有的深藍至綠色暈彩。

●輪廓（形狀）
從正上方看到的寶石形狀。輪廓的對稱性和平衡性會影響其所展現的美感和價值。

●裸石（loose）
切割打磨之前的寶石。又稱為原石、生石切割石。

岩石的分類
〔構成地殼的岩石〕

火成岩 (P.17)	地殼所構成的岩石中，由岩漿冷卻凝固而成的岩石。會根據生成的深度分為火山岩及深成岩。	火山岩	岩漿在地表附近或地表上以相對迅速的速度冷卻而成的岩石。有流紋岩、安山岩、玄武岩
		深成岩	岩漿在地下深處緩慢冷卻形成的岩石。有花崗岩、閃長岩、輝長岩等
		偉晶岩 (P.11、18)	揮發性成分含量高的岩漿凝結後，所形成的一種由特大結晶集合體構成的特殊深成岩
沉積岩	在水底因砂泥堆積而成的岩石。有礫岩、砂岩、泥岩、石灰岩以及燧石（角岩）。		
變質岩 (P.18)	既有的岩石在經歷變質作用之後，未經熔化再結晶形成的礦物所構成的岩石。有片岩、片麻岩、角閃岩等		

〔組成地函的岩石〕

橄欖岩 (P.22)	構成地函的主要岩石。有時是深成岩的一種

寶石各部分名稱
（以圓明亮形鑽石為例）

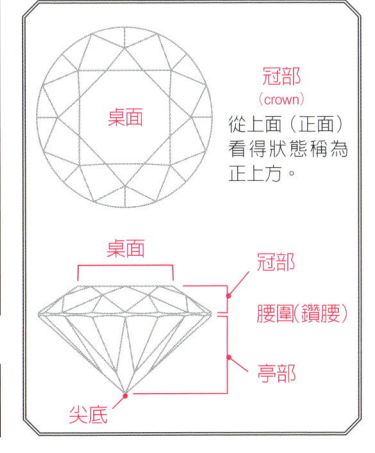

冠部 (crown)
從上面（正面）看得狀態稱為正上方。

桌面
冠部
腰圍(鑽腰)
亭部
尖底

謝辭

本書得以出版，全倚賴日本彩珠寶石研究所所長飯田孝一先生多年來收集的原石、切割石、類似寶石、人造合成石及仿冒品的珍貴標本，以及中村淳先生如實呈現的視覺效果才得以完成。藉此機會再次向飯田所長和中村淳先生表示深切謝意。

此外也要衷心感謝國立西洋美術館及該館主任研究員飯塚隆先生、瑞浪礦物展示館的伊藤洋輔先生以及翡翠原石館的露見信行先生，慷慨出借參加國立科學博物館特別展「寶石 地球的奇蹟」中的橋本收藏品並協助拍攝。

同時，能在本書中介紹有川一三先生從世界各地蒐集的世界級珠寶藝術收藏品──Albion Art Collection 的一部分，我們也深感榮幸，並表示由衷的感謝。

製作協助

【礦物、寶石、裝飾品的資料提供】
Deutsches Edelsteinmuseum
German Gemmological Association
GIA: Gemological Institute Of America
GIA Tokyo
Museum Idar-Oberstein
W.Constantin Wild & Co.
アルビオン アート株式会社
石川町立歴史民俗資料館
神奈川県立生命の星・地球博物館
カナダビジネスサービス
国立科学博物館
国立西洋美術館
諏訪貿易株式会社
東京国立博物館
ダイヤモンド工業協会
名古屋市科学館
日本彩珠宝石研究所
ミュージアムパーク茨城県自然博物館
翡翠原石館
瑞浪鉱物展示館
モリス

トルコ石の産地原稿については、日本彩珠宝石研究所の飯田孝一所長のご協力を得ました。

【其他提供製作協助的工作人員】（省略敬稱）
Andrew Coxon
Daniel De Belder
Dirk De Nys
Susan Jacques
Tom Moses

阿依アヒマディ	浅井明彦
雨宮珠実	石橋隆
井上整子	井上裕由
岩田政利	大山口巧
奥田香菜	金子英子
金田修宏	岸あかね
北脇裕士	久保大助
後藤貴子	坂本久恵
笹岡智子	柴田英子
下村精作	末永昌子
諏訪久子	諏訪和子
副島淳一郎	田倉幸子
高田力	田村英士
樽見昭次	土肥由美子
徳本明子	野中美智子
橋本悦雄	花岡ふさえ
原田信之	張替孝哉
宝官優夫	宮島宏
峯岡寿	森孝仁
山岸昇司	横川道男
吉田由子	吉田譲
若林亨	

結語

本書透過 80 多種礦物及大約 200 種寶石，展示了原石、切割和鑲嵌的照片，以探索寶石在地球上如何孕育而成。

從橋本收藏品中鑲嵌在戒指上的寶石，我們可以看到人類與寶石的邂逅以及技術的進步。或許有些寶石的使用時間比收藏品中的戒指還要古老，但至少我們可透過實際的物品，確認人類在不同時代能獲得何種狀態的寶石，堪稱一大收穫。

對於主要的寶石，本書以照片形式，彙整出能夠展現每個個體特色的質量量表、類似寶石、人造合成石及仿冒品。就我所知，這是前所未有的視覺呈現手法。

本人與同為作者的門馬、西本、宮脇，配合 2022 年在日本國立科學博物館舉辦的「寶石」特展之內容，共同構思並撰寫了本書。這次能夠與這些成員一起進行寶石處理、相似寶石、人造合成石及仿冒品的討論，是值得特別記錄的一件事。希望這本書能幫助讀者毫不猶豫、充滿自信地挑選寶石。

諏訪恭一

2022 年 2 月，於國立科學博物館「寶石」特展準備中的會場，紫水晶洞前。諏訪、門馬、西本、宮脇。

國家圖書館出版品預行編目（CIP）資料

寶石礦物圖鑑 / 諏訪恭一、門馬綱一、西本昌司、宮脇律郎作；何姵儀翻譯. -- 初版. -- 臺中市：晨星出版有限公司，2025.3
　面；　公分
ISBN 978-626-420-031-8（平裝）

1.CST: 寶石

357.8　　　　　　　　　　　　113019194

詳填晨星線上回函
50 元購書優惠券立即送
（限晨星網路書店使用）

寶石礦物圖鑑
起源がわかる宝石大全

作者	諏訪恭一、門馬綱一、西本昌司、宮脇律郎
翻譯	何姵儀
主編	徐惠雅
執行主編	許裕苗
攝影	中村淳、小澤晶子
版面編排	許裕偉

創辦人	陳銘民
發行所	晨星出版有限公司 臺中市 407 西屯區工業三十路 1 號 TEL：04-23595820　FAX：04-23550581 http://www.morningstar.com.tw 行政院新聞局局版臺業字第 2500 號
法律顧問	陳思成律師
初版	西元 2025 年 3 月 6 日
讀者專線	TEL：（02）23672044 /（04）23595819#212 FAX：（02）23635741 /（04）23595493 E-mail：service@morningstar.com.tw
網路書店	http://www.morningstar.com.tw
郵政劃撥	15060393（知己圖書股份有限公司）
印刷	上好印刷股份有限公司

定價 850 元
ISBN 978-626-420-031-8

KIGEN GA WAKARU HOSEKI TAIZEN by Suwa Yasukazu, Monma Koichi, Nishimoto Shoji, Miyawaki Ritsuro
Copyright © Suwa Yasukazu, Monma Koichi, Nishimoto Shoji, Miyawaki Ritsuro, 2022
All rights reserved.
Original Japanese edition published by Natsumesha CO.,LTD

Traditional Chinese translation copyright © 2025 by Morning Star Publishing Inc.
This Traditional Chinese edition published by arrangement with SUWA & SON INC. through HonnoKizuna, Inc., Tokyo, and Future View Technology Ltd.

版權所有 翻印必究
（如有缺頁或破損，請寄回更換）